浙江省哲学社会科学规划课题（编号：23NDJC255YB）

浙江省软科学研究计划项目（编号：2021C35087）

浙江万里学院学术著作出版资助项目

环境规制与海洋经济增长动态匹配研究

葛浩然　著

中国财经出版传媒集团

中国财政经济出版社

图书在版编目（CIP）数据

环境规制与海洋经济增长动态匹配研究／葛浩然
著．－－北京：中国财政经济出版社，2023.2
ISBN 978－7－5223－1901－8

Ⅰ．①环…　Ⅱ．①葛…　Ⅲ．①环境规划－关系－海洋
经济－经济发展－研究－中国　Ⅳ．①X32②P74

中国国家版本馆 CIP 数据核字（2023）第 011587 号

责任编辑：崔岱远　　　责任印制：刘春年
封面设计：陈宇琰　　　责任校对：张　凡

环境规制与海洋经济增长动态匹配研究
HUANJING GUIZHI YU HAIYANG JINGJI ZENGZHANG DONGTAI PIPEI YANJIU

中国财政经济出版社 出版

URL：http：//www.cfeph.cn
E－mail：cfeph@ cfeph.cn
（版权所有　翻印必究）

社址：北京市海淀区阜成路甲 28 号　邮政编码：100142
营销中心电话：010－88191522
天猫网店：中国财政经济出版社旗舰店
网址：https：//zgczjjcbs.tmall.com
北京时捷印刷有限公司印刷　各地新华书店经销
成品尺寸：170mm×240mm　16 开　19 印张　250 000 字
2023 年 2 月第 1 版　2023 年 2 月北京第 1 次印刷
定价：85.00 元
ISBN 978－7－5223－1901－8
（图书出现印装问题，本社负责调换，电话：010－88190548）
本社质量投诉电话：010－88190744
打击盗版举报热线：010－88191661　QQ：2242791300

前　言

　　海洋经济作为开发利用海洋的各类产业及相关经济活动的总和，在我国崛起和经济格局塑造过程中起着重要支撑作用。自 20 世纪 90 年代以来，中国海洋经济以两位数的年增长率快速发展。尤其是党的十八大以来，海洋经济增长对于全国经济大盘稳定的贡献更为显著。根据 2022 年 9 月 19 日中共中央宣传部举行的"中国这十年"系列主题新闻发布会介绍，2012—2021 年，中国海洋经济总值从 5 万亿元增长到 9 万亿元，国内生产总值的比重一直保持在 9% 左右，新兴海洋产业的增速则超过 10%。其中，世界第一的造船大国地位进一步提升，海洋港口规模和海上风电累计装机容量世界第一的地位逐渐稳固，海洋工程装备总装建造进入世界第一方阵，主要银行海洋经济贷款余额保持在 6000 亿～7000 亿元。

　　海洋经济的增长离不开我国丰富的海洋资源储备和广阔的海洋空间，也给海域和岸线环境造成较大冲击。根据《2021 年中国海洋生态环境状况公报》，我国近岸局部海域直排海污染源存在超标排放现象，2021 年，458 个日排污水量大于或等于 100 吨的直排海污染源污水排放总量约为 727788 万吨，个别点位总磷、氨氮、悬浮物、化学需氧量、五日生化需氧量等超标；河口海湾水质方面，劣四类水质海域面积为 21350 平方千米；管辖海域共发现赤潮 58 次，累计面积 23277 平方千米。这些均说明我国海洋经济在增长过程中仍存在产业布局、能源结构、产品结构等多方面的历史遗存问题，对于资源环境依赖性较强的海洋经济而言，若要实现生态文明建设和海洋强国建设目标，必须更加明晰海洋环境政策在调节环境目标和经济目标方面的实际作用，实现对症施策。

我国近期在海洋环境保护方面有过诸多尝试，并将推进沿海地区经济高质量发展和生态环境高水平保护进行了统筹。可以看出，海洋环境综合治理必将成为今后工作的重点，当然也揭示了我国海洋环境整治面临的诸多矛盾：一是环境容量约束与经济总量保持的矛盾；二是环境政策动态性与经济效果滞后性的矛盾；三是环境开发地方化与环境容量公共性的矛盾；四是环境治理手段多样性与海洋经济主体多元性的矛盾。以上每项矛盾均代表了海洋环境规制与海洋经济增长间的不匹配状况。

基于现有状况，本书基于环境规制与经济增长间动态演化关系的视角，构建研究框架。并在总结我国海洋环境规制的演化特征和环境经济效应的基础上，多角度分析了环境规制与区域海洋经济增长间的匹配关系。具体而言，主要有三个模块：第一章至第五章为第一个模块，旨在从实践视角总结海洋经济与海洋环境特征。第六章至第九章为第二个模块，旨在从总量、时序、路径和空间四个视角，分别研究环境规制与海洋经济增长之间的动态响应关系、环境规制影响区域海洋经济增长的效果和机制，以及政府竞争下环境规制的空间经济效应。第十章为第三个模块，针对实证分析结果，在合理调整环境规制组合体系、转变海洋经济的环境使用方式、规避政府环境竞争的不利影响等方面提出了建议。

有必要说明的是，由于本书的数据采集和方法运用耗费较多时间，因此，从写作到出版的过程也是数据和理念更新换代的过程。特别是随着新发展理念的探索和实施，我国海洋环境规制的类型及组合形式发生了较多变化，如随着"绿水青山就是金山银山"理念的深入人心，以企业自愿型和居民参与型为代表的新型环境管理手段逐渐流行，其地位和效果也越来越明显。不过，此书的重点在于构建一套海洋环境与海洋经济均衡发展的动态评价体系，相关方法和数据均能够在此体系下加以应用和验证，新理念、新技术的出现也可适用。

作　者

2022 年 7 月

目　　录

第一章　问题与逻辑

改革开放以来，伴随着我国向海发展战略的不断深入，区域海洋经济发展与海洋环境污染之间的矛盾日益凸显，如何处理好海洋经济增长与环境质量提升间的关系成了学界的热门议题。而环境规制作为各国参与环境建设最主要的工具，是政府调节经济目标和环境目标协调发展的重要手段。但是从近年来频繁出现的局部海洋环境事件和地方限产行为来看，海洋经济生产过程中的污染外部性行为并未得到有效遏制，反倒对区域自身经济增长添加了诸多限制条件。因此，各地结合发展需求，纷纷调整环境执行标准，力图对排污部门的经济活动进行科学调控。在海洋环境政策体系趋于完善的背景下，研究环境规制与海洋经济增长之间的动态关系，对各地制定和执行更加有效的环境规制具有重要的指导意义，也有助于支撑沿海地区海洋经济的可持续发展。

第一节　现实背景与问题

从我国海洋经济增长的现实状况来看，海洋环境与海洋经济间呈现较为复杂的现实矛盾关系，海洋环境规制的真实效果也更多偏离治理目标。一方面，归因于我国特定制度环境使得环境规制手段发生转向；另一方面，也与现有理论体系对于环境规制效用的认定存在争议有关。

一、我国海洋环境与海洋经济面临的问题

海洋作为占全球面积 70% 的生态系统，为人类生存发展提供了丰富的物质资源和空间资源。生命起源于海洋，在经济活动日益频繁的今天，人类发展也更加依赖于海洋。一方面，陆地资源容量趋紧使得海洋开发成为维持经济社会持续发展的保障；另一方面，日益深化

的全球化进程也需要借助海洋空间完成要素的自由流动。因此，进入21世纪以来，沿海各国均将海洋开发与使用作为经济建设的重点，并且已取得了丰硕成果。

作为世界上最大的发展中国家，中国的经济在不断转型和扩张中取得了40多年的长足发展。2019年，我国人均GDP超过1万美元，标志着我国经济结构与社会结构进入重大转型期。作为我国转型经济发展的前沿阵地，沿海各区域在市场化、全球化和地方化等多重动力的推动下，凭借市场区位优势和资源环境优势，用占全国约13%的陆地面积承载了全国约40%的人口集聚，并衍生出约60%的区域财富。其中以海洋经济为主要形态的区域经济体系更是不断壮大。2018年全国海洋生产总值达到83415亿元，占国内生产总值的比重达到9.3%，成为区域经济特别是沿海区域经济增长的重要驱动力。

与此同时，长期粗放发展模式下的海洋污染事件频发、海洋环境保护难度加大等问题成为人们关注的焦点。一方面，沿海经济活动排放的污染物可通过各种渠道直接入海；另一方面，海洋渔业养殖与捕捞、海洋油气开发与运输、海洋矿产资源开发、滨海工程建设及涉海产业布局等均会对海洋环境造成直接影响。如中国水产科学研究院发布的《2018年中国渔业生态环境状况公报》就指出，我国海洋渔业重要监测水域中，无机氮、活性磷酸盐、石油类、化学需氧量超标的面积占比分别达到75.4%、44%、4.4%和33.9%，四种污染物在重点监测的增养殖海域中的超标比例分别达到了59.9%、50.6%、37.2%和7.2%。不仅污染物超标体量较大，而且路径依赖下的经济发展模式使得海洋环境污染问题并未得到实质性改善。这对海洋经济的可持续发展造成了显著影响。如深圳福田锐减的红树林使当地陆海水体交换系统和海洋生态系统被破坏，给渔业养殖和工程建设带来了不可挽回的损失。而大量海洋港口的无序建设和盲目扩张则不仅给港口自身经济效率带来挑战，也使海岸带环境遭受了较大冲击。可见保护海洋环境的任务在今后海洋经济发展中更为艰巨。

二、海洋环境规制效果的问题分析

面对日益严峻的环境保护与经济发展不相协调的问题，自 20 世纪 70 年代以来，世界各国政府和人民便开始重视环境污染问题，力求通过建立与环境容量相适应的经济发展模式来应对环境成本递增导致的不可持续增长，符合克鲁格曼（Krugman）① 对于经济与环境关系的判断，克鲁格曼认为，传统粗放型产业在高消耗和高排放过程中不仅会造成资源与环境使用的巨大浪费，更无法保证抵抗环境风险的能力。因此，转变经济发展方式是处理经济发展与环境保护之间协调关系的重要途径。

在海洋环境问题日益严重的背景下，我国更加重视从制度层面加大对海洋排污行为的管理和约束，并积极探索环境与经济协调发展的有效途径，坚持在发展中解决环境问题。特别是党的十九大提出要"加快建设海洋强国"的口号和要求，并在"绿水青山就是金山银山"等发展理念指导下，建立起海洋经济发展示范区等一系列发展平台，标志着经济发展理念已从经济至上向生态协调转变。习近平总书记提出："海洋对于人类社会生存和发展具有重要意义。海洋孕育了生命、联通了世界、促进了发展。海洋是高质量发展战略要地。要加快海洋科技创新步伐，提高海洋资源开发能力，培育壮大海洋战略性新兴产业。要促进海上互联互通和各领域务实合作，积极发展'蓝色伙伴关系'。要高度重视海洋生态文明建设，加强海洋环境污染防治，保护海洋生物多样性，实现海洋资源有序开发利用，为子孙后代留下一片碧海蓝天。"② 在绿色发展理念的实际执行中，各地逐

① KRUGMAN P，SMITH A. Trade and Industrial Policy for A "Declining" Industry：The Case of the U. S. Steel Industry［M］. Chicago：University of Chicago and NBER，1994.

② 中华人民共和国自然资源部. 习近平致 2019 中国海洋经济博览会的贺信［EB/OL］.（2019 - 10 - 15）［2019 - 10 - 15］. https：//www. mnr. gov. cn/dt/ywbb/201910/t20191015_ 2471473. html.

渐将环境规制替代经济规制作为经济发展的重要调控手段。

在不断加强和完善环境法律与政策过程中，环境规制在修复局部海洋环境中的作用开始显现，但并未从根本上扭转我国海洋经济增长对于整体环境的干扰。从我国各类海洋污染海域面积变化来看，虽然近几年第二类水质面积得以减少，但第三类及以下海域面积并无明显改善，且空间分布与沿海经济发展程度高度拟合。随着国际需求结构变动和贸易壁垒的增强，海洋竞争性开发和低效利用引发了低端产能过剩、高端资本流失等诸多问题。海洋经济增速也从 2008 年的 11%逐渐下降至 2019 年的 6.2%（见图 1-1）。

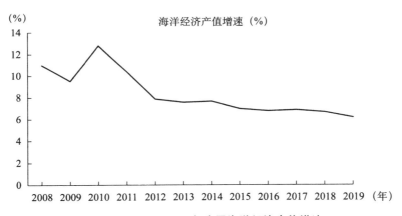

图 1-1　2008—2019 年我国海洋经济产值增速

资料来源：自然资源部. 中国海洋经济统计公报。

随着海洋资源开采能力迅速提升、岸线开发进程不断加快，仅仅依靠市场这只看不见的手，难以解决环境问题。政府需要适当实施环境规制，以达到环境保护与经济增长双赢的目标。那么为什么国家三令五申保护海洋环境，海洋环境质量却始终不尽如人意，甚至还有局部恶化的迹象呢？原因是多方面的，一方面，是由于现阶段制度环境造成了环境保护政策没有落到实处、区域性环境监管水平薄弱。由于水环境自然流动性较大，产权确定困难和交易成本较高，因此很难衡量使用这类公共池塘资源的成本和收益，区域政府在经济锦标赛和政治激励的刺激下，制定和执行海洋环境规制时极易造成追求内生污染外部化的"以邻为壑"行为，造成个人和企业对环境资源的过度使用；另一方面，我国现行的各种环境政策及其强度，与经济发展阶段在时序演化和空间分异中存在诸多不匹配现象。生产要素的配置方式影响着经济发展的质量与速度。对不同产业的生产部门而言，资源与环境要素的组织结构和组织方式存在很大差异，决定了其对于不同类型环境规制的响应方式也不尽相同。因此，若环境规制无法实现对于区域环境资源调配的有效控制，便会形成环境规制与当地海洋经济发展需求的不匹配现象，也就导致了某些地方政府对规制政策的"举棋不定"。

三、环境规制经济理论的争议

随着环境规制在政府管理体系中的地位日益凸显，针对环境规制与经济增长关系的理论尚存在较大争议，尤其是环境规制在控制污染排放总量的同时是否会拖累经济增长。造成争议的原因是，环境规制在影响微观企业创新水平和产品竞争力中的作用不够明确："成本假说"理论认为，环境规制会拉低排污企业的生产效率。原因在于，排污企业需要重新分配再生产的要素投入比例，使环境控制资金挤占了劳动力、能源及设备投入空间，在有限的投资能力下，不仅会抑制企业生产率的提升，也会阻碍企业扩大再生产的能力[1]。"波特假说"（Porter hypothesis）理论[2]则从企业生产方式转变的角度提供了另外一种思路，认为从短期和静态的视角看环境规制，会对企业竞争力和区域经济增长产生抑制作用。但生产部门为了寻求长期产出增长，不

---

① BARBERA A J, MCCONELL V D. The Impact of Environmental Regulations on Industry Productivity：Direct and Indirect Effects [J]. Journal of Environmental Economics and Management，1990，18（1）：50 – 65.

② PORTER M E, CLAAS V D L. Toward a New Conception of the Environment-Competitiveness Relationship [J]. Journal of Economic Perspectives，1995，9（4）：97 – 118.

会将自身利益限制在环境约束下的短期成本最小化里面，为了提升竞争力，会通过扩大创新的方式改善生产工艺，以弥补因环境成本过高造成的竞争优势降低，并刺激产出规模提升。各项理论结合不同的假设条件、研究方法、经济对象和变量选取，对环境规制的功能和效益进行了充分讨论。

对于环境规制与经济增长正反关系的理论均有事实依据作为支撑。但理论争执的背后，不仅体现了环境规制对于经济生产规模的直接效用，也蕴含了通过创新投入、要素调配及资本积累等间接途径的综合效用。而各渠道的影响能力势必会受到产业或者企业主体自身的资本积累能力约束，以及对于资源环境的依赖程度影响。从这个角度来讲，海洋经济与其他行业性生产部门不同，其涵盖了从渔业捕捞和养殖到船舶制造，再到航运服务的健全经济系统。各生产部门对于环境规制的响应方式和响应程度理应存在较大差异。而且规制对企业竞争力的影响往往是滞后的，导致环境规制与海洋经济增长在长期与短期内的作用关系理应不同。环境规制是否与不同区域和不同阶段海洋经济增长需求达成匹配，需要从直接效果及影响海洋经济发展路径的间接渠道等进行多角度验证。

环境规制作为政府干预区域经济的主要手段，其执行过程与当地经济目标关系密切。传统福利经济学在研究环境治理的社会效应和经济效应时，往往建立在没有政府或只有一个政府的假设之上，忽视了不同层级政府对于执行环境规制的预期效益存在偏差，也忽略了同级政府间环境治理可能存在的"搭便车"行为。特别是对于公共物品属性较强的海洋环境，中央与地方、地方与地方以及地方与微观经济体在海洋环境治理方面的利益分配将与社会福利最大化产生偏离，地方政府制定环境规制的出发点和执行环境规制的方式也将在零和博弈中产生偏差。因此在我国特殊的分权体制下，制度调节也是评价政府环境规制与海洋经济增长间的关系时需要重点考量的因素。

结合我国海洋经济动态变化及海洋环境治理难度的现实问题可以

发现，海洋环境与海洋经济发展间的关系随着环境规制手段及强度的变化而变得错综复杂，在理论角度上更是难以对海洋环境规制是否合理进行有效解释（见图1-2）。而在我国经济进入新时代的特殊发展阶段，如何配置环境规制既是践行"绿水青山就是金山银山"的重要手段，也是实现海洋经济高质量发展的必要前提。因此，需以经典理论为依据，结合我国区域发展基础和外部制度环境，对环境规制与海洋经济现实匹配关系进行详细分析和总结。

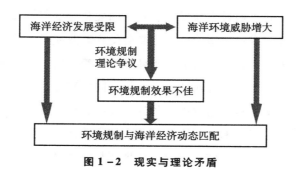

图1-2　现实与理论矛盾

第二节　研究目标与必要性

一、研究目标

现有研究对于环境规制与经济增长之间的关系仍有较大争议。部分观点认为环境规制在保证环境不受侵害的情况下势必需要牺牲部分经济增长空间，但仍有部分观点持相反态度，认为环境规制能够从企业内生行为改变生产方式，并促进区域经济增长。在观点冲突的背后，隐藏了诸多现实问题：

一是不同行业对于环境的依赖性差别较大，导致了在环境约束下相应企业需要做出与自身经济目标相适应的生产选择。因此，单纯从宏观角度静态考察两者关系，难免会隐藏与内在联系机制不相吻合的问题。

二是环境规制的手段丰富，不同的管制措施会对区域企业规模、资源分配、创新投资等产生差异化影响，单纯选取一种指标很难区分环境规制的效果。

三是环境规制与经济增长的匹配关系属于一个阶段性的动态调整过程，若仅从短期收益对环境规制的效果进行考察势必造成规制部门和受规制企业的行为调整被忽略。

四是环境规制与经济增长的关系会在多种机制下运行，不仅可能使二者呈现出更加复杂的非线性关系，而且会在不同的路径下呈现差异性的影响结果。

五是环境污染及治理具有较强的溢出性，而环境规制属典型的政府管理行为。因此在作用于区域海洋经济过程中受到地方经济竞争等诸多外部制度性因素的影响，若将空间因素忽略，便会导致结论缺乏现实参考意义。

出现以上问题的根本原因在于更加注重寻求有约束或无约束条件下的极值，虽然能够得到每个变量的单个最优匹配序列，但是忽略了系统组成要素随时序演化出现的最优解变化，因此需要建立动态最优化思想，将环境规制与区域海洋经济增长的关系表达出多阶段的决策匹配问题[①]。而动态匹配主要用以反映出两方面内容：一方面，环境规制如何配置才能有利于区域海洋经济的绿色高质量增长；另一方面，区域海洋经济需要如何顺应环境规制的实施过程才能实现可持续提升。本书即通过计算环境规制在长期与短期、高强度与低强度、直接与间接、本地与溢出等不同角度的效应差异，对环境规制与海洋经济增长的匹配关系进行评价。

为了提高我国海洋环境规制的政策质量和执行水平，本书基于环境规制理论、经济增长理论、外部性理论、阶段性经济理论和可持续

---

① 蒋中一. 动态最优化基础 ［M］. 北京：中国人民大学出版社，2015.

发展理论，在规避以上问题的基础上从动态匹配视角进行实证研究：一是更有针对性地选取海洋经济这一特殊经济形态进行典型性研究；二是将根据环境规制实施特征，对不同环境管理方式进行区分研究；三是使用面板协整合面板 VAR 脉冲响应等方法对环境规制与海洋经济间长期和短期的动态响应进行研究；四是运用动态面板模型和中介模型对环境规制与海洋经济增长间的非线性关系及传导机制进行研究；五是引入环境规制执行中的空间效应，研究在中国分权制度环境下环境规制对海洋经济发展如何产生影响的信息，以期全面揭示我国环境规制与海洋经济增长之间的关系，进而从宏观和微观视角制定更具针对性的改进建议（具体如图 1 - 3 所示）。

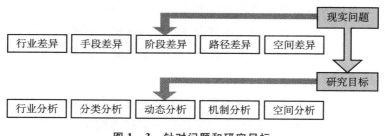

图 1 - 3　针对问题和研究目标

二、研究必要性

处于转型期关键节点的中国经济，在全球化、市场化和地方化等多重势力因素影响下，不仅面临着新旧势能转化中路径突破压力增大的困难，而且环境问题造成的社会经济损失日益增大。尤其沿海发达地区在处理海洋经济增长与海洋环境保护关系方面亟待寻求管控均衡点。因此，研究环境规制与区域海洋经济增长的关系，可以帮助地方政府制定更为适宜的管制措施，在降低环境侵害风险的前提下，保证海洋经济稳定快速地增长，具有一定的理论意义和现实意义。

（一）理论必要性

1. 进一步丰富了环境规制效应的理论内涵

关于环境规制与经济增长关系的问题是学界研究的热点，也在理论探索和实际应用中衍生出越来越多争议。从"成本假说"的成本挤占设想到"波特假说"的创新补偿效应，均为环境规制相关研究提供了较好的思路。随后的研究沿袭某一理论思路提出相同或相悖结论，很少将两种理论纳入统一框架中，对可能存在的阶段性关系进行分析。环境库兹涅茨曲线认为，区域环境污染受到经济发展阶段的制约，现有研究也尝试从两类观点并存的角度做出合理的解释，但在实证分析中并未对其做出充分的验证。本书从长短期和非线性入手，分析在不同时期和不同强度下，环境规制与海洋经济增长的动态变化关系，为正反作用并存提供更为合理的解释。

2. 深化了经济增长驱动机制的维度和深度

基于内生增长理论和增长阶段理论，在以往研究仅关注环境规制与经济增长数量关系的基础上，从科技创新水平、产业结构水平和外资进入水平等方面构建环境规制影响海洋经济的传导机制框架，并建立模型对海洋经济进行实证检验，不仅扩展了环境规制经济效应研究的维度和深度，而且可以从海洋经济特定视角对经济增长因素加以系统化丰富。

3. 扩展了制度性因素在经济转向的应用空间

源自制度经济学和演化经济学的"新区域主义"理论将环境规制与经济活动嵌入空间关系和制度环境中，认为制度因素对区域政策管理起到重要调节作用。本书认为区域环境规制受到中国分权体制下特殊的政府激励竞争影响，表现出显著的"演化转向"，周边地区环境污染与治理也会进一步改变本地环境规制的执行效果。在研究环境规制等非经济要素时，更应重视这种转向对规制出发点和执行效应的影响。本书引入环境规制的空间效应，力图丰富

"新经济地理学"理论在"制度转向"和"关系转向"方面的
应用。

（二）现实必要性

1. 帮助各地区因地制宜制定最为合理的环境规制

我国虽然岸线资源及海域空间辽阔，但区域间海洋环境容纳能力
及区域经济的海洋环境依赖性差异较大。因此各地会选择执行强度差
异较大的环境规制。在预期收益影响下，不仅地方政府愿意将短期
经济目标凌驾于环境损害之上，而且排污企业在生产方式选择上，
也倾向于依赖沉没成本较少的传统路径。通过从多种角度研究环境
规制产生的经济效果，可以为政府决策者提供环境规制对不同发展
阶段或不同海洋经济区域的海洋经济如何产生影响的信息，从而判
定现有环境规制是否能够达到与自身环境目标和经济目标相匹配的
结果。

2. 促进海洋经济的可持续发展

环境规制作为政府调整经济与环境发展关系的主要手段，其方式
和强度具有较强自主性。不同类型的环境规制可能对排污企业的生产
行为产生差异化影响。通过区分研究命令控制型环境规制与市场激励
型环境规制的动态经济效果。可以帮助各区域制定与短期发展和长期
发展相匹配的环境政策体系，刺激涉海产业更经济有效地改善投入组
合，在最大限度减少对海洋环境侵害的前提下，帮助区域海洋经济可
持续发展。

3. 为完善我国特殊制度环境下的政府职能提供新启示

环境规制是政府社会经济管理职能和环境保护职能的集中体现，
其规制动机也受到制度环境的影响。本书深入探讨了政府经济竞争下
环境规制的溢出能力，为规避地方政府在经济激励下采取竞争性环境
规制提供了参考，使得海洋经济在可持续背景下的政府管理与服务更
加科学、合理。

第三节　研究内容、方法与技术框架

一、主要研究内容

本书从现实问题出发，基于区域环境规制与海洋经济的动态变化过程，认为静态数理关系并不能达成环境规制的最优解，基于分类视角的匹配关系才能体现环境规制的真实效果。因此需要从不同角度对二者的关系进行深入研究。这里，主要考虑以下几个问题：一是不同类型的环境规制与区域海洋经济增长间在短期和长期的响应方式如何。二是不同强度下的环境规制对于区域海洋经济增长的作用方向如何。三是环境规制促进区域海洋经济发展的途径有哪些？如何在科技创新、产业更新和资金引入等间接途径上发挥作用？四是面对我国分权体制下特殊的地方政府竞争环境，环境规制对于区域海洋经济增长会产生怎样的空间效应？通过分析环境规制在不同阶段和不同路径下的影响方式，便可以对二者真实匹配关系进行总结。需要指出的是，由于经济发展方式及环境管理方式的不同，本书除特殊说明外，主要针对中国除港澳台以外的大陆沿海区域进行研究。

针对以上问题，一是在梳理基础理论和相关文献的基础上，结合我国环境规制特征，对海洋环境规制的环境效应和经济效应进行充分总结。二是对环境规制与区域海洋经济的短期和长期动态响应关系进行分析。三是通过构建动态面板模型和中介模型，重点从环境规制影响海洋经济增长的直接效应和传导效应进行实证测算。四是结合我国地方政府环境竞争的影响，对环境规制的空间经济效应进行研究。五是结合实证结果和理论指导，提出更具针对性的政策建议。本书基于"提出问题、分析问题、实证问题、解决问题"的思路，共分十章进行研究，具体内容为：

第一章：问题与逻辑。首先从我国海洋环境和海洋经济增长矛盾日趋严重的情况入手，由环境规制实施成效较低、环境规制理论分歧较大等提出议题。其次点明本书研究的理论意义和现实意义。最后梳理文章研究思路，明晰各章节安排情况以及创新之处。

第二章：概念界定和文献综述。首先，从相关文献整理出环境规制与经济增长两项核心对象的概念和基本特征，总结出研究二者的范畴依据。其次，对环境规制的经济效应和影响机制进行文献总结，并从国内外环境规制相关研究的特征出发，梳理出现有研究思路和方法的不足，引入本书的研究重点。

第三章：相关理论基础。从环境规制与经济增长关系的角度，分别从环境规制效果和经济增长特征出发，甄选相关基础理论，为本书研究视角及结果分析提供理论支撑。

第四章：海洋环境价值的界定与平衡。从海洋的生态功能和经济功能辨析入手，通过总结我国海洋产业的发展状况，对海洋环境在经济领域的效用进行界定。在此基础上，对海洋环境经济价值及评估进行研究，以此确定海洋环境的复合效用。最后基于海洋经济发展与环境治理之间的关系，对可持续理念下的海洋经济增长进行阐述。

第五章：我国海洋环境规制的特征及演化。从我国海洋环境规制的发展历程出发，分析出我国典型环境规制的特征及现实经济效果，并以案例分析和统计分析的方式，分析我国海洋环境规制的经验办法和地区实践特征。

第六章：环境规制与海洋经济增长的总量匹配。此章为总量匹配分析。首先，结合我国海洋环境污染现状及海洋经济发展特征，从时间演化和空间对比的角度，对环境规制的环境效应和经济效应进行对比总结。其次，通过拟合分析方法，对二者的线性关系进行定量测算。最后，使用数据包络分析对环境规制效率进行测算和分析。

第七章：研究不同类型环境规制与海洋经济增长的动态响应过

程。此章为时序匹配分析。考虑到环境规制与海洋经济增长间不存在简单的静态因果关系，而是以更加复杂的系统间动态响应存在。因此，引入面板单位根检验、协整检验以及误差修正模型等方法，研究命令控制型和市场激励型环境规制与海洋经济增长在长期和短期的响应关系，并使用面板 VAR 脉冲响应和方差分解，研究环境规制与海洋经济增长间的动态影响趋势。

第八章：环境规制影响海洋经济增长的效应和机制分析。此章为路径匹配分析。本章基于环境规制对海洋经济增长影响的直接效应和间接效应，首先运用 GMM 动态面板数据模型，对两种环境规制影响海洋经济增长的非线性关系进行研究，并在机理分析的基础上，以中介变量的形式，选取科技创新水平、产业结构水平和外资进入水平三个维度探讨环境规制影响海洋经济增长的间接传导机制，并分别对命令控制型和市场激励型两种环境规制的作用方向和作用强度进行对比。

第九章：引入影响环境规制执行效果的制度因素。此章为空间匹配分析。理论分析在中国特殊分权体制环境下，地方政府竞争性环境规制的动机变化和效果偏差。并通过空间计量模型定量研究环境规制的空间经济效应，以及地方政府竞争对环境规制空间经济效用的冲击，以期从制度层面提出增强环境规制正向效用的建议。

第十章：结论总结和政策建议。在对实证结论进行总结的基础上，结合理论分析，提出更具针对性的政策建议，并在典型示范平台方面单独论述。最后，对进一步研究的方向进行展望。

二、研究方法

本书主要采用定性研究与定量研究相结合、规范研究与实证研究相结合，通过文献研究、数据挖掘、聚类分析、系统分析、比较分析、空间分析、制度分析、扎根理论、理论分析、计量经济学等方法，充分发挥经验总结与定性评价在问题研究中的优势，从多维视角研究环境规制与区域海洋经济增长的关系。其中，第二章主要运用文献总结法和理论分析法，对环境规制和海洋经济相关的文献研究和基础理论进行凝练总结。第三、第四章主要使用调查研究法对环境规制发展历程和特征、海洋环境经济功能进行总结，并使用图表分析法搜集与海洋环境和区域海洋经济增长相关的数据，通过比较分析的方式对环境规制的环境效应和经济效应演化状况进行研究。第五、第六、第七、第八章主要使用定量分析的方法对我国环境规制与区域海洋经济增长在不同层面的关系进行实证测算。具体研究方法如下：

一是文献研究法。本项研究将对有关政府环境规制与海洋经济发展之间存在内在关系的国内外文献进行收集、整理，运用归纳和演绎的逻辑方法把文献资料进行分类，展开深入探究。

二是理论分析法。以上述研究为基础，充分归纳环境污染与经济增长的理论支撑体系，并将其延伸至环境规制效用下环境保护与经济增长间的动态关系，总结分析政府环境规制与海洋经济增长关系的内在机理，形成本书的理论分析框架。

三是系统与比较分析法。坚持系统化分析原则，运用动态演化与静态效果相结合的手段，从长期响应和短期响应、命令控制方式与市场激励方式、低强度影响与高强度影响、直接效应与间接效应、本地效应与溢出效应等多重视角对环境规制与海洋经济的关系进行充分对比研究，力求可以更加科学全面地反映出环境规制与区域海洋经济增长间的关系。

四是计量经济学方法。本书在政府环境规制对海洋经济影响的实证方法分析上，突破了传统的系统分析模型，以计量分析理论为基础，综合运用现代计量经济学方法中的固定参数模型和动态模型，对得出的理论研究成果进行检验并进一步修改、补充，具体包括面板数据 ADF 检验、协整检验、误差修正模型、VAR 脉冲响应模型等一系列实证性检验与分析。同时，结合每一项现实矛盾中需要解决的科学问题，选取最为恰当的计量分析方法加以分析，包括 GMM 动态面板数据模型，中介效应模型、空间计量模型等。

三、技术框架

本书遵循"提出问题、分析问题、实证问题、解决问题"的研究思路，在充分分析现有文献和基础理论的基础上，构建整体研究框架，并运用定性与定量相结合的方法，对环境规制与区域海洋经济增长的匹配关系进行系统研究。本书的具体技术路线如图1-4所示。

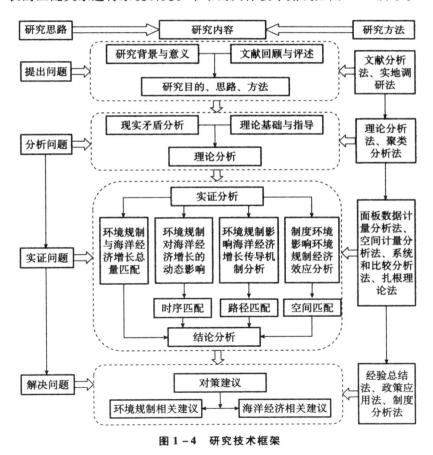

图1-4　研究技术框架

第四节　本书创新点

　　本书在海洋经济快速增长和海洋环境约束日趋紧张的背景下，通过梳理相关理论和研究现状的不足，建立科学问题，并借助多种方法，从多维角度对环境规制与海洋经济增长之间的动态匹配关系进行研究。主要创新点为：

　　一是建立了新的研究框架。现有关于环境规制与经济增长关系的研究多是在既有补偿假说和成本假说间进行讨论，集中于用静态视角对二者数理关系进行总结，得出每个变量的最优值，这种方法虽然能使既有观点更具理论说服力和现实支撑性，但并未改变学界对于环境规制与经济增长真实关系的争论。本书认为其中一个重要原因是仅借助数理方法对静态最优解进行测算，忽略了系统演化中核心要素间的匹配关系存在动态变化的问题。本书结合现有关于环境规制与经济增长关系的理论判断，引入更为系统性的研究框架，通过面板协整、面板 VAR 脉冲响应、动态面板模型、中介模型、空间计量模型等方法，从长期与短期、高强度与低强度、直接和间接、本地与溢出等多维阶段性视角研究二者动态关系，试图以实证观点对现有理论冲突加以解释和补充。

　　二是展现了新的研究思路。经济增长与环境保护的关系长久以来便是国内外各领域学者关注的焦点，但现有研究集中于以环境是否提高经济生产率和竞争力为目标，多忽略了环境规制与经济增长间的系统传导路径。部分学者虽然从单一视角研究环境规制的经济效应，但海洋经济在不同作用机制下的生产转向存在较大差异，这也导致无法对结构效应和技术效应共同作用下的环境规制综合效果做出准确判断。本书在研究海洋经济增长时，将直接效应和间接效应统一纳入环境规制与海洋经济增长的关系中，通过动态面板数据模型和中介模型，针对海洋经济选取产业结构、外资进入和科技创新等因素，分别分析命令控制型和市场激励型环境规制对海洋经济增长的影响机制，更有利于反映出环境规制、海洋环境污染和海洋经济增长间的作用关系。

三是拓展了新的研究视角。环境规制除了能够直接或间接通过技术进步、产业结构和外资进入等因素影响海洋经济增长外，其效应本身也受到宏观制度环境的影响。在政绩考核和财政能力限制下，地方政府为了突破海洋环境的公共性、污染的外部性以及污染治理长期性的限制，会与同级政府以及前后届政府形成经济发展方式选择的博弈，如果不能考虑政府竞争等制度因素的影响，将导致环境规制的经济效应被高估或低估。本书建立了一套涵盖地方政府竞争和环境规制交互效应的经济增长模型，揭示了政府竞争对环境规制空间经济效应的影响机制，进一步拓展了相关研究思路。

第二章　概念界定和文献综述

纵观世界经济发展历程，虽然各国资源环境依赖性与产业发展模式不同，但均未脱离"先污染后治理"的发展路径。中国的海洋经济自改革开放以来，不论规模还是结构均发生了巨大转变，从早期渔业捕捞与养殖到后来的海洋空间综合开发，每一次再生产技术的提升均会造成海洋环境压力的进一步增大，对我国海洋经济的可持续增长造成了较强挑战。因此，学界更加重视如何在经济保持中高速增长的前提下改善与海洋环境的负外部性影响，形成经济与环境更加协调的可持续发展路径。其中关于环境规制与经济增长关系的理论和研究更加广泛，现已形成较为成熟的研究体系。本章将进一步梳理和总结国内外环境污染及治理和经济增长相关的理论与实证研究，并对现有研究进行评述，为本书提供理论支撑和价值指导（见图2-1）。

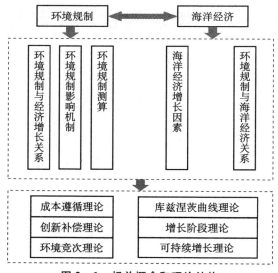

图2-1 相关概念和理论结构

第一节 相关概念界定

本书主要从理论和实践角度研究海洋环境规制与海洋经济间的动

态匹配关系，在研究之前需对核心概念进行界定，这既是选取合适代理指标的基础，也是界定研究对象和研究范围的依据。因此，本节首先对环境规制和海洋经济两个核心概念进行剖析，然后结合二者关系，选择经济增长作为判定海洋经济变化的依据。最后将二者纳入陆海环境经济系统中加以系统概括（见图 2－2）。

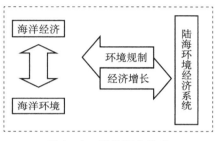

图 2－2　相关概念关系

一、环境规制

环境规制最为惯用的英文名称为 Environmental Regulation，但尚未在国外研究中达成权威定论。由于环境规制属典型的政府政策管理行为，因此外文文献多将其与环境政策（Environmental Policy）混合使用。环境规制通常用以指政府为了达成约束污染排放目标而实施的各种政策、法律法规和规章制度的总称，主要管理对象是在经济活动中对环境造成威胁的排污主体。世界上对环境问题最早进行理论研究的学者是美国经济学家马歇尔（Marshall），他在著作《经济学原理》中创新性地将经济活动分为外部性经济和内部性经济。而后福利经济学专家庇古（Pigou）使用经济手段对外部性进行了详细论述，并提出可以通过庇古税等一系列税制手段将环境污染的负外部行为内部化。二位经济学家的思想为环境规制的研究奠定了理论基础。在不断论证与探索中，经济学家认为导致环境问题的根源是环境的公共物品性使得污染排放和治理的溢出行为很容易使生产部门的成本感知产生偏差，市场机制无法充分地将污染排放导致的环境成本增加内部化在排污生产企业内部，因此需要政府采取一系列环境约束和配置手段解决市场失灵造成的环境过度使用问题。随着相关研究不断丰富，各地更加重视通过创新规制手段以达到满足自身需求的环境目标与经济目标，如限产、停产等强制性手段，以及环境税、可交易排污许可证等交易手段，补贴、投资、押金等金融手段等。随着环境规制的内涵与作用特征不断丰富，与环境规制有关的研究又开始增多，但由于其本身就属于在实践中不断发展的领域，因此学界尚未对其概念形成一致界定。

环境规制概念界定难以达成的主要原因是作为政府干预市场调节环境行为的手段，环境规制的方式和目标缺乏统一标准，因此学界将其界定重点转到类型划分和特征总结上。目前最为普遍的是针对政府与市场作用强弱，将其分为两种：一种是命令控制型环境规制（Command control environmental regulation），指政府通过制定和实施相关法律将环境责任强加于排污主体之上，并通过经济和法律约束对违反相关规定的排污主体承担比排污成本高得多的制裁。此类环境规制主要发挥政府的行政性和指令性的强制作用，可以从生产末端控制环境排放总量，使污染风险降为最低。二是市场激励型环境规制（Market incentive environmental regulation），主要是充分发挥市场竞争对于环境使用方面的门槛效应，与命令控制型不同的是，市场激励型环境规制从企业进入阶段便对排污行为实施了约束，通过将固定量污染指标向市场放开，能够让环境效率最高的企业参与开发生产，此类环境规制虽同属于强制性措施，但二者在控制环节和控制方式上差异加大，其中最常见的是庇古税和可交易排污许可证制度。除此之外，比较常见的环境规制还有很多，如自愿参与型和区域协作型，虽然此类规制手段的执行成本较低，但可行性与科学性均是建立在政府与企业的环境预期收益高于损失成本之上，因此仍需要政府和市场参与环境排放标准的制定与分配。

二、海洋经济

海洋经济（Ocean Economy）作为世界经济大潮不断向海延伸的新兴经济形态，其概念也是近几十年才得以提及和普及的。苏联经济学家布尼奇在其著作《海洋开发的经济问题》（1975）一书中首次从经济学角度研究与论述海洋开发活动，并在 1977 年出版的《大洋经济学》中将海洋经济纳入经济学范畴。随着与海洋开发有关的规划与政策不断扩大，与海洋经济有关的研究也开始流行，美国学者高尔根（Colgan）将海洋经济定义为"通过投入海洋资源获取收益的经济活动"，朱迪思·基尔多（Judith Kildow，2011）则从市场供给的角度将海洋经济定义为"由海洋或海洋资源所提供的，通过获取相关产品和服务的经济活动"。

我国自改革开放以来逐渐重视海洋经济开发活动，为了提升相关研究的规范性和严谨性，"海洋经济"的界定问题也得到各领域专家的重视。最早提出"海洋经济"的专家是我国著名经济学者于光远和许涤新（1978），他们提出要建立海洋经济学科，随后更多学者着力于从多种角度对海洋经济进行界定，如杨宏权等（1984）从陆海区分的角度认为海洋经济是人类利用海洋及海洋资源所从事生产、交易、分配和消费活动的集合。随着我国海洋经济开发的不断活跃，"海洋经济"也在专业延伸和实践总结中被赋予新的含义。徐质斌在其著作《海洋经济与海洋经济科学》中指出，海洋经济是与海洋资源、空间和环境具有直接和间接关系的经济活动，包括相关产品的投入与产出、需求与供给。这一时期关于海洋经济的界定已经突破传统海洋资源组织形态，将概念拓展至与海洋资源有关的，涵盖生产、分配、交易和消费在内的所有价值量和物质量活动。进入 21 世纪以来，学者发现以传统思维研究海洋经济面临越来越多的约束，因此关于"海洋经济"的界定更多体现在陆海关系统筹上，认为海洋经济作为与陆域经济对立的经济形态，是包括沿海区域空间在内的资源经济和产业经济的集合，并将传统界定方式拓展至上下游关联产业。由此可以将海洋经济分为狭义海洋经济、广义海洋经济和泛义海洋经济，狭义海洋经济是指单纯对海洋水体内资源和海洋空间开发使用形成的经济；广义海洋经济不仅包括狭义海洋经济，还包括为海洋开发利用创造工具和条件的上下游关联产业，包括公用装备设备制造等。泛义海洋经济指与海洋经济关系密切的陆域产业，包括海岛和海岸带的鲈鱼产业及入海河流沿岸的内河经济等①。

三、经济增长

海洋经济作为经济体系的重要组成部分，发展形势主要表现为产值变化，包括规模性变化和结构性变化，变化的基础在于在海洋资源环境支撑下能否形成产品市场的有效供给，相较于其他经济部门，海洋系统作为经济活动空间场所的属性较弱。反之，经济发展对于海洋资源和海洋环境的依赖性较强，导致在海洋环境容量出现紧缺的情况下，海洋经济产值的规模性变化愈加明显。因此，在对海洋经济动态变化进行界定时，主要选取经济增长指标作为依据。

经济增长作为经济学长久以来关注的焦点，在诸多领域已经达成了较为丰富且有效的共识，其中不乏经典定义。著名经济学家库兹涅茨（Kuznets）在其著作《现代经济的增长：发展和反馈》中便指出："对于一个国家而言，其经济增长是不断提高给当地居民提供种类多样的经济产品的能力，这种能力的提升需要建立在技术进步以及不断调整的制度与思想意识之上。"相较而言，关于经济增长更为直观的理解是某个国家或地区当年的国内生产总值相较于上一年的增长率，其含义不仅体现在规模数据的变化上，更加体现了地区生产力的提升

---

① 陈可文. 中国海洋经济学 [M]. 北京：海洋出版社，2003：4 - 12.

与扩展，蕴含了某一空间生产部门对自身成员商品和劳务服务需求的供应能力的扩大，这种能力的扩大取决于当地自然资源禀赋、生产资本积累、生产技术提升及制度环境改善等诸多要素，其中最为主要的拉动力为消费、投资和出口。

马克思从扩大再生产的角度将经济增长方式分为两种类型：一种是内涵式经济增长，主要通过技术进步及制度性管理方式的改进来提高既定要素的质量和经济效益；另一种是外延式经济增长，主要通过扩大生产要素的投入量来实现产出规模的增加。从这个角度理解，经济增长便是一个地区和国家在既定时间内通过增加生产要素和提高生产效率而产生的社会财富的增加。而不同的经济增长方式对于投入要素的依赖性存在差异，如粗放型增长模式对于环境资源的投入规模和管理制度的宽松程度更为看重，集约型经济增长则更加依赖于生产技术的提升以及公平的制度环境。目前对于经济增长测量使用最多的指标有国民生产总值和国内生产总值，学者根据研究特征和自身目标选取总量、人均量和地均量等指标的增长率参与测算，其中使用最多的是实际 GDP 增长率，即相隔两期实际 GDP 的数量差与前期实际 GDP 的比值。

本书研究的区域海洋经济增长主要是某一区域内部由海洋物质资源和海洋空间资源供给的，通过要素投入形成的产品和劳务数量持续增加的能力。由于海洋经济具有整体性、公共性、关联性及技术性等特征，使得海洋经济增长不仅需要长期稳定的海洋物质和技术装备作为支撑，而且对于制度环境及思想意识的变化更具敏感性。因此，在研究海洋经济增长时需要突破经典增长经济理论研究范式，从产业差异和关联的角度研究经济增长模式的影响，而且要特别注意区域性政策与制度对于要素配置的改变。

四、陆海环境经济系统

海洋环境作为典型开放生态系统，其运行方式及外界污染压力存在典型空间错配，即海洋污染的主要来源为陆域经济活动。特别是临岸生产生活活动均会以直接排放或间接蔓延的方式将废弃物排至海洋，加之河流、土壤及大气能够将内陆经济活动排放污染物运送至海洋，导致陆域系统与海洋环境系统间保持紧密互动关系。因此，海洋环境规制的重要内容即从源头端或治理端对陆域经济活动进行管制。在研究海洋环境与海洋经济发展关系时，理应将研究对象的范围延伸至沿海地带，将陆域经济与沿海环境纳入陆海环境经济系统中加以分析。

近年来，海洋在驱动我国整体经济提升尤其是临海的省市经济快速集聚的同时，也面临来自陆域生产生活系统和自身经济建设造成的环境压力，尤其是河口、海湾等近岸局部海域污染严重，海洋生态环境恶化趋势尚未得到根本遏制。海岸带生态资源的更新能力严重弱化，海洋资源环境对于国家区域经济建设的束缚凸显，海洋生物多样性退化严重，海洋生态安全和系统功能威胁较大。在对海洋环境污染与生态损坏的原因进行分析后发现，若单纯地从海洋生产的角度解决海洋污染防护问题只会事倍功半，故而，更应该充分尊重地球生态系统整体性和动态性的运行规律，实施经济发展与环境保护在陆海两个层面的双向联动和统筹保护，才能从根本上有效解决海洋环境污染与生态破坏的问题。因此，陆海环境经济系统可以作为海洋环境治理的主要平台，并在坚持治理海洋环境的过程中统筹考虑陆域与海域空间的污染源和污染方式，才能达成理想效果。

陆海环境经济系统是将陆地系统和海洋系统作为有机整体，涵盖了系统的生态功能、经济功能、生物功能、社会服务功能以及空间流动功能，不仅要做到陆域与海域的协调开发和管理，实现生态与环境的优势互补，而且要促进系统整体的经济发展与环境保护之间达成公平与效率的目标，陆海环境经济系统的最终解决方案为陆海统筹。

陆海环境经济系统统筹的最终目标是将海域与陆域环境质量相衔

接，形成有机决策和治理体系。在系统中，沿海地区是陆海系统相互耦合的复合地带，陆海经济快速健康发展的内在要求是陆海协调良好的生存环境①。陆地是海洋污染的主要来源地，主要原因是沿海地区工业发达，会导致大量的"三废"（废水、废气、固体废弃物）排入海洋，因此要加强对海洋污染的协调治理，突出对近岸海域环境的治理。陆域与海域开发中环境质量相衔接，要求将海岸带污染治理逐步上溯到对污染产生的全过程的监控和治理，注重对沿海地区环境污染的治理，并将陆地污染与海域环境质量标准有机统一起来。同时，要加强海洋自净能力的调查，从而为控制陆域排海污染物总量及海洋管理提供科学依据。与此同时，要注重标本兼治，形成陆域到海洋环境保护与污染治理的一体化决策系统，实现海洋生态系统的良性循环。

海陆生态系统经济统筹发展机制主要包括：作用机制、调节机制和保障机制。作用机制中长期的"重陆轻海"，使得陆域诸多产业的发展进入了成熟阶段，但过度的对资源空间的开发利用，导致陆域承受了过大的人口资源环境压力。在此种情形下，必须将发展目光投入占地表面积71%的海洋，科技成果在海洋经济领域的广泛应用，使更多海洋资源的开发利用及生产加工趋向"陆地化"，双向的产业互动促进了陆海各种生产要素和能量的有效配置。在调节机制中，一方面，价格信号引导生产和消费，实现稀缺资源的优化配置；另一方面，为了弥补市场失灵，可以通过行政手段配置资源，两种机制共同作用于海陆趋于复合系统，形成二元调控机制。在保障机制方面，应当加快陆海统一规划编制，强化宏观引导与管制；推动制度创新，凝聚陆海统筹发展合力进一步推动综合管理体制改革与创新；实施创新驱动发展战略，加速将陆域相关科技成果转向海洋领域，大力发展海洋科技；加大政策支持力度，建立陆海统筹发展示范区。

陆域经济与海洋经济是陆海环境经济系统的两大组成部分，陆域

---

① 高强，高乐华. 海洋生态经济协调发展研究综述 [J]. 海洋环境科学，2012（2）：289–294.

经济率先得到发展,海洋经济是陆域经济的延伸[①]。利用陆海系统的互补性,相互地影响和制约,实现经济、社会和生态三个子系统均衡综合发展;同时三个子系统内部应当建立合理的经济结构,在开发生态系统的资源时要平衡资源开发与生态自净能力之间的关系。在整个经济系统中,陆域经济是相对于海洋经济而言的,尤其是相对于海洋这个特殊的经济空间而言的,是以陆域为主要经济发展载体的经济系统。同样,海洋经济也是相对陆域经济而言的,主要指依托海洋为载体的经济系统,根据国际上的定义,海洋经济活动是指在海洋及其空间进行的一切经济性开发活动和直接利用海洋资源进行生产加工以及为海洋开发、利用、保护、服务而形成的经济活动。海洋产业是海洋经济的构成主体和基础,是海洋经济得以存在和发展的基本前提条件,它的发展是评判海洋经济发展的一个重要指标[②]。对于海洋产业的定义有很多,依据国际规定,海洋产业是指人类利用海洋资源和海洋空间进行的各类生产与服务活动。《中国海洋统计年鉴》中关于海洋经济部分的统计,仅对海洋三次产业、主要海洋产业进行了完整序列的统计,主要包括:海洋渔业、海洋油气业、海洋矿业、海洋盐业、海洋化工业、海洋生物医药业、海洋船舶工业、海洋工程建筑、海水利用与海洋电力、海洋交通运输、滨海旅游业。

第二节 环境规制相关研究

随着环境规制在政府调节经济目标和环境目标间协调关系中的作用日益凸显,与环境规制有关的研究也成为学界的焦点。本书侧重结

---

① 高乐华,高强. 海洋生态经济系统界定与构成研究 [J]. 生态经济,2012 (2):62 - 66.

② 孙吉亭,赵玉杰. 我国海洋经济发展中的海陆统筹机制 [J]. 广东社会科学,2011 (5):41 - 47.

合经济效果对环境规制相关文献进行归纳总结。主要包括以下逻辑：首先是总结环境规制与经济增长之间的关系，然后归纳环境规制作用机制，最后分析环境规制的测算方法（见图2-3）。

图2-3　相关研究关系

一、环境规制与经济增长关系研究

对于环境规制与经济增长的关系，各领域学者从不同角度对其强度和影响进行了较为细致的研究。但由于环境规制是当今经济学、管理学、社会学、地理学、生态学等各领域共同关注的议题，其研究缺乏统一的理论框架，因此在不同的研究视角和研究方法影响下，现有研究尚未对二者关系达成统一结论，甚至呈现完全相反的结果。其结果，通过文献梳理主要有三种：一是环境规制的实施能够明显提升经济增速，二是环境规制与经济增长呈现反向关系，三是二者关系不单纯是线性组合，而是非线性或更加复杂的关系。

在环境规制抑制经济增长的研究中，诸多学者从企业、行业和产业层面对其进行了充分验证和解释，其观点均遵从"成本假说"，从企业生产投资挤占效应的角度展开。帕希根（Pashigan）[1] 从企业投资结构的角度认为，环境规制使原有产品成本增加，单位产出消耗的投资更大。约根森和威尔科森（Jorgenson and Wilcoxen）[2]

① PASHIGAN B P. The Effects of Environmental Regulation on Optimal Plant Size and Factor Shares［J］. Journal of Law and Economics，1984（57）：1－17.

② JORGENSON D W，WILCOXEN P J. Environmental Regulation and U. S. Economic Growth［J］. Rand Journal of Economics，1990，21（2）：314－340.

不仅验证了这一说法，而且还发现当时美国实施的环境规制使整体经济增速下降了 0.1 个百分点。接下来的研究则更加具体地从企业生产成本和生产率的角度进行分析。布鲁克和埃文斯（Brock and Evans）[①] 通过比较企业成本费用变化发现，如果不考虑生产工艺的改进，环境规制将增加企业管理费用，并使得受规制产品的价格不得不高于往期，最终导致产品缺乏市场竞争力，抑制区域经济增长。阿马盖（Amagai）通过选取部分实证数据发现，环境规制的提升会使企业生产率下降，主要原因在于虽然企业采取了部分技术改造手段，但是其成本投入要远高于技术进步带来的收益增加，因此并不会对企业竞争力产生正向作用。钦特拉卡恩（Chintrakarn）[②] 通过测算美国制造业的技术效率发现，环境规制并未起到提升产出效率的预期效果。

部分国内学者在进行理论和实证探索中，也对环境规制的经济抑制作用提出了自己的理解。谢众等[③] 通过选取中国各省的面板数据发现，环境规制现阶段仍在负向影响我国经济增长。李春米和魏玮[④] 则对中国工业进行研究时发现，环境规制会造成工业全要素生产率的降低，并进一步影响工业经济。徐彦坤和祁毓[⑤] 通过准自然实验研究发现，环境规制对于企业，特别是成立时间短、规模小的企业生产率具有不利影响，并指出其影响途径主要是降低企业研发能力、增加中间品成本和弱化企业融资约束等。

---

① BROCK W A, EVANS D S. The Economics of Small Business: Their Role and Regulation in the U. S. Economy [J]. Holmes and Meier, 1986 (2): 14 – 23.

② PANDE J C. Environmental Regulation and U. S. States' Technical Inefficiency [J]. Economics Letters, 2008 (100): 363 – 365.

③ 谢众, 张先锋, 卢丹. 自然资源禀赋、环境规制与区域经济增长 [J]. 江淮论坛, 2013 (6): 61 – 67.

④ 李春米, 魏玮. 中国西北地区环境规制对全要素生产率影响的实证研究 [J]. 干旱区资源与环境, 2014, 28 (2): 14 – 19.

⑤ 徐彦坤, 祁毓. 环境规制对企业生产率影响再评估及机制检验 [J]. 财贸经济, 2017, 38 (6): 147 – 161.

当环境规制普遍应用于区域和行业经济管制时，部分学者发现环境规制严格的地区和企业并不一定存在经济增长放缓的现象，反而促进了经济提升。于是关于环境规制正向促进的研究逐渐增多，且逐渐替代消极理论占据主流地位。其中最广为流传的即为"波特假说"，并在此基础上逐渐衍生出"创新补偿理论"和"先动优势理论"等。之后诸多学者开始结合自身实际验证正向效应的存在。尤其进入 21 世纪以来，关于"波特假说"的研究进入盛行期。浜本（Hamamoto）[①] 通过选取日本制造业相关数据，研究了环境规制与行业生产率的关系，发现适度的环境规制能够明显提高行业全要素生产率。这种观点在阿兹维多（Azevedo）[②] 的研究中同样得以验证，其在以巴西冶炼行业为研究对象时，发现环境规制能够刺激行业加快改进环保技术，并促进高耗能高排放生产占比减少。在区域层面，李（Lee）[③] 通过选取美国汽车尾气排放数据发现，环境规制促进了技术创新能力，并提高了整体效益。彭家洋[④]进一步细化发现，环境规制的正向创新效应存在明显行业异质性，加工企业、污染性较强企业和民营企业受到的正向影响更高。国内方面，范庆泉等[⑤]通过构建一般均衡模型，将碳排放作为环境规制代理变量，发现我国环境政策能够在改善环境的同时促进经济增长。谢荣辉[⑥]运用

---

① HAMAMOTO M. Environmental Regulation and the Productivity of Japanese Manufacturing Industries [J]. Resource & Energy Economics，2006，28（4）：299－312.

② AZEVEDO D，MARTINIANO A M，PEREIRA，et al. Environmental Regulation and Innovation in High-pollution Industries：A Case Study in a Brazilian Refinery [J]. International Journal of Technology Management & Sustainable Development，2010，9（9）：133－148.

③ LEE J，VELOSO F M，HOUNSHELL D A. Linking Induced Technological Change，and Environmental Regulation：Evidence from Patenting in the U. S. Auto Industry [J]. Research Policy，2011，40（9）：1240－1252.

④ PENG J Y，XIE R，MA CH，et al. Market-based Environmental Regulation and Total Factor Productivity：Evidence from Chinese Enterprises [J]. Economic Modelling，2020（3）：132－139.

⑤ 范庆泉，周县华，刘净然. 碳强度的双重红利：环境质量改善与经济持续增长 [J]. 中国人口·资源与环境，2015，25（6）：62－71.

⑥ 谢荣辉. 环境规制、引致创新与中国工业绿色生产率提升 [J]. 产业经济研究，2017（2）：38－49.

两阶段模型研究环境规制对绿色生产率的影响，认为环境规制能够促进绿色生产率的整体提高，但主要是对非环保技术产生影响，环保技术创新能力反而出现负相关。曹宇①研究发现环境规制若能通过技术创新和资源利用效率将环境与经济有效结合，更有助于区域经济增长。

　　在环境规制正向效应和反向效应的不断探索中，学者们逐渐对差异化结论的内在规律产生兴趣，并开始从更加综合的角度研究环境规制与经济增长的关系，力图为"波特假说"和"成本假说"共存创造合适的解释空间。博伊德和麦克莱兰（Boyd and Mcclelland）②在对美国造纸业进行研究时发现，环境规制的经济效应并不确定。马丁（Martin）则更加具体地选取能源税对制造业的影响，同样发现在提升产出水平方面不具备说服力。乌尔佩莱宁（Urpelainen）③通过建立不确定条件的博弈模型，从理论角度验证了环境规制对人民福利和经济增长的不确定关系。国内学者更加青睐于将环境规制的经济效应往非线性或阶段性特征靠拢。黄志基等④从区位角度对环境规制的效用差异进行了检验，发现环境规制只对生产效率高的企业产生促进作用。相较于中西部地区，东部地区的环境规制更能够促进企业生产率的提升。余伟等⑤通过研究我国工业行业面板数据发现，环境规制虽然能够刺激企业从事研发，但是其引致效应并不够充分。从整体看，环境规制在创新技术低效遵循成本方面的作用并不明显，且对不同工

　　① CAO Y, WAN N N, ZHANG H Y, et al. Linking Environmental Regulation and Economic Growth Through Technological Innovation and Resource Consumption: Analysis of Spatial Interaction Patterns of Urban Agglomerations [J]. Ecological Indicators, 2020, 112 (6): 60 – 62.

　　② BOYD G A, MCCLELLAND J D. The Impact of Environmental Constraints on Productivity Improvement in Integrated Paper Plants [J]. Journal of Environmental Economics & Management, 38 (2): 121 – 142.

　　③ URPELAINEN J. FRONTRUNNERS and Laggards: The Strategy of Environmental Regulation under Uncertainty [J]. Environmental & Resource Economics, 2011, 50 (3): 325.

　　④ 黄志基，贺灿飞，杨帆，等. 中国环境规制、地理区位与企业生产率增长 [J]. 地理学报，2015，70 (10): 1581 – 1591.

　　⑤ 余伟，陈强，陈华. 环境规制/技术创新与经营绩效——基于 37 个工业行业的实证分析 [J]. 科研管理，2017，38 (2): 18 – 25.

业经营绩效的作用存在差异。宋德勇和赵菲菲[1]运用城市面板数据，认为环境规制与城市生产率呈现"U"型关系。许志伟和李阳[2]则从企业角度支持了这种说法，并基于中国工业企业数据和投入产出表，从产业关联的角度测算环境规制对产能利用率的影响，发现下游环境规制与上游企业工业生产率呈现"U"型关系，下游的环境规制主要通过市场需求激励上游企业从事创新以提升生产率。陈霞[3]在选取中国的二氧化碳数据进行研究时也对二者的"U"型关系进行了验证。除此之外，也有学者对环境规制的作用持消极态度。约书亚（Joshua）[4]在研究美国电力部门污染排放变化的影响因素时发现，市场作用下的原料价格才是主导因素，环境规制的直接作用并不显著。张京祥等[5]通过 SBM-DEA 方法发现，不同类型的环境规制在影响经济效率方面的效果也不尽一致，市场型和自愿性规制更加有效，但命令控制型环境规制就会起到反向作用。

二、环境规制影响机制研究

毫无疑问，无论环境规制对于经济增长和环境保护的作用方向如何，其有效性是政府更加热衷于使用环境规制的前提。因此，为了制定与自身经济目标相适应的环境管理政策，需要对不同作用机制下环

---

① 宋德勇，赵菲菲. 环境规制对城市生产率的影响——兼论城市规模的门槛效应 [J]. 城市问题，2018（12）：72-79.

② 许志伟，李阳. 环境规制与企业产能利用率——基于纵向产业链视角的研究 [J]. 政府管制评论，2018（2）：41-48.

③ CHEN X, CHEN Y E, CHANG CH P. The Effects of Environmental Regulation and Industrial Structure on Carbon Dioxide Emission: A Non-linear Investigation [J]. Environmental Science and Pollution Research, 2019, 26（1）：100-109.

④ JOSHUA L, KRISTEN M C. The Roles of Energy Markets and Environmental Regulation in Reducing Coal-fired Plant Profits and Electricity Sector Emissions [J]. The RAND Journal of Economics, 2019, 50（4）：733-767.

⑤ ZHANG J X, KANG L, LI H, et al. The Impact of Environmental Regulations on Urban Green Innovation Efficiency: The Case of Xi'an [J]. Sustainable Cities and Society, 2020, 57（10）：102-123.

境规制的真实影响做出预判。笔者通过梳理现有文献发现，学界主要从两种视角对环境规制的影响机制进行研究：一是通过博弈对政府与企业的行为机制进行推导；二是对环境规制作用下企业或产业的传导机制进行分析。

关于政府与企业的环境博弈问题，学者基于二者行为选择，得出环境规制的分步作用结果。拉塞尔（Russell）通过动态模拟政府环境管制下的企业行为，发现如果初期不对违规排污者实施处罚，那么在监测违规之后的后续时间内对企业实施的违规惩罚将增大，企业在预期高额惩罚作用下，将大大减少违规的尝试，最终实现环境改观的局面。凯瑟琳·克林和赵金华（Catherine Kling and Zhao Jinhua）[①] 将政府对企业的污染惩罚与收费行为纳入博弈模型，对政府对企业排污权收费机制进行模拟，发现并不需要将所有的排污许可权收费，仅需对全局性污染物的排污许可权进行拍卖，而局部污染物不需收费。阿米亚兹（Amyaz）等[②]则通过两阶段动态博弈模型进行研究，得出结论：若政府在第一阶段实施排污许可税费，企业将在不断提高的税费作用下，选择提高治污投入以降低污染排放，并表现成治污边际成本较低的企业。而在第二阶段，若政府放松排污许可税费的征收，进而实现治污成本在两个阶段的净现值最低；若政府使用可交易许可证制度，由于第一阶段排污指标不足，将刺激企业提高许可证的交易价格，并诱导政府增加排污许可证的发行量。在对国内情况进行分析时，周晖杰[③]等通过构建政府、企业和公众在内的三方博弈模型，发现若排污风险里承担的罚款高于其排污获取的收益，且公众具有较强

① CATHERINE L K, ZHAO J H. On the Long-run Efficiency of Auctioned VS. Free Permits [J]. Economics Letters, 2000, 69 (2): 235 – 238.

② AMYAZ A. MOLEDINA, JAY S, et al. Dynamic Environmental Policy with Strategic Firms: Prices Versus Quantities [J]. Journal of Environmental Economics and Management, 2003, 45 (2): 92 – 107.

③ 周晖杰，李南，毛小燕. 企业环境行为的三方动态博弈研究 [J]. 宁波大学学报（理工版），2019, 32 (2): 108 – 113.

的环保意识，将形成三方合谋、监督和不排污的最优均衡。因此，可以通过优化政府与公众决策选择偏好，进一步对企业的污染行为进行规范。肖忠东等①构建地方政府与制造商上下游群体的三方博弈模型，发现地方政府采取的市场化混合环境规制能够推动不同环境制造商形成共生链，但这种措施仅能作为政府短期工具加以实施。

除此之外，更多研究将重点集中于环境规制作用下的企业生产转型上。因为在环境规制不断探索实践中，各地已经摆脱将其单纯作为环境政策的手段，而是将其作为优化产业结构、提高生产效率的重要抓手。因此需要对复杂传导机制下环境规制的综合效用进行判断。在这个目标下，早期的研究主要基于环境规制对企业成本的影响进行分析。霍福德（Harford）从企业追求利润最大化目标出发，发现过高的环境税会导致企业逃税的概率提高。并指出当规制的成本与企业降低排污的边际收益和边际成本之和相同时，环境规制最为有效。波林斯基和夏维尔（Polinsky and Shavell）在此基础上纳入风险因素，认为政府处罚企业的上限是企业的总资产。规制强度的不足和罚款过多均会造成规制效果偏离最优结果。巴贝拉和麦康奈尔（Barbera and Mc-Connell）根据企业行为后果，总结了环境规制的不利影响：一是降低了高消耗、高污染企业的产品成本竞争力；二是提高了企业中间品投入价格；三是提高了包括企业排污许可权在内的交易成本；四是提高了企业进入生产的环境门槛。拉诺伊（Lanoie）②更具独特地从企业声誉角度出发，认为企业形象与融资空间和股票价格息息相关，企业在政府环境规制限制下为取得更好的社会声誉，会在环境治理方面做出表率，在良好社会形象之下企业的资源和交易成本也会得以降低。

在随后的研究中，学者将重点放在企业为应对环境规制采取的各

① 肖忠东，曹全垚，郎庆喜，等. 环境规制下的地方政府与工业共生链上下游企业间三方演化博弈和实证分析［J］. 系统工程，2020，38（1）：1–13.
② LANOIE P，LAURENT-L J，JOHNSTONE N，et al. Environmental Policy，Innovation and Performance：New Insights on the Porter Hypothesis［J］. Journal of Economics & Management Strategy，2011，20（3）：803–842.

种生产转向上，主要包括技术效应、结构效应及投资效应等渠道①。具体如下：

在技术创新方面，结合早期成本假说，部分学者认为，环境规制可能对创新投入的选择产生抑制作用，并将企业行为选择传导至区域或国家整体，最终造成经济增长放缓。随着以"波特假说"为代表的动态经济视角不断普及，学者们结合环境规制是否能引起创新补偿的争议展开研究，并结合现实进行扩展和深化。如鲁巴什基纳（Rubashkina）等②通过对欧洲制造业整体创新和生产力的作用进行测算，发现环境监管能够对以专利为代表的创新生产力产生积极影响，但生产力并不受污染控制的影响，即不存在"强波特假说"。翟惠宏③结合我国的生态保护红线，发现我国环境规制能够促进企业的研发投资，并通过提升生产效率刺激出口增长。张旭④通过仿真模拟发现环境规制在短期内对于企业创新水平的影响甚至比直接创新投入还要高。王丽等⑤以碳生产率作为绿色发展的代理变量，发现在环境规制与碳生产率的"U"型关系中，技术创新起到重要的中介作用，但这种中介作用存在明显的地区差异性。在不断深化研究中学者发现，隐含在成本假说和补偿假说背后的环境规制作用机制更为复杂。徐敏燕和左和平⑥从产业集聚的角度，认为环境规制对于产业经济的提升作

① 申晨，李胜兰，黄亮雄. 异质性环境规制对中国工业绿色转型的影响机理研究——基于中介效应的实证分析 [J]. 南开经济研究，2018（5）：95 – 114.

② RUBASHKINA Y, MARZIO G, ELENA V. Environmental Regulation and Competitiveness: Empirical Evidence on the Porter Hypothesis from European Manufacturing Sectors [J]. Energy Policy, 2015, 14 (2): 288 – 300.

③ ZHAI H Y, LIU D T, CHAN K C. The Impact of Environmental Regulation on Firm Export: Evidence from China's Ecological Protection Red Line Policy? [J]. Sustainability, 2019, 11 (19): 5493.

④ 张旭，王宇. 环境规制与研发投入对绿色技术创新的影响效应 [J]. 科技进步与对策，2017，34（17）：111 – 119.

⑤ 王丽，张岩，高国伦. 环境规制、技术创新与碳生产率 [J]. 干旱区资源与环境，2020，34（3）：1 – 6.

⑥ 徐敏燕，左和平. 集聚效应下环境规制与产业竞争力关系研究——基于"波特假说"的再检验 [J]. 中国工业经济，2013（3）：72 – 84.

用是创新效应和集聚效应共同作用的结果，且不同污染强度产业的作用机制存在差异，重度污染产业在环境规制下倾向于增加创新但减少集聚，中度污染产业则主要通过集聚效应发挥作用；轻度污染产业受到的影响不显著。张娟等①通过微观博弈和宏观计量研究我国环境规制对绿色技术创新的影响，均验证了二者存在"U"型关系。郭进②在使用我国数据验证"波特假说"时发现，财税等市场类调控政策更能够倒逼企业增加研发投入，单纯行政处罚并不能起到积极作用。

　　生产结构方面，瓦格纳（Wagner）③的研究指出，环境规制下企业会优先选择转变资源配置结构，通过增加高效率产能比重提高行业竞争力。企业的生产资源配置直接影响到区域产业的变化，张鸣④通过对比中国雾霾变化，认为环境规制不仅能够直接降低雾霾污染，而且能够通过调节主导型产业，进一步增强产业结构变动造成的雾霾抑制作用。原毅军和谢荣辉⑤通过选取我国 30 个省份的相关数据发现，环境规制对产业结构的调整作用存在门槛特征和空间异质特征，随着正式环境规制强度的提升，对于产业结构变动呈现从抑制到促进，再到抑制的特征。孙红梅和雷喻捷⑥通过测算环境规制和产业发展的系统耦合性发现，环保措施是影响两系统耦合程度的关键因素。时乐乐

①　张娟，耿弘，徐功文，等. 环境规制对绿色技术创新的影响研究 [J]. 中国人口·资源与环境，2019，29（1）：168 - 176.

②　郭进. 环境规制对绿色技术创新的影响——"波特效应"的中国证据 [J]. 财贸经济，2019，40（3）：147 - 160.

③　WAGNER M. On The Relationship Between Environmental Management，Environmental Innovation and Patenting：Evidence from German Manufacturing Firms [J]. Research Policy，2007，36（10）：1587 - 1602.

④　ZHANG M，SUN X R，WANG W W. Study on the Effect of Environmental Regulations and Industrial Structure on Haze Pollution in China from the Dual Perspective of Independence and Linkage [J]. Journal of cleaner production，2020，37（2）：113 - 125.

⑤　原毅军，谢荣辉. 环境规制的产业结构调整效应研究——基于中国省际面板数据的实证检验 [J]. 中国工业经济，2014（8）：57 - 69.

⑥　孙红梅，雷喻捷. 长三角城市群产业发展与环境规制的耦合关系：微观数据实证 [J]. 城市发展研究，2019，26（11）：19 - 26.

和赵军①则侧重于从技术创新的门槛效应研究，发现在不同的产业技术创新水平下，环境规制对产业结构升级的影响存在差异。郑加梅②通过建立包括供需双方响应和行为变化的机制分析框架，检验发现环境规制不仅起到积极作用，而且能够通过贸易升级进一步调整产业结构。而对于产业结构升级是否能够促进经济增长，陈南岳和乔杰③借助面板向量自回归模型研究发现，虽然环境规制能够长期促进产业结构优化和经济增长，但仅产业结构合理化能够促进经济增长，产业结构高级化的作用并不显著。

投资选择方面，朱迪思（Judith）④通过研究合资企业区位选择的影响因素，发现对我国的投资符合污染避难所的规律，但是并不是高收入国家的投资均出现这种规律，而是仅限于高污染行业的投资。国内学者针对环境规制机制也进行了诸多检验。曾贤刚⑤从外资引入的角度发现，更加严格的环境规制并未对外商投资的引入产生显著影响。因此在此途径下与经济增长的关系也不显著。但是李国平⑥则持相反观点，认为我国在工业领域仍存在明显的"污染避难所"现象，且在不同行业表现出的响应不尽相同。张中元和赵国庆⑦通过估算发现虽然环境规制有助于提高地区的工业技术进步水平，但 FDI 的溢出

①　时乐乐，赵军. 环境规制、技术创新与产业结构升级［J］. 科研管理，2018，39（1）：119 – 125.

②　郑加梅. 环境规制产业结构调整效应与作用机制分析［J］. 财贸研究，2018，29（3）：21 – 29.

③　陈南岳，乔杰. 产业结构升级、环境规制强度与经济增长的互动关联研究［J］. 南华大学学报（社会科学版），2019，20（5）：43 – 50.

④　JUDITH M D, MARY E L, WANG H. Are Foreign Investors Arracted to Weak Environmental Regulations? Evaluating the Evidence form China［J］. Journal of Development Economics，2009，90（1）：1 – 13.

⑤　曾贤刚. 环境规制、外商直接投资与"污染避难所"假说——基于中国 30 个省份面板数据的实证研究［J］. 经济理论与经济管理，2010（11）：65 – 71.

⑥　李国平，杨佩刚，宋文飞，等. 环境规制、FDI 与"污染避难所"效应——中国工业行业异质性视角的经验分析［J］. 科学学与科学技术管理，2013，34（10）：122 – 129.

⑦　张中元，赵国庆. FDI、环境规制与技术进步——基于中国省级数据的实证分析［J］. 数量经济技术经济研究，2012，29（4）：19 – 32.

效应会阻碍省级工业技术进步，并且环境规制会显著促进 FDI 的溢出边际效应。袁毅军和谢荣辉也在研究中得出了在我国的外商投资对于产业更新具有抑制作用的结论。周长富等[1]基于成本视角对 FDI 区位分布的影响因素进行研究，发现环境规制产生了显著的负向效应，但是不足以抵消经济水平、管理成本和贸易成本等构成的比较优势，且在不同梯度区域上的作用效果存在差异，在东部有利于 FDI 量质提升，在中部则为负向作用。

随着以制度转向为特征的空间经济现象受到重视，诸多学者开始从空间溢出的角度研究环境规制对区域经济的影响。查克拉博蒂（Chakraborty）[2] 通过建立涵盖一个自由捕鱼区和一个保护区的扩散模型，模拟渔业经济的最大化收益，发现在邻近海域控制捕捞更有助于保护区发挥作用，保护区规模的扩大会提高渔业收益。林秀梅和关帅[3]在对制造业转型升级的溢出效应进行研究时发现，环境规制能够显著推动本地和周边地区制造业升级，且区域间示范效应较为明显。正是由于这种空间溢出效应的存在，使得地方政府可以充分利用制度手段，通过区域协作或竞争的方式达成自身经济目标。秦炳涛和葛力铭[4]在研究区域间环境规制差距及污染性产业转移对污染集聚的影响时发现，区域间环境规制的相对差距与污染集聚表现出倒"U"型关系，证明了环境规制"以邻为壑"存在的可能性。薄文广等[5]则更为明确地指出，我国地方政府在不同竞争动机下，执行命令型和市场型环境规制均存在明显的"逐底竞争"。而在影响经济增长方面，金刚

① 周长富，杜宇玮，彭安平. 环境规制是否影响了我国 FDI 的区位选择？——基于成本视角的实证研究 [J]. 世界经济研究，2016（1）：110－120，137.

② CHAKRABORTY K，KAR T K. Economic Perspective of Marine Reserves in Fisheries：A Bioeconomic Model [J]. Mathematical Biosciences，2012（8）：12－22.

③ 林秀梅，关帅. 环境规制对制造业升级的空间效应分析——基于空间杜宾模型的实证研究 [J]. 经济问题探索，2020（2）：114－122.

④ 秦炳涛，葛力铭. 相对环境规制、高污染产业转移与污染集聚 [J]. 中国人口·资源与环境，2018，28（12）：52－62.

⑤ 薄文广，徐玮，王军锋. 地方政府竞争与环境规制异质性：逐底竞争还是逐顶竞争？[J]. 中国软科学，2018（11）：76－93.

和沈坤荣①通过研究发现，虽然环境规制能够起到"波特假说"的正向作用，但区域间"污染避难所"的存在会使企业通过迁移来降低创新投入，进而限制经济的长期增长。

三、环境规制测算研究

不论是关于环境规制的效应研究还是作用机制研究，除了要关注环境规制在不同阶段、不同强度和不同区域的差异化结果外，还需要找出合适方法对环境规制进行准确界定。相较于普通投入要素指标可以准确找出规模性和比例性代理变量，由于环境规制属于政府政策性管理行为，因此很难从直观视角对其进行测算。学界主要从三类方法中选取相关指标：一是直接进行主观打分。沃尔特和乌格罗（Walter and Ugelow）②通过量化分级的形式将各国按照从低到高赋值为1—7，在综合打分之后发现发达国家的环境规制平均强度为6.2，发展中国家仅为3.1。二是选取某一单一指标体现环境规制强度，其中使用最广泛的有各类污染物排放量、环境治理投资额和政府监管能力等，如巴贝拉和麦康涅夫（Barbera and Mcconnelv）③选取政府投资中用于环境保护的数量。菲利普和德吉奥（Philipp and Dergio）④选取地区生产排放中 SO_2 排放总量。鲁穆尼亚（Rubashkina）⑤等使用污染治

① 金刚，沈坤荣. 以邻为壑还是以邻为伴？——环境规制执行互动与城市生产率增长［J］. 管理世界，2018，34（12）：43－55.

② WALTER I, UGELOW J L. Environmental Policies in Developing Countries ［J］. AMBIO A Journal of The Human Environment，1979，8（2）：102－109.

③ BARBERA A J, MCCONNELY D. The Impact of Environmental Regulation on Industry Productivity：Direct and Indirect Effects ［J］. Journal of Environmental Economics and Management，1990（18）：50－65

④ PHILIPPE B, DERGIO P. Sulphur Emissions and Productivity Growth in Industrial Countries ［J］. Anal of Public & Cooperative Economics，2005，76（2）：275－300.

⑤ RUBASHKINA Y, GALEOTTI M, VERDOLINI E. Environmental Regulation and Competitiveness：Empirical Evidence on the Porter Hypothesis from European Manufacturing Sectors ［J］. Energy Policy，2015，83（8）：288－300.

理投资额反映政府投入能力。国内学者宋爽①为了区分不同形式的环境规制对污染产业投资的差异化影响，分别用排污费征收额与 GDP 比重和污染投资额与 GDP 比重代表费用型和投资型环境规制。时乐乐和赵军②则在借鉴前人的基础上，更加直接地使用环境污染治理投资额作为代理变量。三是通过综合指标体系的方式对环境规制强度进行计算，主要是为了避免单一指标无法全面反映出环境管理全体对象的变化状况。这种方法多是以污染物排放量作为间接指标，默认环境规制强度越高的地区污染物排放能力越弱。如艾肯和帕苏克（Aiken and Pasurk）选取 SO_2 排放量和污染治理投资的综合指标作为代理变量。李胜兰等③将环境规制分为规制制定、规制实施和规制监督三个指标要素，并分别用地方环保发挥累积设立数、工业污染投资额占工业增加值比重和排污费收入与工业增加值比重作为替代变量。叶琴等④则基于规制手段强制性，分别使用地区各类污染物排放量的综合得分和区域综合能源价格作为命令型和市场型环境规制的替代指标。

在海洋环境规制测算方面，由于指标受到较多限制，因此部分学者将其纳入区域制度体系中，选取代表沿海区域整体环境规制的相关数据。除此之外，针对海洋环境管理的特点，部分学者从治理效果的角度，通过选取各类海洋污染排放指标构建评价体系进行整合评价，忽略由经济差距造成的区域间污染能力的差异。在此基础上，孙鹏和宋林芳⑤将海洋环境投入和产出数据纳入非期望超效率模型，通过效

① 宋爽. 不同环境规制工具影响污染产业投资的区域差异研究——基于省级工业面板数据对我国四大区域的实证分析 [J]. 西部论坛，2017，27（2）：90 – 99.

② 时乐乐，赵军. 环境规制、技术创新与产业结构升级 [J]. 科研管理，2014，39（1）：119 – 125.

③ 李胜兰，初善冰，申晨. 地方政府竞争、环境规制与区域生态效率 [J]. 世界经济，2014，37（4）：88 – 110.

④ 叶琴，曾刚，戴劭勍，等. 不同环境规制工具对中国节能减排技术创新的影响——基于 285 个地级市面板数据 [J]. 中国人口资源与环境，2018，28（2）：115 – 122.

⑤ 孙鹏，宋琳芳. 基于非期望超效率 – Malmquist 面板模型中国海洋环境效率测算 [J]. 中国人口资源与环境，2019，29（2）：43 – 51.

率分解反映环境规制的治理能力。祝敏[①]选取单位产值工业污染治理投资作为政府强制性环境管理的代理变量，并选取单位面积征收海域使用金表示市场型环境规制强度。杜军等[②]则更加直观地从政府投入入手，建立涵盖海洋废水治理、海洋废弃物治理和海洋生态系统保护等项目数的指标体系进行综合测算。

根据政府采取的环境管理手段，学者从不同角度选取环境规制的代理变量，使得反映的环境规制现实差距较大。尤其是在评价某一特殊环境管理体系时，单一方法会因口径和统计方法的不同造成环境规制强度的差距，且环境体系的强度和结构长期处于动态变化过程中。在不同发展阶段，环境规制的组合形态会造成差异化经济效果，因此，环境规制评价方法的不同也是导致研究其经济效应结论不一的原因之一。环境规制强度的评价本身就很困难，其实施能力不仅与当地的地方性法律法规体系是否完善有关，而且也受当地经济发展目标和环境基础影响。因此需要结合实际对不同形式的环境规制进行区分，才能从整体层面更加准确地反映出不同规制组合下的经济效应。

第三节　海洋经济相关研究

海洋经济作为一种特殊经济形态，其增长方式及增长机制既表现出与传统经济形式相一致的特点，也受要素投入结构和生产环境影响，表现出独特的变化规律。因此，在对海洋经济进行理论和实证研究时，首先应全方位归纳分析其具体影响因素，然后从中剥离出环境

---

① 祝敏. 海洋环境规制对我国海洋产业竞争力的影响研究 [D]. 杭州：浙江大学，2019.

② 杜军，寇佳丽，赵培阳. 海洋环境规制、海洋科技创新与海洋经济绿色全要素生产率——基于 DEA-Malmquist 指数与 PVAR 模型分析 [J]. 生态经济，2020，36（1）：144－153，197.

规制的真实效用。基于此，本书在文献分析部分主要从两方面进行归纳（见图 2 - 4）。

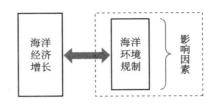

图 2 - 4　海洋经济相关研究关系

一、海洋经济增长因素研究

由于世界各国海洋经济发展阶段和发展模式存在较大差异，在不同资源环境依赖性和不同环境管理政策刺激下，海洋经济发展形态各异。因此关于海洋经济的研究也表现出明显的区域差异性。

自 20 世纪 70 年代法国总统戴高乐提出"向海洋进军"的口号以来，发展海洋产业成为各国新一轮经济布局的重点，关于海洋经济的研究也逐渐盛行。1999 年美国"全国海洋经济计划"将海洋经济与海岸带经济予以区分，标志着海洋经济的具体定义和内涵更加明晰。进入 20 世纪 80 年代，以美国、加拿大和澳大利亚为代表的海洋大国逐渐主导了海洋经济的研究重点和研究方法，其中最为流行的议题是对海洋的真实和潜在价值进行评估，如蓬特科沃（Pontecorvo）创新性地选取美国涉海产业，研究了海洋对整体经济的贡献能力。这类研究为各国大规模实施向海发展战略提供了重要支撑，并逐步确立了海洋经济在区域经济增长中的主导地位[①]。进入 21 世纪，伴随着人类对于海洋的认识和开发技术逐渐成熟，海洋经济在各国经济体系中的作用更加凸显，也直接推动了海洋经济相关研究进入成熟阶段。

---

① 周秋麟，周通. 国外海洋经济研究进展 [J]. 海洋经济，2011，1（1）：43 - 52.

高尔根（Colgan）[①] 再次选取 2007 年美国 21 个涉海产业进行研究时发现，海洋经济产值在 GDP 中的占比已经达到 1.7%，涉海就业人数比例达到 2%，其中资源勘探及相关的海洋建筑、海洋船舶等产业占比达到 58%。为了达成海洋经济长期稳定增长目标，各国学者纷纷将研究重点集中于海洋经济增长的主导因素甄别上。

关于海洋经济增长影响因素辨别的研究最早处于描述性分析阶段，当时注重从企业行为决策机制层面对海洋经济总体格局进行解释，并结合某些主导因素特定海域或特定海岸带的经济开发和综合治理制订方案。在此过程中，西方经济学惯用的计量方法和微观统计方法发挥了重要的支撑作用。特别是在收益至上准则下，为了提高本国海洋产业的生产绩效，各国从不同视角对海洋产业绩效评价标准和影响因素进行评价。如布里格斯和汤森（Briggs and Townsend）基于要素投入和产品价值的对比视角，通过投入产出方法测算了美国海洋渔业的运行绩效。尼古拉和弗兰克（Nicolai and Frank）[②] 则选取全球新兴海洋能源产业的部分企业数据和产业数据，通过案例分析对行业的绩效进行评价。莫尔斯（Morse）等[③]更为具体地选取某一航运企业的海运业务绩效进行测算，并结合实际分析评价了美国海运署的港口绩效评价标准。在不同层面研究的基础上，一些学者对影响海洋产业绩效的各方面因素进行甄别，如多洛雷斯和美拉康（Doloreux and Melancon）[④] 通过选取部分行业性案例，通过构建技术支持评价体

① Colgan C S. The Ocean Economy of the United States：Measurement, Distribution, & Trends [J]. Ocean & Coastal Management, 2013, 71：334 –343.

② NICOLAI L, FRANK N. Internationalization as A Strategy to Overcome Industry Barriers-An Assessment of The Marine Energy Industry [J]. Energy Policy, 2011, 39（3）：1093 –1100.

③ MORSE J L, MARCELO A, EMILY S, et al. Greenhouse Gas Fluxes in Southeastern U. S. Coastal Plain Wetlands under Contrasting Land Uses [J]. European Journal of Soil Science, 2010, 61（5）：671 –682.

④ DOLOREUX D, MELANCON Y. Innovation-support Organizations in The Marine Science and Technology Industry：The Case of Quuebee's Coastal Region in Canada [J]. Marine Policy, 2009（33）：90 –100.

系，测算海洋科技和教育产业的具体影响指标，并以此提出产业提升路径。

随着各领域专家对于海洋经济的研究不断深入，海洋经济增长的因素也表现出典型的专业特征，如海洋生态经济和海洋环境经济主要关注涉海资源的生产和再生产价值评估，以及在经济增长中的合理性配置问题，同时涉及海洋灾害带来的损失风险评价。海洋产业经济侧重于研究海洋产业对国民经济的支撑作用，以及资源环境约束下的产业结构变更和迁移。发展经济学则注重从生产转型角度，研究海洋要素生产效率和经济质量的作用。

海洋产业结构方面，韩增林等[①]在对辽宁海洋产业结构进行分析时发现，虽然整体产业结构具有较强的多元化特征，但结构水平仍然较低，使得海洋经济的发展仍不稳定。在此基础上，武京军和刘晓雯[②]借助灰色关联方法对我国沿海省市区的各类海洋细分行业进行研究，并通过特征分析更具针对性地对各地海洋产业升级提出建议。宁凌等[③]在研究各地海洋产业结构变动时发现，我国已经形成"三二一"的产业体系，但高端产业的比重仍较小，产业结构的协调性有待提升。王波和韩立民[④]通过构建门槛模型对沿海省市区的海洋经济增长影响因素进行测算，发现海洋结构更新并未造成海洋经济增长，传统发展路径仍较显著。苟露峰和杨思维[⑤]得出进一步结论，其通过面板计量模型计算发现，产业结构调整在支撑海洋经济增长方面的作

---

① 韩增林，狄乾斌，刘锴．辽宁省海洋产业结构分析［J］．辽宁师范大学学报（自然科学版），2007（1）：107-111．

② 武京军，刘晓雯．中国海洋产业结构分析及分区优化［J］．中国人口·资源与环境，2010，20（S1）：21-25．

③ 宁凌，胡婷，滕达．中国海洋产业结构演变趋势及升级对策研究［J］．经济问题探索，2013（7）：67-75．

④ 王波，韩立民．中国海洋产业结构变动对海洋经济增长的影响——基于沿海11省市的面板门槛效应回归分析［J］．资源科学，2017，39（6）：1182-1193．

⑤ 苟露峰，杨思维．海洋科技进步、产业结构调整与海洋经济增长［J］．海洋环境科学，2019，38（5）：690-695．

用逐渐被海洋科技进步所取代，需要通过科技进步减少因产业结构调整造成的负面影响。李佳薪和谭春兰[1]则从海洋产业的高级化和合理化角度进行研究，发现二者每提升两个百分点，将带动海洋经济增长2.96个和1.87个百分点。但谢伯杰（Xie Biojie）[2]得出了相反的结果，发现仅产业结构合理化能够产生积极影响，但产业结构高级化的作用是消极的，因此建议引导要素进入第二产业的新兴领域。王树红[3]则重点研究海洋产业结构对海洋环境效率的影响，发现产业结构合理化能够促进海洋环境效率的提高，产业结构升级也可以对海洋环境效率产生影响，但各地的影响能力不尽相同。

海洋经济质量方面，学者们主要通过评价海洋要素生产效率，验证经济增长方式转型的重要性。多洛雷斯（Dolores）[4]在研究西班牙渔业和水产养殖业的经济社会效应时，借助投入产出的方法测算发现，行业转型不仅能够创造更多的就业机会，而且有利于其他经济部门获取更多收入。曹强[5]在研究中国海洋经济效率与增长的关系时发现，我国存在明显的资源拥挤度问题，并且这种拥挤度会结合较低的技术贡献率共同导致经济增长效率低下，从而阻碍经济增长。孙康等[6]分别从方向和速度的视角对我国沿海地区海洋产业转型水平进行测算，发现总体呈现明显的转型趋势，且转型效果在2010年以后更

①　李佳薪，谭春兰. 海洋产业结构调整对海洋经济影响的实证分析 [J]. 海洋开发与管理，2019，36（3）：81－87.

②　XIE B J，ZHANG R. ，SUN S. Impacts of Marine Industrial Structure Changes on Marine Economic Growth in China [J]. Journal of Coastal Research，2019，98（12）：314－319.

③　WANG S H，XING L，CHEN H X. Impect of Marine Industrial Structure on Environmental Efficiency [J]. Management of Environmental Quality，2020（1）：111－129.

④　MA D G，JUAN C，SURIS R，et al. Using Input-output Methods to Assess the Effects of Fishing and Aquaculture on A Regional Economy：The Case of Galicia，Spain [J]. Marine policy，2017，8（3）：48－53.

⑤　CAO Q，SUN C Z，ZHAO L S，et al. Marine resource congestion in China：Identifying，Measuring. And Assessing Its Impact on Sustainable Development of The Marine Economy [J]. PloS one，2020（1）：211－227.

⑥　孙康，付敏，刘峻峰. 环境规制视角下中国海洋产业转型研究 [J]. 资源开发与市场，2018，34（9）：1290－1295.

加明显。李乐和宁凌[①]研究发现，我国海洋经济增长模式仍将在较长一段时间内依赖于要素投入，因此提升海洋生产要素投入报酬率是最主要动力。刘桂春[②]等通过集对分析法对我国海洋经济驱动要素进行识别，发现资本要素的支撑作用最为稳定。资源要素的驱动能力在减弱，结构要素所占驱动份额较少，制度要素的贡献呈现正负交替的趋势，且各省与各类型区的驱动份额差异较为明显。在研究过程中，创新驱动能力成为学者们关注的焦点。增辉和张玫[③]通过建立评价体系，运用熵值法测算了浙江省的海洋产业竞争力，发现总体呈现稳定上升趋势，要素投入和科技创新是主要影响动力。沈金生和张杰[④]在研究山东海洋渔业转型的驱动因素时发现，研发人员资本投入和政府扶持均有助于发挥创新的经济驱动作用。于梦璇和安平[⑤]通过细分海洋产业发现，虽然要素资本、人力和创新在不同产业间的贡献度差异不大，但在产业内部的差异更为显著，只有通过创新提高要素投入报酬率才能实现海洋经济增长。卢秀容[⑥]采用传统 Malmquist 指数测算，认为海洋渔业全要素生产率的提高能推动海洋水产规模的扩大，而采用三阶段 Malmquist 指数发现容易高估全要素生产率指数和技术进步指数，海洋经济技术进步指数降低会导致海洋全要素生产率呈下降趋势。

除此之外，相较于国外研究思路多体现出微观机制，国内学者更有兴趣将宏观制度等外部环境作为海洋经济的考量因素，并且在与海

①　李乐，宁凌. 创新要素对广东省海洋经济发展的驱动研究 [J]. 海洋开发与管理，2017，34（7）：107 - 111.

②　刘桂春，史庆斌，王泽宇，等. 中国海洋经济增长驱动要素的时空分异 [J]. 经济地理，2019，39（2）：132 - 138.

③　霍增辉，张玫. 基于熵值法的浙江省海洋产业竞争力评价研究 [J]. 华东经济管理，2013，27（12）：113.

④　沈金生，张杰. 中国海洋油气产业发展要素的贡献测度 [J]. 统计与决策，2014（8）：119 - 123.

⑤　于梦璇，安平. 海洋产业结构调整与海洋经济增长——生产要素投入贡献率的再测算 [J]. 太平洋学报，2016，24（5）：86 - 93.

⑥　卢秀容. 海洋渔业全要素生产率的变动轨迹及其收敛性分析 [J]. 广东海洋大学学报，2017，37（2）：29 - 34.

洋经济发达国家进行对比时发现，海洋政策在促进海洋经济增长中作用突出。霍刘明①在构建海洋经济竞争力评价体系时，在资源禀赋、经济发展能力和环境保护等指标基础上引入宏观环境，对我国沿海区域的海洋经济竞争力进行评价，发现整体排序较为稳定，广东、山东和浙江竞争力靠前。李博等②则根据认知－评价－构建－优化的思路，借助中心－引力模型对辽宁各地海洋经济质量进行评价，发现总体呈现"核心－圈层"空间结构，区域发展定位影响了其海洋经济发展水平，并结合路径作用程度的象限划分，提出空间质量提升的针对性建议。

二、环境规制与海洋经济关系研究

现有研究中关于海洋环境规制的文献仍较少，因此尚未形成系统性研究体系。但进入 21 世纪以来，随着海洋经济增长与环境约束之间的矛盾更为突出，海洋环境与海洋经济的关系成为热门议题。部分研究基于不同视角对海洋经济增长过程中影响海洋环境的效果进行总结。罗奕君和陈旋③分别选取包括海洋自然保护区、工业废弃物综合处理量的环境变量，以及包括涉海就业、海洋活动的经济绩效变量构建指标体系，并通过因子分析发现经济绩效显著影响海洋环境。段欣荣等则发现海洋经济与海洋环境污染形成较为明显的 EKC 曲线关系④。霍永伟⑤通过面板模型和脉冲响应发现，填海造地、围海、开放式开

① 刘明．中国沿海地区海洋经济综合竞争力的评价［J］．统计与决策，2017（15）：120 - 124.

② 李博，田闯，史钊源，等．辽宁沿海地区海洋经济增长质量空间特征及影响要素［J］．地域研究与开发，2019，38（7）：1080 - 1092.

③ 罗奕君，陈璇．我国东部沿海地区海洋环境绩效评价研究［J］．海洋开发与管理，2016（8）：41 - 44.

④ 段欣荣，张淑敏，崔伯豪，等．中国沿海地区省域经济发展与海洋环境污染关系的 EKC 模型检验［J］．海洋经济，2020（1）：13 - 21.

⑤ 霍永伟，罗建美，韩晓庆．海洋经济增长对海域使用影响关系实证研究［J］．海洋通报，2019，38（6）：620 - 631.

发及构筑物等海域使用与海洋经济增长之间存在较强的拟合，但空间异质性也较为明显。在此过程中，资源环境开发可持续性成为学者关注的焦点。其研究方法多采用随机最优控制模型或扩散理论等分析海洋经济增长过程中海洋资源存量的变化。如狄乾斌和吕东晖[①]发现我国海域承载力与海洋经济具有相互反馈机制，且正负反馈较大，各省份间的反馈能力也存在较大差异。张静等从海洋经济、海洋资源和海洋环境三个维度构建海洋资源环境承载力评价体系，并在对广东进行实证评价时发现近年来承载力增速放缓，需要加强海洋环境动态监测。

面对日益严格的海洋环境管理措施，海洋经济增长受到的冲击受到学者的重视。谢丽尔和戴维德（Cheryl and David）[②]通过构建生产脆弱性指数，对美国加州商业渔民应对当地海洋保护区的能力进行了评价，认为建立海洋保护区的一个关键目标应该是尽量降低对渔业社区的负面影响。丹尼尔（Daniel）等[③]在海洋保护区更为普遍的情况下，衡量了其影响渔业经济的时间和能力，发现虽然保护区的经济效益增长迅速，但是需要数十年的时间才能形成净收益。莱尔（Leyre）[④]则构建了一个适用于小尺度海洋环境保护区的研究框架，验证了渔业管理措施对渔业养殖规模的影响，并提出相应的解决办法。兴（Hing）[⑤]则采用双重差分的方法，更具针对性地研究海洋国

①　狄乾斌，吕东晖. 我国海域承载力与海洋经济效益测度及其响应关系探讨［J］. 生态经济，2019，35（12）：126 – 133，169.

②　CHEN C, DAVID L-C, BARBARA L E W. A Framework to Assess the Vulnerability of California Commercial Sea Urchin Fishermen to the Impact of MPAs under Climate Change［J］. GeoJournal，2014，79（6）：755 – 773.

③　DANIEL O, DAWN D, JONO R W. Market and Design Solutions to the Short-term Economic Impacts of Marine Reserves［J］. Fish and fisheries，2016，17（4）：939 – 954.

④　LEYRE G-A. Assessing the Social and Economic Impact of Small Scale Fisheries Management Measures in A Marine Protected Area with Limited Data［J］. Marine Policy，2019，101（4）：246 – 256.

⑤　HING L CH. Economic Impacts of Papahanaumokuakea Marine National Monument Expansion on the Hawaii Longline Fishery［J］. Marine Policy，2020，117（2）：103 – 124.

家纪念区扩建对渔业收入的影响，发现具有明显的负向效应。部分研究发现，虽然海洋环境管理具有一定的抑制效果，但保护海洋生态功能仍是保持海洋经济增长的必然趋势。帕卡涅特（Pakalniete）[①] 通过调查问卷的形式，构建离散选择的结构模型研究拉脱维亚公民对临海区域环境整治的偏好，发现基于收益增加的考虑，拉脱维亚公民整体更愿意为改善富营养化、生物多样性和外来物种入侵等问题付出成本。约瑟夫（Joseph）[②] 通过随机选取家庭研究韩国海洋保护区的经济效应，发现保护区会造成家庭直接经济负担，但样本家庭更愿意承担部分财政负担。林婉倪[③]通过构建涵盖制度、法律、海洋环境和经济的指标体系，对比西北太平洋沿岸国家的海洋和海岸管理特征，发现各国在多目标海洋管理中的侧重点不同，但整体上看，改善海洋环境和发展海洋经济是提高海洋绩效的未来趋势。邵桂兰等[④]在运用多种因素筛选方法研究我国海洋经济驱动力时发现，海洋生态、科技和区域经济都明显影响海洋经济，其中科技水平和区域经济基础越好的地区，海洋生态越容易发挥最大化效用，因此发挥海洋生态的主导作用是实现海洋经济可持续增长的必由之路。

相较于国外研究集中于从微观视角研究海洋环境规制的作用，国内学者更加倾向于从宏观影响能力和影响机制方面分析海洋环境规制的作用。赵向飞[⑤]在我国规制改革的背景下，专题研究了海洋工程行

① PAKALNIETE K, AIGARS J, CZAJKOWSKI M, et al. Understanding the Distribution of Economic Benefits From Improving Coastal and Marine Ecosystems [J]. The Science of the Total Environment, 2017 (1): 29 - 40.

② JOSEPH K, SEUL Y L, SEUNG H Y. Measuring the Economic Benefits of Designating Baegnyeong Island in Korea as A Marine Protected Area [J]. International Journal of Sustainable Development & World Ecology, 2017, 24 (3): 205 - 213.

③ LIN W N, WANG N, SONG N Q, et al. Centralization and Decentralization: Evaluation of Marine and Coastal Management Models and Performance in the Northwest Pacific Region [J]. Ocean and Coastal Management, 2016, 12 (5): 30 - 42.

④ 邵桂兰, 刘冰, 李晨. 海洋经济发展驱动因素筛选模型创新研究——基于我国 11 个沿海省市面板数据 [J]. 中国渔业经济, 2018, 36 (5): 91 - 99.

⑤ 赵向飞. 防治海洋工程环境损害的政策研究 [D]. 青岛: 中国海洋大学, 2009.

业环境规制的发展状况和主要问题，并指出政府规制认可度的提升需要借助公众参与机构改革，通过激励政府规制创新、设置规制相容目标可以有效提升政府规制的执行效率。吴玮林[①]通过构架面板数据模型，分别计算出海洋环境规制与海洋全要素生产率存在负向关系，但与海洋环境状况存在正向关系，通过分类发现经济绩效型环境规制相对于命令型更有效率。姜朝旭和赵玉杰[②]通过空间计量模型研究我国沿海地区环境规制对海洋产业产出的影响，发现整体而言具有显著正向影响，但各地区存在较大的差异。孙康等[③]通过设定技术门槛，发现环境规制与海洋产业结构呈现倒"U"型关系，且海洋技术创新的门槛效应明显。赵玉杰[④]借助动态系统 GMM 和门槛模型研究发现，环境规制对于海洋创新水平的提升具有较大差异，预防型环境规制对海洋创新水平具有"U"型影响，但控制型环境规制在短期内能对海洋科技创新产生挤出效应，在中长期仅对技术含量低的海洋行业产生正向作用。其在随后的研究中同样发现地方环境规制策略同样存在"逐底竞争"的现象，需要提高前端预防环境规制的强度[⑤]。杜军等[⑥]通过构建涵盖海洋环境规制、海洋科技创新和海洋经济绿色全要素生产率的 PVAR 模型对我国海洋经济的"波特假说"进行验证，发现虽然宏观层面具有"强波特假说"，但长江流域的沿海区域仅有"弱波特假说"存在。与此同时，区域制度环境也会影响环境规制的经

① 吴玮林. 中国海洋环境规制绩效的实证分析 [D]. 杭州：浙江大学，2017.

② 姜旭朝，赵玉杰. 环境规制与海洋经济增长空间效应实证分析 [J]. 中国渔业经济，2017，35（5）：68 – 75.

③ 孙康，付敏，刘峻峰. 环境规制视角下中国海洋产业转型研究 [J]. 资源开发与市场，2018，34（9）：1290 – 1295.

④ 赵玉杰. 环境规制对海洋科技创新引致效应研究 [J]. 生态经济，2019，35（10）：143 – 153.

⑤ 赵玉杰. 环境规制对海洋经济技术效率的影响——基于动态空间面板模型的实证分析 [J]. 中国渔业经济，2020，38（1）：56 – 63.

⑥ 杜军，寇佳丽，赵培阳. 海洋环境规制、海洋科技创新与海洋经济绿色全要素生产率——基于 DEA-Malmquist 指数与 PVAR 模型分析 [J]. 生态经济，2020，36（1）：144 – 153，197.

济效果，姜旭朝和赵玉杰①通过空间杜宾面板模型研究环境规制空间相关性对区域海洋经济增长造成的影响，发现在区域联系和市场竞争不充分的条件下，环境规制的作用为负向，当区域一体化程度较高、竞争较为激烈时，同样会存在环境规制的效应。

第四节　国内外研究的借鉴和问题

通过对现有研究成果进行总结发现，学者们已经就环境规制与经济增长间关系进行了较为充分的论证。在环境规制的经济效应方面，既有对"成本假说"和"波特假说"等经典理论的经验验证和理论深化，也有力图借助非线性、门槛效应或空间分类等方法，通过更为复杂的数理模型，解释两类理论假设共存的可能性，并在理论争执和实践探索中将研究重点集中于环境规制作用下的企业生产行为和行业生产结构的转向上，使环境规制在结构效应、技术效应和资本效应等生产绩效方面的作用形成了较为成熟的研究范式，为本书提供了借鉴和指导。笔者在对海洋经济增长的影响因素进行总结后发现，各领域学者均将资源环境承载力约束下的生产绩效变化作为海洋经济增长的重要因素，并结合收入变化、生产结构、生产效率、要素积累、创新水平等特定媒介就环境规制对于涉海企业和海洋产业的影响展开讨论，得出了较为丰富且具有差异化的结论成果。已有结果为本书的模型构建和思路创新提供了一定的参考价值，但笔者通过梳理发现尚存在诸多不足和薄弱环节，需要进一步深化探索。

一是尚未脱离使用静态思路和方法研究环境规制的经济效果，导致结论争议较大。虽然在环境规制的经济效应方面已经形成较为丰富的研究结论，但其出发点仍是基于"波特假说"或"成本假说"等

---

① 姜旭朝，赵玉杰. 环境规制与海洋经济增长空间效应实证分析 [J]. 中国渔业经济，2017，35（5）：68－75.

理论进行现实验证，这种静态研究范式即便能得出理想的结论，但二者关系究竟是促进还是抑制仍是学界讨论的热点。现有诸多经典的理论研究和实证研究可为本书深入分析环境规制与经济增长的关系提供理论上的参考，但大多未考虑环境规制与经济增长的动态响应过程，忽略了时间延展性、阶段差异性、机制复杂性和空间溢出性等对二者的作用关系的综合影响。因此，本书通过构建系统研究框架，采用面板协整、VAR脉冲响应、动态面板数据模型、中介模型、空间计量模型等多种方法，从长期与短期、高强度与低强度、直接与间接、本地与溢出等动态角度对环境规制与海洋经济增长的关系进行分析。

二是集中于对环境规制的单一经济效应进行测算，对多维路径下的综合传导效果尚不明晰。随着关于环境规制与经济增长关系的研究逐渐增多，更多学者认为提升产业绩效和扩大生产规模是最为直观的经济提升方式，并结合具体机制对环境规制的微观影响进行分析。持积极态度的研究一方面从降低资源依赖、提高创新水平等传统因素进行分析；另一方面从产业结构等转型经济角度进行验证。而持反对态度的学者认为，一方面在较长一段时间内，环境成本仍是吸引短缺资本进入我国的重要优势；另一方面我国创新驱动效果仍处于低级水平。高强度的环境规制势必会挤占企业再生产空间。此类研究均具有较强的现实说服力，但大多集中于从某一特定因素分析环境规制传导效果，较少分析综合传导下对于经济增长的最终影响。通过总结海洋经济增长的驱动因素发现，创新水平、产业结构、外商投资和制度环境仍是重要考量指标，但关于海洋环境规制的研究并未将其系统纳入对于海洋经济增长的传导框架下，因此环境规制影响海洋经济增长的机理仍较为模糊。

三是忽略了我国特殊制度因素对区域环境政策执行效果的影响。现有研究发现，制度环境在我国区域经济增长中的作用较为明显，因此学者会结合区域发展定位和政策目标对当地环境规制的有效性进行评价，但较少将制度性影响纳入区域性环境规制与经济增长关系的研究中，一定程度上导致了研究结论与实际产生偏差。除此之外，现有研究虽然在提升环境规制经济效应方面形成了诸多建议，但在现实中往往不具可操作性。其主要原因是学者多关注环境规制与经济增长的直接作用关系，而对于决定地方环境规制动机和方式的制度因素的关注却较少。在不同的制度框架下，政府环境规制的目标往往不限于保护海洋环境，而会在地方模仿竞争中表现出较强的零和博弈。因此若忽视区域关系的影响，不仅会使环境规制对海洋经济发展的影响能力产生偏差，而且不利于制定更具可行性的政策建议，因此需要在这一方面加以改进。

第三章　相关理论基础

通过整理与环境规制、经济增长及二者作用关系有关的相关文献可以发现，二者关系不仅表现出简单的因果关系，而是在企业与企业、政府与企业及政府与政府间博弈选择中形成的动态变化过程，因此需要以经典理论为指导，为实证研究的科学性和可行性提供依据。

第一节　理论框架构建

通过整理文献发现，环境规制对于经济增长影响能力的争议点在于，其对于企业生产行为的转向是否具有积极影响。因此，本书在选取支撑理论时，更加倾向于对环境规制的不同作用方向寻求最合理的解释。其中最为经典且争议较大的两个理论当属成本遵循理论和创新补偿理论。

成本遵循理论基于静态角度，认为环境规制会限制经济产出效率的提升，并挤占扩大再生产空间。而创新补偿理论则从企业生产方式调整的角度，认为环境规制能够在经济效率方面起到倒逼效应。两种理论均得到学界认可，因此可以通过梳理和对比，为实证研究环境规制影响海洋经济增长的方法构建和具体解释提供依据。

在我国特殊的制度环境下，海洋经济是在分权化、全球化和市场化共同作用下逐渐形成的特殊增长模式。其中，分权化既是导致地方环境规制配置差异的主要原因，也是造成各地更加热衷于将海洋经济功能凌驾于生态功能的主要推手。因此，对于海洋经济增长而言，制度因素是影响环境规制效应的重要环境因素，而环境竞次假说理论能够对地方政府环境规制实施办法和实施效果提供有效解释。通过梳理环境竞次假说理论，可以为研究分权化体制下政府环境竞争的效果提供理论指导。基于此，本书共选取三个相关理论作为支撑（见图 3 - 1）。

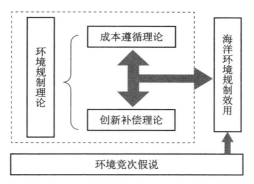

图 3 - 1　环境规制相关理论关系

经济增长理论的选取主要根据环境规制在不同强度、不同时间及不同途径下的影响差异，选择最为直接的理论支撑。从环境保护的角度研究经济增长，最为直观的基础理论即为环境库兹涅茨曲线理论，其开创性地提出经济增长过程不单以环境消耗为前提，高强度的环境规制对于不同模式下的海洋经济可以形成截然相反的效果，该理论为研究二者非线性关系奠定了理论基础。

随着各类污染事件层出不穷，人们发现，在环境规制强度既定的前提下，即便当期环境生态功能并未过多显现，但早期的污染堆积会对后期经济提升造成损失。因此，海洋环境规制的真实效果并不仅限于短期收益状况。在随后的研究中学者发现，不同经济增长模式不仅会对环境状态产生影响，而且也会对后期的经济增长路径产生影响，其中可持续发展理论为协调当期和后期环境使用方式提供了参考准则，也为研究环境规制的经济长短期效应提供了指导。

尽管环境规制与经济增长间的动态关系可以通过简单定量模型加以反映，但是在不同发展阶段下，对于不同生产主体，环境规制对生产行为的干预存在明显差别。因此，单纯从综合结果很难解释环境规制的具体作用方式。经济增长阶段理论提出经济发展阶段转变的内生动力，从演化转向提出经济增长的要素组合差异，可以此解释环境规制在不同传导路径下会形成差异化经济效果。基于此，本书选取上述三项理论作为支撑环境规制下的海洋经济增长（见图 3 - 2）。

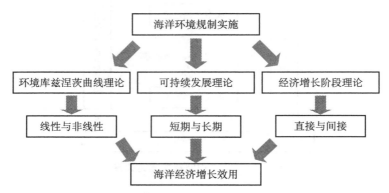

图 3 - 2　环境规制下海洋经济增长相关理论关系

第二节　环境规制相关理论

一、成本遵循理论

成本遵循理论是关于环境规制最为直观的理论，其认为环境规制的实施会增加受规制企业单位产出的生产成本，进而阻碍经济增长。成本遵循理论在以静态分析为流行趋势的早期研究中得以盛行。其认为企业产出来源于要素投入规模，当环境规制造成企业增加治污投入时，将挤占企业扩大再生产的能力和空间，并限制企业对于改进技术、更新设备等创新投资，抑制产业生产力和产品竞争力的发展。

成本遵循理论在解释部分国家为何陷入经济停滞与环境恶化困境方面具有一定说服力，因此诸多学者以典型数据为依据，不断寻找理论的现实依据。约根森和威尔科森[1]在研究美国经济增长变化时发

---

① JORGENSON D W, WILCOXEN P J. Environmental Regulation and U. S. Economic Growth [J]. The Rand Journal of Economics, 1990, 21 (2): 314 - 340.

现，环境规制增加了企业日常经营和减少排放的投资，降低了其他要素的投资比例，最终导致美国经济增速降低了 0.1 个百分点。巴贝拉和麦康奈尔（Barbera and Mcconnell）则更为细分地选取美国部分受规制影响较大的行业，发现在影响钢铁、化工等制造行业产出绩效的各因素中，企业治污投资额的增加使得行业生产率降低了 10% —30%。针对其机理，帕默（Palmer）等[①]认为环境规制负向效用最主要的原因是企业提高技术创新能力需要长期大量的资金投入，在短期内创新成本的增加并不足以为企业带来足够的收益。因此当企业在原有行业中无法保证稳定收益时，将转而投资短期收益更大的生产项目，这类项目可能并不具备长久发展前景的特征。从这个角度来讲，环境规制可能在短期和长期形成截然相反的两种经济效果。

在成本遵循假说的相关研究中，环境规制在企业生产率方面的影响最为直观。丹尼森（Denison）[②] 研究发现长期实施的环境规制会给制造业全要素生产率造成长期影响，并算得衰减系数达到 0.35%。格雷（Gray）在筛选影响制造业全要素生产率下降的因素时发现，环境规制等社会性政策管制的贡献率达到了 30%。在对中国进行研究时，朱金鹤和王雅莉[③]认为高强度的环境规制会营造全要素生产率的"污染天堂效应"，不仅不会造成企业参与转型，而且会向周边地区迁移。

通过该理论可以归纳出，环境规制的消极影响主要归因于提高了企业污染治理消耗，并通过挤占创新投入、抑制产业更新等方式影响企业生产效率。但对于经济质量的影响并不会直观表现在经济规模的

---

① PALMER K, OATES W E, PORTNEY P R. Tightening Environmental Standards: the Benefit-cost or the No-cost Paradigm? [J]. Journal of Economic Perspectives, 1995, 9 (4): 119 – 132.

② DENISON E F. Accounting for Slower Economic Growth: the United States in the 1970s [J]. Southern Economic Journal, 1981, 47 (4): 1191 – 1193.

③ 朱金鹤，王雅莉. 创新补偿抑或遵循成本？污染光环抑或污染天堂？——绿色全要素生产率视角下双假说的门槛效应与空间溢出效应检验 [J]. 科技进步与对策，2018，35 (20): 46 – 54.

变化上，在长期低端方式生产过程中，逐渐增加的环境成本使企业利润空间缩小，并刺激企业在短期内通过扩大要素投入来提升规模收益，直至扩大再生产的边际收益已经无法扭转其治污损失，在市场调配作用下产能最终被淘汰。因此在研究环境规制影响经济增长的过程中应重视从短期和长期的效用差异反映其匹配合理性。在不断提升的环境约束下，若不改变环境开发模式，海洋经济短期内存在扩张的可能，但最终仍会在成本控制下逐渐萎靡。

二、创新补偿理论

随着环境规制在世界各国不断普及，学者们发现传统理论中认为的环境规制抑制企业市场竞争力的观点在一些领域并未得到现实检验。创新补偿理论则从理论和应用视角为环境规制的正向经济效应提供了新的解释，也为本书研究环境规制经济效果提供了新的指导。

创新补偿假说是由经济学家波特（Poter）提出，他在通过选取美国化工业、塑料业等诸多受环境规制影响最为严重的行业跟踪发现，其均成了国际竞争力较强的行业。于是，他在此基础上提出了著名的"波特假说"，波特假说从企业创新能力和行业竞争力的视角，为环境规制的动态分析机制提供了新的思路。其理论核心认为：环境规制在提高企业生产成本的同时，也会倒逼企业通过加强创新投入、改良生产技术等方式提高环境使用效率。不断提升的生产效率不仅有助于降低综合成本，也能够在长期创新投入中改变企业生产方式，增加企业参与市场的核心竞争力，最终实现环境质量提升与经济增长持续的协调发展。在随后的研究中，波特进一步对创新补偿理论进行了补充和解释。其认为从企业自身发展目标看，环境规制最终实现的不仅仅是企业生产效率的提升，而且能够进一步补偿创新投入造成的利润损失。在波特假说的基础上，诸多学者纷纷对其特征和实现条件进行了总结：一是环境规制能否发挥正向的基础作用，使政府具有提高区域创新水平和企业创新能力的动机；二是合理有效的环境规制强度才能为企业留出充足的绿色创新空间；三是只有从长期和动态视角研究环境规制下企业的生产行为选择，才能验证其正向激励作用；四是环境规制能够实现企业创新，但应在保证环境目标的前提下制定环境规制。

随着动态研究方法在经济学领域的普及，诸多学者或进一步对波特假说和创新补偿理论的内涵进行扩展，或使用现实数据对环境规制的正向激励作用进行更多领域的验证。如坎普（Kemp）在机制研究的基础上，认为环境规制的创新补偿效应分为弱效应和强效应。弱效应主要针对企业自身创新水平的激励能力上，而强效应则进一步体现在对于企业核心竞争力的提升和环境绩效的改善上。谢帕迪丝和泽乌（Xepadeas and De Zeeuw）[1] 认为环境规制的正反效应同时存在，即对企业的生产效率和利润（排污）效应均产生影响，但随着环境规制强度的提升，其创新激励作用更为明显。布鲁纳梅尔和科恩（Brunnermeier and Cohen）[2] 通过选取美国 146 个制造行业的数据，将污染治理成本和政府监督、检查作为环境规制的代理变量，得出污染治理成本的提升有助于企业创新，但政府监测行为并不能显著影响企业创新。国内学者也通过各种运算支持创新假说理论的存在，李强[3]从产业结构变化的视角，认为环境规制能够通过市场准入壁垒调整生产主体结构，并进一步升级产业结构，实现行业创新能力的整体提升。张成等[4]通过计算中国工业全要素生产率的变化，认为环境规

---

① XEPADEAS A，DE Z. Environmental Policy and Competitiveness：the Porter Hypothesis and the Composition of Capital ［J］. Journal of Environmental Economics and Management，1999，37（2）：165 – 182.

② BRUNNERMEIER S B，COHEN M A，Determinants of Environmental Innovation in U. S. Manufacturing Industries ［J］. Journal of Environmental Economics and Management，2003，45（2）：278 – 293.

③ 李强，聂锐. 环境规制与区域技术创新——基于中国省际面板数据的实证分析 ［J］. 中南财经政法大学学报，2009（4）：18 – 23，143.

④ 张成. 环境规制影响了中国工业的生产率吗——基于 DEA 与协整分析的实证检验 ［J］. 经济理论与经济管理，2010（3）：11 – 17.

制在短期与长期的影响并不相同，而且在长期的影响强度高于短期。王鹏等①更加具体地将能源效率分解为规模效率、纯技术效率、全要素能源效率和技术水平等，发现环境规制的创新激励主要是作用于纯技术效率，在一定限度下才能拨正对全要素能源效率和技术水平的正向影响。

与成本假说相类似，环境规制的正向经济效果也是隐藏于其对于创新水平的效果上，并在此基础上通过提高产业绩效达成规模提升的目标。值得注意的是，随着创新补偿假说理论不断深化，其对于环境成本假说的接纳程度也随之增加，认为环境政策的正向效果仅在规制强度顺应企业转型目标时才能实现。其基础要求是要保证企业在规模和时间维度上均具有充分的创新空间，环境规制强度太高会限制企业的创新资本投入，延缓产业更新进程，太低则会进一步吸引污染指向性资本的流入。因此在论证环境规制的效用方向时不能从简单静态视角进行模拟，一方面需要将其纳入具有阶段特征的动态关系中，考虑不同规制强度下的差异化影响。另一方面要通过创新能力变化、产业结构变化和资本指向变化等绩效指标，对经济增长背后的生产转向进行综合判断。因此，环境规制对于海洋经济增长的影响将随企业生产结构和创新意愿的变化，表现为复杂曲线关系。

三、环境竞次假说

从传统视角考虑环境规制与经济增长的关系无外乎直接效应和间接效应两种途径，但根据文献总结可以发现，由于我国存在典型的政府环境竞争现象，使得环境规制对区域经济的空间效应同样较为明显。因此，需要结合特殊的环境竞次假说理论，对环境规制影响海洋经济增长的空间效应做出合理解释。

① 王腾，严良，何建华，等. 环境规制影响全要素能源效率的实证研究——基于波特假说的分解验证 [J]. 中国环境科学，2017，37（4）：1571－1578.

第二次世界大战以后，各国一方面加大对国内产业生产能力的投资，另一方面注重对国内社会质量的改善。特别是随着新兴经济体将国内生产市场推向全球，一方面发展中国家需要吸引更多国际投资，帮助本国消化剩余劳动资本和丰富资源，以满足自身人民物质生活的需求；另一方面发达国家寻求借助全球产业链将污染较为严重的生产部门转向海外，以提升本国生态质量。两种意愿均符合增长阶段理论。这就造成了大量低端制造和初级加工等附加值较低、污染排放较多的产业向发展中国家转移，使得经济增长长期凌驾于环境保护之上。在现实指引下，一系列关于环境规制与污染转移的议题逐渐得到学者重视。

出现环境竞次假说的前提条件是，企业在当地严格环境规制刺激下，选择向环境成本更低的地区投资，即所谓的污染避难所假说。1979 年美国学者沃尔特和乌格罗（Walter and Ugelow）[1] 在其文章《发展中国家的环境规制》中指出，发达国家与发展中国家为了达成自身发展目标，会制定强度差异明显的环境政策体系。而在有限投资的情况下，各地为了吸引更多外资进入，将通过模仿竞争的方式，制定更为优惠的投资政策。其中环境使用标准是最为常见且效果最为有效的措施之一，但其虽然能够在短期内吸引大量投资，对于环境的影响也是严重的。随后鲍莫尔和奥特斯（Baumol and Oates）在著作《环境规制理论》中进一步对污染避难所假说的内涵和机理进行了详细解释：一是发达国家严厉的环境规制主要对污染密集型产业造成影响，在环境成本提升的情况下，产品价格的提升使企业丧失竞争力，因此最为有效的途径是将污染部门转移至环境成本更低的发展中国家；二是发展中国家放松环境规制是在激烈竞争中的被迫选择。因为低端污染产业是国际投资的最主要形式，在缺少资本积累的前提下，若不能牺牲一定的环境标准，将使国家或地区丧失经济增长的稳定动

---

① WALTWE I, UGELOW J L. Environmental Policies in Development Countries ［J］. Ambio, 1979, 8 (2)：102 – 109.

力，保护环境也将无从说起。虽然污染避难所假说具有一定的理论和实践支撑，但仍有部分学者持反对态度，其中具有代表性的有莱文森和泰勒（Levinson and Taylor）[①] 等。

在污染避难所假说的基础上，凯莉（Carry）进一步针对发展中国家的环境规制策略提出了环境竞次假说，认为发展中国家吸引外资的比较优势除了当地低廉的劳动力和资源成本外，便是宽松的环境使用标准。发达国家污染密集型产业为了在市场竞争中占据更多优势，会选择环境影响最低的国家或地区进行产业布局，这就逼迫潜在投资目的地通过模仿竞争的方式降低本地环境执行标准，形成"逐底竞争"。这种通过降低环境执行标准吸引外资投入的行为也是当地政府的无奈之举，最终结果便是导致污染企业增多，给当地环境造成不可扭转的损失，投资企业在资源环境消耗所剩无几之时迁出，使当地长期丧失生产能力。

对于中国而言，不可否认的是环境避难所假说和环境竞次假说是支撑我国区域经济发展的重要动力。具体而言，环境竞次不完全是一种消极理论，在资本积累尚不足以扩大区域再生产时，适当降低环境标准能够充分调动全球企业参与资源开发的积极性，有助于提高本地生产力和竞争力。但在我国经济进入转型期时，区域间以环境获益作为吸引外资的主要手段已不再可行。一方面市场对于高效率高质量产品的需求增加使落后产能出现过剩现象，另一方面我国的环境污染现状和环境容量已不足以支撑低端生产需求。因此在研究我国的环境规制效应时，不能忽略环境竞次在区域经济发展中的影响。

根据总结可以发现，不管环境规制从何种渠道对经济增长产生影响，均会在政府环境保护意愿的影响下产生偏差，而这种政府制度的干扰表现出较为典型的空间溢出性，因此可以在环境竞次假说理论的指导下，对政府环境竞争下环境规制对区域海洋经济增长的效果做进

---

① LEVINSON A，TAYLOR M S. Unmasking the Pollution Haven Effect ［J］. International Economic Review，2008，49（1）：223 – 254.

一步解释。一方面，地方政府在达成污染天堂共识后，会加强对于环境政策在资本引进方面的运用权限，使得区域间的负外部性污染加大。另一方面，会加强政府间政策模仿行为，对公共池塘资源的竞争性开发使区域环境策略产生偏差。若缺乏有效区域协作机制，将使环境规制的负外部性增大。

第三节　经济增长相关理论

一、环境库兹涅茨曲线理论

环境规制的作用建立在环境污染与经济增长关系的基础上，由于环境规制主要通过调节环境成本影响经济增长方式和增长规模，因此经济的环境依赖程度是环境规制产生效果的基础。在研究环境规制与经济增长的关系时，不同的响应结果可以根据经济发展规律进行解释。其中环境库兹涅茨曲线理论能够提供较好的理论支撑。

随着产业规模不断扩张，部分学者认为在工业化过程中难免会出现造成环境污染的发展过程，此时若实施环境管制将造成巨大成本损失，但环境质量会随着经济发展阶段的更替逐渐变好，因此单纯提高环境规制强度并不一定能形成良好经济效果。提出这类观点的依据是环境库兹涅茨曲线（下文以 EKC 代替）理论。EKC 理论是反映经济增长与环境污染演变关系最经典的假说之一，由经济学家库兹涅茨在1955 年提出。其最初提出的观点是人均收入与环境污染之间存在倒"U"型发展关系。随后格罗斯曼和克鲁格（Grossman and Krueger）[1]通过全球检测系统（GEMS），选取 42 个国家相关污染无排放的截面数据，发现人均收入与环境污染排放之间同样存在倒"U"型关系。

---

① GROSSMAN G M，KRUEGER A B. Environmental Impacts of a North American Free Trade Agreement [J]. Social Science Electronic Publishing，1992，8（2）：223 – 250.

在区域经济发展初期，经济增长对于环境的侵蚀能力逐渐增加，当人均收入超过一定阈值以后，经济增长与环境污染量排放将出现负向关系，经济增长不再依赖于环境资源投入，且能够改善环境质量。EKC的提出，为随后的研究提供了新的思路，也引起了较大的争议。部分学者认为EKC仅能说明经济增长与收入之间存在某种阶段性联系，但转折点是否一定存在，若存在是否固定不变，其他因素是否会影响二者关系均需要进一步加以论证。针对这些问题，各领域学者展开了激烈讨论，罗卡（Roca）等在对西班牙1980—1996年空气污染物区分研究时发现，仅 SO_2 能够验证 EKC 的存在，其余物种污染物均不存在这种非线性关系。帕纳约托（Panayotou）[1] 通过选取 1982～1994 年世界上 30 个国家的污染排放数据，发现 EKC 并不是一成不变的，环境规制等外生因素能够一定程度抑制经济增长对于环境的破坏能力，具体表现为在早期可以降低环境规制的负向影响，而在后期则可以加速经济增长对于环境的改善进度。总体而言，EKC 在解释环境保护与经济增长关系方面仍具有较强的理论指导意义，对于解释环境规制的效用变化也具有一定借鉴作用。沙菲克（Shafik）[2] 创新性地对 EKC 的机理进行了解释，认为经济增长长期导致环境破坏的前提是生产技术与治污投资始终不变。但这种假设很难出现，因为随着收入水平的提高，人类对于环境等公共服务的需求将增加，必将刺激当地政府和企业增加对于技术改进和污染治理的投资，并且通过环境规制等方式改善经济增长方式，从而扭转被动局面。因此可以看出环境规制主要有两种作用：一是通过成本约束降低单位产出的环境损害能力，使转折点对应的污染临界值下降；二是通过技术补偿作用，将转折点前移，使环境损害程度提早降低。

① PANATYOTOU T D. The Environment Kuznets Curve：Turning A lack Box into a Policy Tool. Special Issue on Environmental Kuznets Curves ［J］. Environment Development Economics，1997，2（4）：465 – 484.

② SHAFIK N. Economic Development and Environmental Quality：An Econometric Analysis ［J］. Oxford Economic Papers，1994，46（10）：757 – 773.

随着 EKC 理论被大家熟知，各国学者纷纷从理论和实践角度支持和丰富其内涵。贝克尔曼（Beckerman）[①] 在数量分析的基础上认为，在既定发展模式下，经济总量的提升必定会使环境受破坏的风险提高，这在多数国家的发展历程中得以验证。刻意的环境管理措施不仅会造成经济增长放缓，而且会进一步增大环境污染压力，因此环境规制在影响经济增长与环境质量之间关系方面也可能存在负向作用。这种观点也被斯托基（Stokey）[②] 所验证。斯托基从消费者边际效用角度出发，认为经济增长初期，消费者更加注重经济数量增加带来的边际效用提升，这种提升的效用是环境质量改善无法弥补的，因此不能单纯依靠改善污染来促进拐点的出现。当经济增长到消费者更加注重清洁生产带来的环境效用时，将自然刺激生产技艺向绿色转变。琼斯和曼努埃利（Jones and Manuelli）[③] 认为政府对于污染行为的干预会对不同生产方式的企业产生影响，这种影响将直接导致污染曲线发生形变。而针对部分学者对 EKC 提出的异议，卡苏和汉密尔顿（Cassou and Hamilton）[④] 提出了经济增长与环境污染曲线关系成立的前提条件：①政府要对污染物排放提供一定的约束；②经济增长要内生依靠于清洁生产；③清洁部门的增长会被污染部门的增长所取代。

国内学者也结合中国实际对 EKC 理论进行了不同形式的验证。如蔡昉等[⑤]在估计中国环境曲线拐点的同时，认为不能单纯依靠经济

① BECKERMAN W. Economic Growth and the Environment：Whose Growth？Whose Environment？[J]. World Development，1992，20（4）：481 – 496.

② STOKEY N L. Are There Limits to Growth？[J]. International Economic Review，1998，39（1）：1 – 31.

③ JONES L E，MANUELLI R E. Endogenous Policy Choice：The Case of Pollution and Growth [J]. Review of Economic Dynamics，2001，4（2）：369 – 405.

④ CASSOU S P，HAMILTON S F. The Transition From Dirty to Clean Industries：Optimal Fiscal Policy and the Environmental Kuznets Curve [J]. Journal of Environmental Economics & Management，2004，48（3）：1063 – 1077.

⑤ 蔡昉，都阳，王美艳. 经济发展方式转变与节能减排内在动力 [J]. 经济研究，2008（6）：4 – 11，36.

内生动力改善环境质量，需要严格执行节能减排要求。许广月和宋德勇[①]基于我国经济梯度增长规律，按照我国惯用的区域划分标准分别对东中西部进行检验，发现东部和中部地区人均碳排放具有明显的 EKC 特征，但在西部地区仍较难识别。唐啸和胡鞍钢[②]则针对中国实际给出了解决途径，认为国家应该在经济发展水平较低的时候，使资源消耗和环境污染增加等生态赤字与经济增速脱钩，需要通过创新发展方式，充分调动企业的绿色发展积极性。可以看出，环境规制仍能够在一定程度上扭转 EKC 的消极影响。

综上所述，EKC 理论是建立在经验统计之上，其发展特征具有一定前提条件，人为干扰虽然可以降低或缩短 EKC 中的负面影响能力和时间，但是无法改变环境污染与经济增长的固有演化关系，其根源在于经济增长在路径依赖和路径突破共同演绎下，对于环境属性结构的需求遵循产业发展规律。在 EKC 启示下，环境规制的调节能力同样受到经济增长阶段和增长模式影响表现为非线性规律。对于海洋经济，只有结合产业发展规律中的环境约束方式合理配置环境规制强度，才能达成环境规制的正向结果。

二、可持续发展理论

通过文献总结发现，环境规制不论是在直接经济效应，还是在创新水平等间接影响途径方面均具有一定的时序延展性。若仅注重短期收益，将无法保证环境绩效的长久提升。同理，部分环境规制可能在短期挤占一定再生产空间，但能够实现长期的转型升级。因此，在判断环境规制的经济效果时，应以可持续发展理论为指导，对短期和长

---

① 许广月，宋德勇. 中国碳排放环境库兹涅茨曲线的实证研究——基于省域面板数据 [J]. 中国工业经济，2010（5）：37－47.

② 唐啸，胡鞍钢. 创新绿色现代化：隧穿环境库兹涅茨曲线 [J]. 中国人口·资源与环境，2018，28（5）：1－7.

期、规模和效率的影响进行综合判断。

对于可持续发展理论的内涵，早期学者始终未达成共识。而随着传统发展模式下对于资源环境的过度依赖，导致经济增长乏力问题的出现。各国开始探索如何在保证经济与环境和谐的基础上实现长期健康发展，可持续发展理论应运而生。最早涉及可持续发展研究的是美国科学家雷切尔·卡森（Rachel Carson），他提出若过度在种植中使用农药，将导致生物资源被严重破坏。人类发展过程不能以眼前收益增加作为唯一判别标准，更应该注重对于个人和企业环境保护意识的提升。随后各领域专家意识到要以长期与短期目标相协调的思维方式推进经济增长，并逐渐形成可持续增长的理论内涵。其中最为经典的是丹尼斯·梅多斯（Dennis Meadows）等在《增长的极限》一书中提出若各国按照传统人口投入和能源消耗的方式发展工业经济，会对环境造成不可逆转的破坏，并会在一定的污染极限下造成地球环境毁灭性灾害。1987 年，世界环境与发展委员会在《我们共同的未来》（Our Common Future）的报告中对可持续发展进行了明确定义，即"在满足当代人需求的同时，不会对后代人满足自身需求的能力构成威胁"，并从两方面对其内涵加以解释：一是在需求方面，要将不同时期人类发展中对资源环境的需求放在相同并且优先的位置；二是在限制方面，要将不同发展时期满足需求的能力限制在一定的制度和技术约束环境之下。这个定义在后来的研究中得到认可，并被作为各国经济发展的准则。

随着可持续发展的科学性在各国发展实践中得以验证，各国也试图从宏观层面形成可持续发展的共识，以达到使地球环境改善的目标。其中联合国环境与发展委员会在 1992 年通过的《21 世纪议程》（Agenda of the 21st Century）是最具代表性的文件，标志着世界经济可持续发展进入了新的时期。可持续发展之所以能为诸多国家所接受，在于其将人类经济社会活动涉及的各环节纳入统一框架内，实现经济高效、社会和谐与生态健康共同推进。在经济方面，可持续发展理论强调经济质量而不是经济规模的提升，即通过产业更替将高消耗、高投入和高排放的落后产能淘汰，以技术改造、清洁能源推广、人才培养的形式提高资源环境使用效率，减少对高污染产品的消费需求，在人民生活质量和社会总体福利提升的基础上实现更高经济效益。在社会方面，可持续发展理论以提高全人类生活质量作为最终目标，不仅要实现经济增长与环境保护相协调，而且要将发展空间让位于提高人类的社会总体福利，最大限度地将经济发展和环境改善的福利转化为人类切实有效的收益，在社会安全性、公平性、健康性、和谐性方面同步提升。环境方面，可持续发展理论认为生态环境承载力是经济与社会发展最主要的约束条件，要实现经济与社会在不同时期的稳定发展，需要将各个时期的开发行为限制在地球资源再生能力之内，通过控制开采规模、抑制人口过快增加、提高全民环保意识、提升资源使用效率等方式实现资源使用的可持续。

由此可见，经济发展的最优目标不仅要实现短期与长期经济协调增长，而且也要使环境服务强度保持在可更新范围以内，这是达成环境规制与经济增长长期匹配的关键。其中不仅表现为经济整体的稳定提升，而且蕴含了环境使用绩效的有序更新，正如前文所说，即便短期内环境规制能够激发经济规模扩张，但并不代表能够提升长期经济竞争力。因此在研究环境规制在经济增长中的合理性时，短期的规模效果多与长期质量效果产生冲突，既要从不同时滞期内的影响方向进行判断，也要结合环境规制下的经济转型路径进行综合评价。

三、增长阶段理论

环境库兹涅茨曲线理论和可持续发展理论对于经济增长的判断，均揭示了经济与环境之间的关系具有阶段性特征，即不同经济增长阶段的环境效用存在差异，这种差异决定了环境规制在不同时期可能形成完全相反的经济结果。这两种理论均侧重于从经济与环境的关系视角进行划分。但在研究环境规制与经济增长关系时，也应注意经典理论中内外生增长因素的干扰，即隐含在经济增长背后的生产转向变化同样应予以重视，增长阶段理论便可以从经济增长模式的比较中为这种影响机理提供一定参考。

最早提出经济增长具有阶段性特征的经济学家是亚当·斯密，其将人类社会划分为三个阶段。但由于当时的社会生产水平尚处于萌芽阶段，他的设想被更多系统化的理论所取代。其中最具代表性的是马克思提出的社会历史发展阶段理论和罗斯托的经济成长阶段理论，其中经济成长阶段理论从产业结构、科学技术和主导部门的演变进行划分，认为经济起飞需要满足四个条件：生产性投资率提高、具有几个高成长性的领先部门、活跃的技术革新和合适的制度环境。随后德国经济学家弗里德里希·李斯特（Friedrich List）在其著作《政治经济学的国民体系》里，依据各生产部门对于自然资源和技术的依赖偏向性划分经济发展阶段，由此带动了以发展阶段理论为代表的德国历史学派的盛行。在一系列经济增长阶段理论提出的过程中，各学派学者根据自身学科特征和独特视角，对经济增长历程提出了更具抽象的划分标准。其中美国经济学家胡佛·费舍尔（Hoover Fisher）从产业结构演化和制度变迁的视角，认为虽然不同地区在同一时期内具有不同的发展模式，但均会遵循一定的更替规律，即存在更具普适意义的标准阶段次序。各理论普遍认为，在技术升级和产业更新过程中，经济增长对于资源要素的开发效率随之提升。这为区域经济的阶段性研究奠定了理论基础。

随着殖民主义在全球消退，诸多发展中国家纷纷建立起较为独立的政治环境和经济体系。但传统相对比较优势理论并不能很好地解释发展中国家如何实现缩小与发达国家经济差距的目标，这将导致全球经济体系长时间处于信息和生产不对称的状态。因此以发展经济学为代表的新兴经济学派认为，在一体化国际市场中，发展中国家要注重对自身资本的积累。当生产能力达到一定需求阈值以后，将自然而然出现生产方式向更高等级转变，因此发展中国家可以在借助资源环境成本优势与发达国家进行合作并获取资本积累。虽然此类理论得到诸多学者支持，但仍有部分学者持保留态度。他们认为经济增长是内生与外生因素共同作用的结果，并强调外部因素的干扰能一定程度改变经济阶段的跨越。其中最具代表性的是德国学者迪特·森加斯（Dieter Senghaas）提出的发展学说。他在对中国转型经济的论述中提出，要想在经济增长进入中等发达国家水平时，避免中等收入陷阱的出现，必须及早扭转过去资源依赖型经济发展模式，通过改进技术、强化管理、政治参与式创新等方式提高经济集约化水平。虽然不同的经济阶段理论能够产生差异化结论，但其意义均是从理论中形成对不同发展模式下要素结构和要素效用的标准化总结，如环境库兹涅茨曲线正是从环境效用角度对经济增长进行的阶段划分。总体而言，增长阶段理论已经就不同增长阶段具有差异化要素贡献达成共识，其中资本贡献、技术贡献和结构效应是经济阶段演进最为常见的标志，也是推动区域经济持续增长的主要媒介。据此可以制定更为有效的规制手段和规制强度。

当前我国正处于经济需求结构与供给结构发生转变的重大调整期，这决定了我国区域经济已不能够像初期那样保持较快增长速度，在阶段演化中，资源要素规模效应逐渐被结构效应和技术效应取代。因此要树立正确的发展理念，既不能任由市场力量随意支配经济增长的要素支撑结构，也不能强制将现有模式扭转出既定路径。在研究环境规制与经济增长的关系时，还应重视要素组合改变造成的生产转向，即不仅要关注环境规制对于短期经济广延边际变化的作用，而且要从阶段更替的视角对环境规制是否能够通过绩效形成集约边际变化，这是实现经济可持续增长的关键。

第四章　海洋环境价值的界定与平衡

　　海洋环境与海洋经济作为对立统一的系统主体，在陆海环境经济系统中普遍呈现出复杂拮抗关系，即二者在收益最大化目标和市场机制作用下往往会呈现出此消彼长的互动效果。而环境规制正是通过平衡海洋环境经济价值和生态价值，以实现调节二者耦合方向的重要手段。因此，只有对海洋环境的具体经济价值和生态价值进行分析，才能更好地解释海洋环境规制在调节海洋效用时的真实路径。

　　本章主要研究海洋环境价值的评价和平衡，因此主要遵循以下思路：首先对海洋的生态功能和经济功能进行梳理和界定。然后结合我国海洋产业发展特点，对海洋功能的开发状况进行分析。最后，分析如何平衡海洋环境经济功能（见图 4-1）。

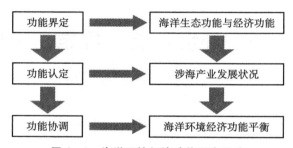

图 4-1　海洋环境经济功能研究思路

第一节　海洋的生态功能与经济功能

　　海洋环境既是发展中国家开发海洋能源和发展海洋产业的重要基础，也是发达国家扩展产品市场和开发新兴资源的主要载体，在维系世界经济贸易往来与政治互动、促进国际经济繁荣和文化交流中的作用明显。与此同时，在全球人口持续增长造成的陆地能源和矿产资源储备不断下降的情况下，深度利用和发展海洋相关的科技研发水平进入纵深发展阶段，海洋对于国家和民族的经济重要性日益突出。正是由于这种认识，世界上各海洋国家将海洋的开发和利用提到了国家发展战略的高度。海洋经济已成为国家间经济竞争新的领域和方向。

对于中国而言，海洋在推动沿海地区社会经济发展中的作用功不可没。早在 2003 年 5 月，中国国务院发布了《国家海洋经济发展计划纲要》，并要求沿海地区制定相应的地方海洋经济发展计划，以支持和促进海洋经济的快速发展，使海洋经济成为中国经济未来的新增长点。从那时起，中国的海洋经济显示出快速的发展态势。以 2019 年为例，全国主要海洋经济总产值 89415 亿元，占同期 GDP 的 9.0%，海洋产业增加值达到 18742 亿元。海洋经济在国民经济中的地位越来越重要①。为了实现可持续发展和下一代的生存与发展，我们必须在开发利用海洋的同时解决海洋功能性可持续开发问题，全面了解和评估海洋的价值。

中国虽然作为海上大国，拥有约 300 万平方千米的海洋土地，海洋资源丰富多样。但由于我国人口基数大，日常开发对环境和资源造成的压力均比其他大国严重得多。所以开发利用海洋、发展海洋经济，不仅要关注海洋所能创造的经济价值，而且要重点防范因向海洋索要资源和财富、海洋环境不可持续开发造成的生态功能损伤。以上问题直接影响着人类的健康，以及经济生产和社会进步。只有实现生态功能与经济功能的公平与协调，才是保持持续繁荣的唯一战略途径②。

一、海洋的生态功能

海洋作为一个完善的自循环系统，不仅能够保证自身能量流动和资源更新，而且是作为一个开放式生态系统存在的。

从系统完整性来看，其内部包括了不同功能、不同层级的生态子

---

① 范金. 可持续发展下的最优经济增长［M］. 北京：经济管理出版社，2002：12－14.

② 李坤厦. 海洋经济，释放蓝色潜力［J］. 产城，2019（10）：72－75.

系统，且每一项子系统都占据相对独立的固有空间。系统运行均是依靠系统内部微生物与非生物单元的能量流动和物质交换，最终构成与生物链和能量链运行方向相一致的生态结构。根据海洋的区位及系统运行独立性，可以将海洋生态系统分割为大洋生态系统、上升流生态系统和沿海生态系统等；按照生态系统中生物的主要种类，可以将其分为珊瑚礁生态子系统、藻类生态子系统和树林生态子系统等。不同子系统虽然在生态结构和生态功能上具有一定差异，但仍在相互联系中遵循一定共性规律，这种功能联系不仅包括功能实现的分工，而且包括功能定位的协作（具体如图4-2所示）。

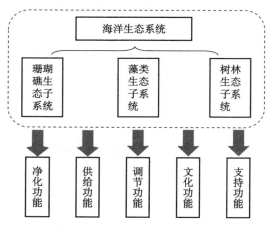

图4-2　海洋生态系统主要内涵

从系统功能性来看，海洋的生态功能异常丰富。而作为陆海系统的重要分支，最为直观的作用是对来自陆地的污染物进行净化。陆地的水循环均会通过径流和雨水流参与海洋，大海在容纳来自河川径流营养物的同时也要接受其携带的大量有害物质。除此之外，不仅人类生产生活中的固态和水体垃圾均能够直接进入大海，而且人类排放的有害气体也会通过酸雨降至大海。海洋几乎容纳了地球上所有的污染物，并通过生态运动，对污染物进行降解、转化、转移、沉积，从而净化了地球陆地环境。

除净化功能以外，海洋的生态功能还包含了供给功能、调节功能、文化功能和支持功能等：

供给功能是海洋更为直观的生态功能，是指在人类开发海洋过程中，能够从中获取包括海洋食品、生产原料以及生物基因等在内的多种原料，此类原料一部分直接被人类消耗，绝大部分则会通过食品加工、基因提取、材料生产等进入高端生产环节，并作为人类生存所必需的营养和材料形成供给。

调节功能作为海洋参与全球环境更为系统的功能，是对于人类生产生活环境的调整和再造能力，主要涉及宏观气候的调节、微观气体的调节、废弃物的处理、生物多样性的控制以及干扰调节等作用。

文化功能虽然不能直接满足人类生态需求、影响海洋生态平衡，但可以从效应改变角度改变人类对于海洋环境的需求结构。此功能主要是从海洋的非物质价值进行界定，随着人类经济生活质量不断提升，传统以物资供给和环境调节为目标的海洋生态功能已无法满足人类对海洋的消费需求，包括人类从海洋系统的生态景观中获取的精神放松、知识增长、主观印象、娱乐消遣和美学体会等，已经成为人类获取海洋生态功能的重要来源。而此类功能的实现，势必需要损失部分传统供给功能和调节功能。为了尽量避免需求变化造成的传统功能损失，需要人类通过参与海洋生态的旅游开发、科研展示、文化填充来改变海洋的开发能力和开发取向[①]。

支持功能是海洋系统中最为基础的功能，海洋生态属性的物质功能和调节功能能否稳定可持续，较大程度上依赖于海洋自身对于可开发资源和可使用环境的容纳能力。因此支持功能主要是通过系统内部的物质循环、能量流动、生物群落保持以及生产原料更新来实现的。

---

① 郭嘉良，王洪礼，李怀宇，等. 海洋生态经济健康评价系统研究 [J]. 海洋技术，2007（2）：28 - 30.

总而言之，海洋的生态功能能够为人类提供丰富且富有价值的服务，但也是最容易被人类经济活动损害的功能。在人类使用海洋生态功能的过程中，由于开采技术和规模化生产能力快速提升，使得海洋生态功能的使用方式和强度与可持续性速率存在不匹配现象，可能会对其服务功能和服务价值产生损害或削减。尤其是在资源约束趋近、环境污染趋重、生态系统趋弱的多重矛盾下，科学评估并有效使用海洋各项生态服务价值，将更有利于加强对其的开发和维护，确保其为人类的生存发展提供长久动力和高质量服务。

二、海洋的经济功能

与海洋的生态功能相对应，海洋经济功能是指人类开发与利用海洋过程中获得的产业发展和社会收益，主要包含依赖于开发海洋空间和开采海洋资源进行的生产活动，如海洋渔业、海洋船舶工业、海盐业、海洋油气开发业、海洋交通运输业、滨海旅游业等产业，也包括保护海洋获得的经济收益。在我国，由于海洋开发仍以满足初级产品加工和增值为主，因此如今的发展阶段以现代海洋经济为主要经济形式。

通常认为，在不同发展阶段下的各类海洋资源开发活动决定了当期的海洋产业形态，即海洋的经济功能是由其能够给当期产业结构带来的综合效用决定。既包括过去的海洋渔业、海水直接利用业、海洋交通运输业和海盐业，也包括近现代依靠技术进步衍生出来的新兴海洋产业，比如海水增养殖业、海洋油气工业、滨海旅游娱乐业、海洋医药和食品工业等；此外还包括一些仍处在技术储备期，能够主导未来海洋产业发展的培育产业，如海洋能开发、深海采矿业、海洋生物培育、海洋信息产业、海水综合管理等。不同产业部门虽然对于海洋的使用方式和使用强度不同，但均是依靠海洋固有资源储备转化成具有市场需求的产品，因此，海洋产业的演替和发展的过程即为海洋经济功能不断升级的过程。

海洋作为人类在地球上生产生活的资源供给地和潜力空间，已经吸引越来越多的国家将经济战略更多地转向海洋，甚至部分发达国家将空间开发从外太空重新回归海洋，主要原因在于海洋开采技术已经发展到能够使用较低的成本获取更多的经济效益，人类的社会供给结构也在试图从海洋获取更多服务可能。现如今支撑世界经济体系的前四位涉海产业——海洋石油工业、滨海旅游业、现代海洋渔业和海洋交通运输业均主导了世界经济格局。世界范围内的海洋产业在经历了从资源驱动型到技术驱动型和资金驱动型的产业转型之后，正在并将继续成为引领全球经济前进的主要动力。海洋也将成为沿海国家参与国际竞争特别是下一轮经济合作与竞争的重点，包括高端技术引领下的经济合作与竞争。

第二节 涉海产业及发展状况

中华民族的伟大斗争历程充分体现了人类向海斗争的过程，不仅是因为海洋能够提供人类产业整合需要的各项资源，也能够帮助自身产品更好地通向世界市场，因此从古代海上丝绸之路到现代的"一带一路"倡议，均体现了我国产业过程对海洋的合作与开发需求。此外，随着海洋经济不断壮大，集权化发展的涉海产业不断深化和细化，对于海洋新兴产业的培育和壮大起到了重要支撑作用。涉海产业的内涵在技术进步和需求扩张中不断丰富，也带动了涉海产业的研究领域进一步扩展①。现阶段，涉海产业主要指具有同一属性的海洋经济活动的集合。基于涉海产业的内涵，当前可以从五个方面对其进行归纳（见表4-1）。

---

① 姜秉国，韩立民. 海洋战略性新兴产业的概念内涵与发展趋势分析［J］. 太平洋学报，2011，19（5）：76-82.

表 4 - 1　　　　　　　　　　　涉海产业主要内涵

序号	范畴
1	直接从海洋中获得具有价值的产品或服务
2	直接从海洋中获得的经过一次加工的产品或服务
3	直接使用与海洋或海洋开发有关活动的产品或服务
4	利用海水或海洋空间作为生产过程的基本要素进行的生产和服务
5	与海洋密切相关的海洋科学研究、教育、社会服务和管理

资料来源：国家统计局 . 2017 年国民经济统计公报 .

中华人民共和国成立 70 多年来，中国的海洋经济在涉海产业的推动下不断壮大，基本涵盖了与海洋产业范畴相关的所有生产部门（见表 4 - 2）。其中，2018 年，作为海洋经济发展支柱产业的滨海旅游业、海洋运输业和海洋渔业成果最为显著，分别占主要海洋产业增加值的 47.8%、19.4% 和 14.3%。同时，海洋生物医药、海洋电力等新兴产业份额也在不断提升，分别增长 9.6% 和 12.8%。

表 4 - 2　　　　　　　　　　　涉海产业相关部门组成

产业所处阶段	产业部门
海洋传统产业	海洋捕捞业、海洋交通运输业、海盐业等
海洋新兴产业	海洋石油业、海水养殖业、滨海旅游业、海洋服务业等
海洋未来产业	深海采矿业、海水直接利用业、海水淡化产业、海洋能利用产业、海洋药物产业等

我国涉海产业众多，在市场调控和资源环境限制下，不同产业的演化历程顺应经济发展方式的转变也千差万别。当前我国正处于产业高质量发展的转型期，各类海洋产业的贡献能力也在顺势调整。2018年我国主要海洋产业发展情况如下：[①]

海洋渔业作为与海洋相关的最基础产业，受到长期不可持续开采的影响，其捕捞能力在不断下降[②]，虽然近年来通过一系列禁渔措施

----

① 资料来源：自然资源 . 2019 年中国海洋经济统计公报 .

② 鹿叔锌 . 捕捞生产可持续发展的制约因素与对策研究 [J] . 海洋渔业，1998（1）：5 - 7.

使近海渔业资源得以恢复，但总体捕捞难度仍在加大，全年实现了增加值4801亿元，较2017年下降0.2%。

海洋油气业方面，由于长期以来海上开采技术较为滞后，使石油天然气的开采能力远低于其可开发潜力，随着国内天然气需求强势增长，深海技术更加完备，海洋天然气产量达到154亿立方米的新高，较上年增长10.2%；海洋原油产量4807万吨，较上年下降1.6%。全年海洋油气工业增加值实现1477亿元，较2017年增长3.3%。

海洋采矿业发展比较稳定，近年来由于国际矿石需求萎靡，使得传统以外贸为主导的采矿市场逐步转向国内，一系列调控措施使得总体的供需市场仍保持稳定，2018年海洋采矿业增加值为71亿元，较2017年增长了0.5%。

海盐产量持续下降。海盐作为工业生产的基本原料和人类生活的必需物质，自古便是人类在海水中提取得较多的物质，且海盐的可开采潜力受海水储量支撑较为庞大，但随着井盐等其他盐产量的增加，以及人类对于盐产品不同类型需求的变化，使得海盐产量的比重连年降低，其比重已从最高的80%下降到40%左右，其中食盐市场也呈现疲软状态。全年行业增加值为39亿元，比2017年下降了16.6%。

海洋化工发展依然稳定，生产效率也显著提高。在以供给侧结构性改革和产能更新为主导的转型阶段，海洋化工是涉海产业中最为直观的产业部门，在经历短时阵痛期后，海洋化工已摆脱传统路径依赖。2018年重点监测的规模以上海洋化工企业利润总额比2017年增长38.0%，年增加值1119亿元，比2017年增长了3.1%。

海洋生物医药作为涉海新兴产业，能够通过生物技术提取海洋生物中的有效成分，并制成生物化学药品、保健品和工程药品等，是典型的技术密集型和资本密集型产业，我国自21世纪以来在研发方面取得突破性进展带动了行业的快速发展，基本形成了海洋生物资源的规模化、产业化和高效化生产。全年产业增加值为413亿元，比2017年增长了9.6%。

海洋电力产业迅猛发展，海洋能属于海洋储存能量中最为清洁的可再生能源，包括了风能、太阳能和生物质能。当今世界充分挖掘海洋在能源发电方面的优势，建立起以潮汐能发电、波浪能发电、温差能发电、微生物质能发电、还剩风能发电和海流能发电在内的多种发电形式，我国近海海洋能计算的蕴藏量可达 6.3 亿千瓦，可开发利用的能量更高达 10 亿千瓦。自 20 世纪 70 年代开始，我国便探索提升各类海洋能的发电能力，其中以风能发电最为成熟，2018 年海上风电装机的规模继续扩大，海上电力产业发展势头强劲。全年产业增加值为 172 亿元，比 2017 年增长了 12.8%。

海水利用产业发展较为迅速，产业标准化、国际化的步伐逐步加快。海水利用指以新兴技术为手段，通过各种工艺获取海水中水资源和化学资源，包括海水灌溉、工业冷却和生活用水等的直接利用和淡化利用。虽然我国海水利用的起步时间较早，但在多级闪蒸、低温多效、反渗透等关键领域的技术仍处于初级阶段，导致海水利用的层次较低，仍依赖于生产和生活市场的规模需求，2008 年产业增加值达到了 17 亿元，比 2017 年增长 7.9%。

2018 年海洋船舶工业受国际航运市场需求的减弱和航运能力过剩的影响，造船完工量明显比 2017 年减少，导致产能过剩与产业更新的矛盾日益凸显。海洋船舶工业全年增加值为 997 亿元，比 2017 年下降了 9.8%。

海洋建筑业下行压力加大。随着涉海产业对于海洋空间的需求不断增大，以海洋为基础的交通、娱乐、生产和防护工程层出不穷，以围填海为主要形式的海洋建筑开发在经历了新中国成立以来的四次大规模扩张以后，功能结构发生了较大变化，港口交通和临港工业成为主要形式。虽然近些年对海洋建筑工程的管控力度加大，但是建设效益增加使其承载功能明显提升，产业增加值 1905 亿元，比 2017 年下降 3.8%。

自 2000 年以来，海洋运输业已取代海洋渔业成为对海洋经济贡献最大的产业，其与海洋旅游业的共同成长已成为海洋经济的主要驱动因素①。随着全球航运体系趋于完善，我国海洋运输业服务能力也在稳步提升。2018 年沿海规模以上港口货物吞吐量比 2017 年增长 4.2%，海洋运输业增加值 6522 亿元，比 2017 年增长 5.5%。

滨海旅游业继续保持快速发展。我国滨海旅游资源丰富，包括自然风光、人文景观、社会体验在内的多种独特旅游形式吸引了国内外游客汇集，2018 年滨海旅游业增加值 16078 亿元，比 2017 年增长 8.3%。

根据海洋产业发展规律可以看出，我国海洋环境开发的效用结构正在发生变化。效用结构的变化既反映出海洋开发过程中生态功能和经济功能的分配转变，也映射出市场取向对于海洋资源的依赖性。这种变化既有来自市场端需求转型的压力，也受到制度趋紧下环境成本增加的影响，致使具有资源环境规模性消耗能力的生产部门面临更大生产压力，而能够维系海洋生态功能的生产部门则具有更大成长空间。

但从海洋产业体系可持续发展规律及我国发展阶段的角度来看，海洋产业仍然存在更新换代慢、使用效率低、技术支撑性弱等问题。如海洋经济增长仍过度依赖于渔业、海洋能源、海洋装备等资源环境消耗量较大的产业，海洋生物医药、海洋电力、滨海旅游等要素投入产出效率较高的产业仍然处于发展起步阶段。在海洋经济结构发生改变的同时，海洋生态功能面临的压力也在发生根本性变化，由传统制造业排放等显性污染为主，逐渐转变为海洋运输、分块养殖、滨海休闲等隐性污染。即便经济功能效率呈现快速提升，但在生态功能维系上仍面临较大提升空间。

下一步，如何在保证海洋经济功能转型提升的基础上增强生态功能的效用韧性，如何通过"海洋牧场"促进传统产业的集约发展，

---

① 李宜良，王震. 海洋产业结构优化升级政策研究 [J]. 海洋开发与管理，2009 (6)：86.

如何通过"科学技术加强海洋"促进幼稚产业的增长，以"生态和谐"方式增强海洋支柱产业的经济和环境效益，以及确保海洋产业向健康领域转型等，将成为未来中国海洋产业体系可持续发展的重要研究课题①。

第三节　海洋环境经济功能的平衡

一、经济发展与环境治理之间的关系

长久以来各国学者和官员均有关注经济发展与环境保护之间的关系。而二者不协调的根源是未解决好人和自然的关系，若想改善经济发展中的环境问题，其本质就要转变人与自然、人与人、经济发展与环境保护之间的发展关系。努力建立人与自然和谐相处的现代文明，是经济发展与环境保护这一矛盾运动和对立统一规律的客观反映②。经济的快速增长造成对环境的过度威胁，反之，环境的持续恶化也拖累着经济的发展。二者在耦合和拮抗中构成了环境经济统一系统。

环境经济系统演化的最优路径就是经济与环境的协调发展。协调的实质为"和谐一致，配合得当"，一个系统若想达到在均衡中支撑整合系统功能的可持续提升，必须协调各个自称元素间的互促关系，通过合理的投入和收益分配以获得最佳的效果。对经济与环境协调关系的探讨，盛行于经济增长乏力与环境问题凸显的工业时期，旨在发现区域经济与环境之间是相互促进、公平提升，还是相互抑制、拮抗退步，以及研究未来发展的方向；二者矛盾是否能够通过一定

---

① 狄乾斌，韩雨汐. 熵视角下的中国海洋生态系统可持续发展能力分析 [J]. 地理科学，2014（6）：664 – 671.

② 曹志斌. 生态经济系统平衡再造的重要手段——生物工程 [J]. 宁夏大学学报（自然科学版），1989（2）：64 – 68.

手段缓和，并进一步为区域经济的可持续发展提供理论和实证参考（见图 4 - 3）。

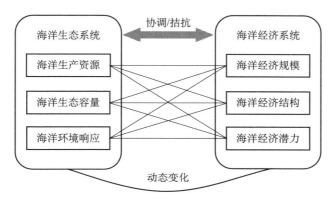

图 4 - 3　海洋生态系统与海洋经济系统协调关系

关于区域经济与环境协调性的研究认为，经济与环境的协调表现出一定的时空异质性和发展动态性。由于发达国家与发展中国家处于不同的发展阶段，因而对经济发展要求的紧迫性以及环境对人类生产生活的影响标准认知不同，对协调性的要求也随着该国的经济发展方式和资源需求结构改变而不断变化。从认为环境对经济增长没有制约的初期乐观感知到增长极限的悲观感知，到最后认为经济与环境可达到协调促进的理性感知，相关研究都在围绕经济增长与环境是否可协调进行论述和验证，也在经济环境的提升中不断完善，但其本质仍是研究经济是否能够达到可持续的提升。

与协调性的动态变化相对应，区域环境质量的好转或恶化也是一个动态演化的过程，因此学者对于二者协调度的评估也只是基于上一阶段区域资源环境发展矛盾基础上的矛盾倾斜。因此，关于经济增长与环境保护的关系的评价均具有一定的滞后性，此时认为对于生态环境治理的最好结果是达到了对上一阶段不协调状态的优化提升①，而

————————

　　①　刘大安.论我国海洋渔业生态经济系统的良性循环［J］.农业经济问题，1984（8）：12 - 15.

忽略了在不同经济发展阶段二者协调性的内涵差异。尤其是对当期影响二者协调性的最主要矛盾点进行评价，即对于经济发展处于初级阶段的地区，若采取统一的评价标准，虽然二者均未达成充分发展潜力，但经济与环境的协调度可能反映为较高的评价数值，或评估结果认为二者仍处于初级协调阶段，但不能说明经济与环境的关系促进了经济的可持续发展。因为在发展初期经济与环境可能会达到自身系统潜力的最优，但是抛弃了二者互动形成的价值提升。而在经济发展中期，最优的状态则可能是以损害一方利益为代价，此时很难以传统方法评价是否协调。因此以经典库兹涅茨曲线的观点，协调度的变化曲线更应顺应"U"型规律，曲线的转折点多出现在工业化后期，此特征在世界发达国家的发展过程中均得以印证。

二、中国海洋功能平衡的基础

中国作为全球海洋大国，虽然资源含量和环境容量均处于世界前列，但是在庞大人口基数和资源需求量的影响下，人均资源匮乏的问题仍未妥善解决，且中国长期坚持的向海布局使经济社会的增量给近海生态环境造成的影响更加明显，突发性海洋环境事件发生概率居全球前列，生态功能退化现象较为普遍，必须更加坚定地走可持续海洋发展之路。因此国家在新时期制定了诸多解决海洋生态环境问题的办法，旨在通过综合性政策措施解决海洋过度开发的问题，在经济高质量发展和经济结构转型期，突破海洋资源瓶颈，保持海洋可持续发展能力。

（一）我国海洋可持续开发的物质基础

作为海洋产品消费大国，我国对于海洋食品、海洋能源和海洋环境的需求日益旺盛，并在生产生活过程中扩大了对海洋空间的开发，港航资源、矿产资源、生物资源和旅游资源等更是占据了我国产业资源供给的主要来源，如丰富的海洋渔业能够满足中国对于蛋白质 1/4 的需求，超过 20% 的石油资源和近 30% 的天然气资源可以通过海洋获取，海洋水体能够提供 4.41 亿千瓦的再生能源，以及超过 3 亿吨的淡水，沿海地区的旅游资源也占据我国文旅休闲资源的半壁江山。海洋生态环境系统在国民经济社会中起到了越来越重要的作用。

除自然资源的经济属性以外，海洋蕴含的丰富的多样性生物和自然微环境也在基因库建设和物种培育方面具有重要价值，且其自更新能力能够在一定程度上净化陆源污染物的排放、巩固岸线堤防，储存多功能营养等。与此同时，海洋还是全球气流、水流和温度流等的重要载体，是全球碳汇和氧气的重要储存地，因此保护好、利用好和修复好海洋复杂系统的功能，对我国国土安全起着异常重要的作用。

（二）我国海洋可持续开发的经济基础

我国自改革开放以来便形成了以开放经济为主导的区域经济形态。海洋在其中的保障和支撑作用不可磨灭，尤以海洋渔业、海洋交通运输、滨海休闲旅游、海洋工程和海洋船舶等行业的作用最为明显。其中重要原因在于，我国区域经济增长是在市场化、全球化和地方化共同作用下发展起来的。其中，市场化为要素自由组合和产品自由流动创造了制度空间，海洋开发可以摆脱传统自给自足的生产模式，更多优质水产品和海洋矿产能够通过就近加工的方式销往市场。全球化不仅能够将海洋产品市场扩展排除了制度限制，而且海洋凭借相对廉价的运输成本及庞大运输优势，为经济发展提供了空间支撑。地方化能够通过财税分割和整治激励加速地方政府间的经济竞争，而海洋作为资源流动性和环境共享性突出的经济空间，是地方政府获取优质资本和减少治污成本的绝佳场所。因此，经济改革下的海洋开发既为国民经济做出了更多贡献，也在规模提升中面临着更多可持续困境。

在市场化、全球化和地方化的共同作用下，我国经济布局形成了以规划为引领、以省域为单元、以海洋区位和资源环境优势为依托的海洋空间开发体系，并在城镇化和工业化方面构成了向海开发重点。根据计算，我国沿海地区凭借13%的国土面积，承接了超过40%的人口定居，并创造了超过60%的经济产量，超过80%的投资额在沿海地区落子，这一方面是由于国家政策和市场引领作用使经济的趋理性明显，另一方面也与海洋自身优势能够更好地拟合钢铁、石油、运输、制造等行业的生产特征有关，因此在保障可持续的基础上，稳定科学的经济形态作用尤为重要。

三、海洋环境经济功能平衡的实践

海洋环境经济功能的平衡在一定程度上取决于国家如何实施经济、市场、法律、行政及其他手段，以处理海洋经济增长和海洋环境保护间的协调开发状态，各地政府在保护和维持海洋环境与海洋经济功能平衡的同时，便自然而然地会实现海洋的可持续发展目标。

我国在海洋环境管理方面主要依托于国家和地方政府的司法部门、立法部门及执法部门，实施手段包括对可能造成海洋环境污染的涉海项目进行前期评估、审批、核准，对项目建设和运行中的废物排放进行严格监管和惩处。具体而言，要将可持续发展理念贯彻到海洋开发的全过程，在海洋保护过程中要始终坚持"绿水青山就是金山银山"的营利思路。主要包括以下几个方面：

（一）坚持规划对于涉海活动的约束和引导

海洋发展规划作为统筹当前和今后较长一段时期海洋经济发展的纲领性文件，能够在处理长短期海洋开发收益的同时，自然而然地处理好海洋经济功能与海洋环境功能的协调问题。因此在指定海洋相关规划时，应坚持产业规划、空间规划、环境保护规划及各类区域规划间的衔接。通过引导现代海洋产业体系发展，加强海域与流域、岸线间的协同治理能力，打造生态屏障区或岸线保护带等方式，实现海洋经济功能与生态功能的长久平衡。

（二） 加强对海洋污染物排放的容量估计及精准控制

由于海洋是作为公共池塘存在，因此，在分区制定海洋污染排放指标之前，应对海洋环境的整体容量进行科学评判，并详细列举每一类污染物的可排放容量，使得海洋污染物排放能够在合法化和合情化的准则下运行。在对海洋环境可排放总体容量进行研判以后，应结合各海域生物多样性和生态脆弱性的现实情况，对不同局部性海洋容量进行分类测算，并以此为准则合理分配并控制各海域可允许排放的数量指标。通过定量化控制、精准化分配及分类化指导，使海洋污染治理的空间匹配性更加合理。

（三） 调整涉海产业发展方式，降低海洋经济负外部能力

涉海产业涉及从水产到海洋工程，再到海洋服务的全产业链环节。因此，如果涉海产业结构和涉海产品结构中创新工艺及清洁技术占比越多，产业链对于海洋整体环境的侵害能力将越小。要通过源头节流和末端控制的方式，减少排向海洋的生物污染物和工业污染物数量：一方面，海洋核心产业要由传统资本要素堆积驱动向创新要素驱动转变，如海上养殖也应分区制定养殖密度和面积，严格执行水域环境修复工程，通过机械化、智能化及集约化改造降低单位产出的污染浓度；另一方面，要加大对陆源污染源的控制。农业土壤侵害可以通过生态循环将污染物排至大海，因此，应严格控制农业对农药和化肥的依赖，尤其对于生态脆弱性较强的海域沿岸，牲畜养殖规模及养殖密度应保持在陆域生态可更新范围内。监管部门应加大对养殖控制区的控制，对不符合排放浓度标准的养殖户或企业进行强制管制。

（四） 加强重点领域污染检测和管理

随着海洋经济发展的重点发生偏移，海洋污染的来源结构也随之

发生根本性改变。一方面要加强对传统污染大户的控制和管理，如对于涉海工程的建造、海洋钻探、海洋石油开发、海洋航运等产业，要加强对工程废料、废渣、废水和油污的收集和处理，将污染浓度控制在排放标准以内，避免直接排向海洋。加强对日常生产的排查和检测，避免突发性海域污染事件的发生。另一方面应注意新兴产业对于海洋环境的侵害。如滨海旅游业虽然很难对整体海域造成规模性污染，但在旅游旺季或部分生态承载功能较弱的景区，短时间的旅游活动极易造成局部海洋污染事件发生，且此类污染后果往往具有生态功能损害的不可逆性。因此，在大力发展新兴涉海产业过程中，应重点对产业发展过程中的新型污染源及排污容量进行精准把控。

第五章　我国海洋环境规制的
　　　　　特征及演化

环境规制作为政府执行环境保护工作的基本政策手段，具有较强的公共性、延续性、外部性和多样性。因此，要想准确分析环境规制对于海洋经济的影响，应先对环境规制的发展特征和效应状态进行总结。本章以我国环境规制的管理目标和受重视程度为依据，对环境规制的发展历程进行分阶段总结，并结合海洋环境规制特征对其进行分类，为后文实证计量分析提供参考。

第一节　我国环境规制的发展历程

我国对于环境规制的重视晚于发达国家。自 1972 年斯德哥尔摩召开人类环境会议以后，才逐渐深入思考经济社会发展中的环境管理问题，并将其列入政府议事日程。其中环境保护政策法规是环境规制最主要的手段。其制定和执行机构自组建以来，地位和规格不断提升，参与度更加广泛。环境保护法规体系也从单领域向多领域、从单部门监管向多层级协作不断完善。根据环境保护管理结构和法规政策的演化特征，可以将环境规制体系分为四个阶段（见图 5 - 1），内容如下：

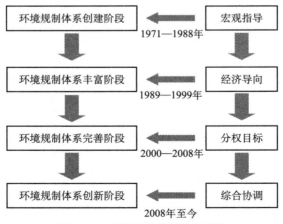

图 5 - 1　我国环境规制发展阶段

一、环境规制体系创建阶段

此阶段为 1971—1988 年，环境保护工作在此阶段逐渐被重视。随着我国经济社会发展进入稳定增长期，传统手工与耕作经济逐渐被工业化生产取代，随之而来的是大体量的工业废物排放。中国政府意识到组建一个专门的环境管理机构已迫在眉睫，因此，于 1971 年首次成立环境保护办公室，作为环境保护管理的常设机构，这标志着我国环境保护开始进入正轨。我国自建团参加全球人类环境会议以后，环境保护逐渐成为政府日常工作的重心。1973 年全国第一次环保会议召开，决定设立国务院环境保护领导小组，负责环境保护相关政策的制定、全国环保规划审定及环保督促与协调等工作，这成为我国第一个全国环境管理的专业机构。此次会议研究通过了 "32 字方针" 并将其作为我国环境管理的指导原则，即 "全面规划、合理布局、综合利用、化害为利、依靠群众、大家动手、保护环境、造福人民"。但是，此时的环保方针尚未形成严格的指导规范。1982 年设立的城乡建设生态环境部，成为我国环境职能的统筹行政机构，将测绘、城建、建工、环保等部门的环保职能合并，可行使相对独立的人事和财政权利，极大地提高了我国环境日常管理效率。在 1983 年召开的全国第二次环保会议上，我国明确将 "保护环境" 列为基本国策，并以 "预防为主、防治结合" "谁污染、谁治理" 及 "强化环境管理" 等理念作为环境保护的重要准则。1984 年国务院印发《关于环境保护工作的决定》，指出成立国务院环境保护委员会，办事机构设在城乡建设环保部，并从部门配置、资金划拨、税费使用、财税征缴等方面对政府和企业的环保实施进行明确指导，标志着我国从顶层制度到细则实施方面将环保工作推向制度化和规范化。1988 年，国家环境保护局从城乡建设部分离，成为单独的国务院环境保护综合职能部门，标志着环保工作在运行体系方面更加独立。

环保管理机构地位的不断提升，也加快了我国环境政策法规的完善进度。1979 年召开的第五届全国人大常委会第十一次会议通过了《中华人民共和国环境保护法（试行）》，成为我国第一部综合性环保法。该法律在总结以前环保准则和经验的基础上，明确了环境影响、污染管制、排污许可、"三同时"等强制性制度细则，标志着我国制定环境保护相关条例和规定有了法律依据。随后，一大批环保法律相继出台并加以实施，如 1982 年的《海洋环境保护法》、1984 年的《水污染防治法》、1987 年的《大气污染防治法》等。在一系列法规体系的指导下，各部门针对各领域环境突出问题纷纷制定了相应的管理条例和行政法规，比较有代表性的有 1982 年的《船舶污染海域管理条例》和《征收排污费暂行办法》、1983 年的《关于结合技术改造防治工业污染的几项规定》、1984 年的《关于防治煤烟型污染技术政策的规定》，以及《生活饮用水卫生标准》和《工业三废排放试行标准》等规定和标准体系。与此同时，各地结合自身环境特征，纷纷建立起与中央法律相对应的地方性法规和管理办法。

此阶段我国环境规制尚处于起步阶段，且较多规章制度均以试行版实施，因此虽然形成了一定的环保法规体系，也有效遏制了经济发展初期与环境的突出矛盾事件发生的概率。但早期的实施办法仍集中于宏观指导，对实践的指导能力仍有待提高。除此之外，由于欠缺环境保护相关的正式法规指导，这一阶段的环境规制在执行方式和执行强度的选择上仍具有局限性。

二、环境规制体系丰富阶段

此阶段为 1989—1999 年，我国环境规制向规模扩张和可行性提升转变，标志性成果是《中华人民共和国环境保护法》的正式审议通过。随着国内改革开放进程不断推进，以经济建设为中心的管理思路使环境面临的压力快速增大，污染问题更加复杂，亟待更加完备的管理和约束手段进行管制。因此，经过不断探索，国务院将国家环保局与城乡建设部相分离，转为直属职能部门，各级政府也相继建立以区域性环保为职能的环境管理部门，在各行业主管部门中设立环保办公机构，这标志着环保部门具有更加自主的管理权限。1989 年《中华人民共和国环境保护法》的审议通过，标志着我国环境规制有了正式的法律依据。1990 年国务院印发了《关于进一步加强环境工作的决定》，把工业污染问题作为突出问题进行管制，从制度层面详细制定了诸如管理责任、限期治理、排污许可、环境评价、排污收费等细则办法，并将城市环境整治提升至区域环境保护工作的重点领域。通过建立环保目标责任制，进一步约束了中央与地方在环境整治方面的目标偏差。

这一时期，中央政府逐渐意识到不能单从污染防治领域管理环境问题，应该将其纳入生态安全整体目标下，提高观念和认识。针对当前我国快速经济建设与环保红线的矛盾问题日益凸显的状况，1993 年召开的第八届全国人大第一次会议决定设立全国人大环境保护委员会，并于 1994 年更名为全国人大环境与资源委员会。环境保护相关议案和法律规章可由全国人大进行审议和监督，具体实施交由各地政府，环境行政部门行使监督责任。自此，我国环保事业从立法到执行的所有职能均做到有章可循，形成了健全的环保机制。与此同时，中央政府积极出席联合国环境与发展大会，进一步提出《环境与发展十大对策》，强调了由传统发展战略向可持续发展战略转变的思路，并明确了规划、产业、科技、法规等重点领域的发展方向，创新性地提出了以经济手段解决环保问题的建议，并在随后颁布的《中国 21 世纪议程》和《中国环境保护行动计划》中进一步明确了可持续发展的宏观指导地位。1996 年，国务院进一步印发《关于环境保护若干问题的决定》，把区域性环境问题作为环保重点，并建立起环境质量行政领导负责制。1997 年编制的《中国 21 世纪人口、资源、环境与发展白皮书》中，可持续发展成为我国经济社会发展过程中的重要内涵，标志着环境规制的目标成为处理发展与环保关系的主要依据。

面对新时期复杂的经济发展环境和不断变化的环境保护形式，我国一系列现行的环保规章制度得以修改和完善，较为典型的如表5-1所示。

表5-1　1989—1999年部分法律、法规和规章颁布或修改情况

环保法律				
年份	颁布	修订或修正	年份	法规与规章
1995	《固体废物污染环境防治法》	《大气污染防治法》	1989	《水污染防治法实施细则》
1996	《环境噪声污染防治法》	《水污染防治法》	1990	《环保优质产品评选管理办法》《放射环境管理办法》
1997	《节约能源法》		1991	《超标污水排污费征收标准》《超标环境噪声排污征收标准》
1999		《海洋环境保护法》	1992	《征收工业燃煤SO_2排污费试点方案》
			1995	《海河流域水污染防治条例》
			1997	《酸雨控制区和二氧化硫控制区划分方法》

截至1999年，我国颁布了与环保有关的法律15部，另有28部行政法规和超过70部的地方性规章，更有国家级环境排放标准361项，行业性环保标准29项。通过不断细化和完善各类环保准则，每项环境经济行为均能够受到制度约束，使整体经济向更加可持续的方向发展，也能够将各类污染排放行为限制在环境容量之内。

与第一阶段不同的是，此阶段的政府部门不再局限于以单纯处理环境问题作为制定环境规制和发展方针的依据，而是将环境保护与经济社会发展纳入统一的规制战略目标中，树立了环境保护就是发展经济的思想。在这一思想指引下，我国环境规制的决策和执行更能体现综合性和连贯性，一系列区域发展战略目标也更能表现出生态经济系统的协调发展方向。但由于此时期主要针对特定地域或特定污染物进行防范，欠缺系统性防治规划，因此在执行过程中难免存在行业间或

地域间污染溢出风险，对环境规制的统筹指导也较为模糊。

三、环境规制体系完善阶段

此阶段为 2000—2008 年，以增强环境政策的宏观指导性和权威性为主要特征，其中 2000 年颁布的《全国生态环境保护纲要》是最具代表性的规划文件。进入 21 世纪以后，错综复杂的经济主体及不断新增的污染项目使得污染行为更趋多样化，且受到地方保护主义及国营资本保护等因素影响，环境规制的执行力和公信力受到较大挑战。为此，国务院撤销环境保护委员会，将国家环保局列为直属正部级部门，并将环境保护与资源管理职能分离，建立新的自然资源部，使环境管理与资源管理工作更为细化。

进入 21 世纪以来，我国工业领域对环境的侵害程度迅速加大，尤其是过剩低端产能不仅消耗了大量原始资源，而且造成了过多的环境浪费。如何实现经济转型与环境提升的双重目标成为各级政府面临的新议题。2006 年召开的第六次全国环保大会，首次提出环保思路需与时俱进的观点，将环保作为优化经济的重要手段。2007 年召开的中共十七大，将资源环境代价视为经济发展最重要的问题，并提出生态文明建设思路，充分反映出此时期环境保护与经济发展之间关系的重大转变。2008 年，国务院在原有职能机构基础上建立新的环境保护部，进一步提高了环境管制的权限。同时对各地环保部门进行改革，形成了环境监管纵向分级与横向协作相统一的管理体系，极大增强了环保执行的公信力与权威性。

此时期制定的法律、法规和规章均是为了应对当前环境污染中的突出问题，成为经济发展过程中的主要环境约束标准和依据，具有较强的经济激励性特征。代表性的规制文件如表 5－2 所示。据统计，截至 2007 年末，我国共颁布或发布相关环境标准超过 1200 项，地方性污染排放标准 56 项。

表 5 - 2   1998—2008 年部分法律、法规和规章颁布或修改情况

环保法律				
年份	颁布	修订或修正	年份	法规与规章
2000		《大气污染防治法》	1998	《国家危险废物名录》 《建设项目环境保护管理条例》
2002	《清洁生产促进法》 《环境影响评价法》		2000	《全国生态环境保护纲要》
2003	《放射性污染防治法》		2002	《燃烧 SO_2 污染防治技术政策》 《排污费征收管理条例》 《关于加快绿色食品发展的意见》
2004		《固体废物污染环境保护法》		
2005	《可再生能源法》			
2007		《节约能源法》		

至此，我国已经形成了以《环境保护法》为引领的涵盖全国的专门法规性文件和地方性环保法规、规章，以及行业性政策与制度在内的多层级环保规制体系。值得注意的是，虽然此时期环境规制的经济属性得以提升，但在执行中由于欠缺对基层单位的规范性约束，使得在短期收益引导下，规制效果与现实目标仍易产生较大偏差。

四、环境规制体系创新阶段

此阶段为 2009 年至今。全球金融危机发生以后，我国资源环境问题与经济结构问题间的矛盾日益凸显，尤其是工业化造成的跨区域极端污染事件频发。针对日益严峻的环境问题，我国逐渐将环境污染与资源约束、生态系统退化等统一纳入生态问题中，并逐步确立了生态文明建设的主基调。党的十八大报告依据新的历史现状，提出要"大力推进生态文明建设"的战略决策，并创新性地从目标、地位和任务等方面对生态文明建设做了重要部署。2015 年发布的《中共中央、国务院关于加快推进生态文明建设的意见》和审议通过的《生

态文明改革总体方案》，均是针对新时代生态环境问题提出的最新论断和科学部署。

随着经济社会进入转型关键期，环保问题成为限制人民群众向往美好生活的主要障碍。因此新时代的规制体系更加体现"以人为本"的特质。2016 年连续印发的《党政领导干部生态环境损害责任追究办法（试行）》和《生态环境损害赔偿制度改革试点方案》，均从制度层面对环境跨界污染治理提供了保障。2018 年，为进一步整合我国环境保护中存在的权责分配不清问题，我国在生态环境部的基础上，将原有环境保护职责与应对气候变化及减排、地下水污染监督、水功能区划编制、流域水环境保护、农业面源污染整治、海洋环境保护等职能相整合，组建新的生态环境部，从体制上扫除原有的各类生态和污染分散管理的问题。同年召开的第八次全国生态环境保护大会，提出生态环境作为"五位一体"总体布局的短板，要加大监督和整治力度，并不断拓宽生态环境管制领域。如《农村人居环境整治三年行动方案》，将农村环境工作列为整治重点。在环境整治方法上也不断创新，如 2016 年《关于全面推行河长制的意见》和 2018 年《关于湖泊实施湖长制的指导意见》将环保权限和职责下放，使环保工作更具执行力。

环境规制升级阶段最为主要的特征是不再单纯将环境规制作为经济目标下的环境维持手段，而是将其更切实际地纳入政府日常管理职责中，将环保执行效果作为政绩评价的主要方面。这从制度层面保证了顶层环境目标和底层环境执行的一致性，一定程度上解决了因区域经济任务引起的环境权责弱化问题。

第二节　我国海洋环境规制实践

环境规制作为调节生态系统功能的主要手段，针对不同生态功能区，其在制定和执行过程中具有较强针对性。因此，我国海洋环境规制的发展既继承了环境规制主要内涵，也在实践中形成了自身较强的个性特征。

一、海洋环境规制的发展

与我国环境规制的总体演化历程相对应，我国海洋环境规制也经历了从初级形成到不断完善的过程，其中最为核心的是 1982 年颁发的《海洋环境保护法》。该法案不仅使我国海洋环境保护工作有了基本法律依据，而且为其他类型法律法规和行业部门规章的制定提供了指导。随后一大批与海洋环境有关的规制文件得以通过或发布，如表 5 – 3 所示。通过表格可以看出，我国 20 世纪 80 年代的海洋环境法律发挥多集中于对当期污染细分行业或特定污染来源的管控，管理方式也集中于强制性措施，旨在通过法律法规对污染物排放较为密集的特定污染源进行管制。

表 5 – 3 部分海洋环境法律法规与条例

年份	法律、法规与条例
1983	《中华人民共和国防止船舶污染海域管理条例》《中华人民共和国海洋石油勘探开发环境保护管理条例》
1984	《中华人民共和国海上交通安全法》
1985	《中华人民共和国海洋倾废管理条例》
1986	《中华人民共和国渔业法》
1988	《中华人民共和国防止拆船污染环境管理条例》
1990	《防治海岸工程建设项目污染损害海洋环境管理条例》《防治陆源污染物污染损害海洋环境管理条例》《中华人民共和国海洋石油勘探开发环境保护管理条例实施办法》《中华人民共和国海洋倾废管理条例实施办法》

进入 21 世纪以来，面对更加开放的世界经济形态，我国海洋环境污染问题更加突出。因此，关于海洋环境的政策法规的颁布实施更加频繁。2002 年《中华人民共和国海域使用管理法》明确将生态环

境保护和海域可持续利用作为海域使用的主要原则，并对其使用权及使用金提供了法律限制和指导。《全国海洋功能区划》根据海域自然条件、环境状况和开发要求，对全国海域可持续开发进行了分类指导。在此基础上，2016 年发布的《全国海洋经济发展规划》，将科学开发海洋资源与保护海洋生态环境作为海洋综合开发的两项重要任务。除此之外，我国现已批准建设的四个国家生态文明试验区中，福建和海南均为临海省份，且建设方案均将完善海洋生态和治理海洋环境作为重点任务，表现了我国在生态文明建设进程中对海洋环境问题的重视。

在海洋开发技术不断成熟、环境使用能力快速提升的同时，海洋污染形式已经发生较大转变。因此，各类规制的修订成为此时期海洋环境管理的重点。如《中华人民共和国渔业法》的几次修订，均是结合新增技术对可能破坏海洋环境的开发行为进行界定。2020 年，农业农村部发布了新的《远洋渔业管理规定》，相较于 2003 年的版本，《规定》增加了远洋资源环境可持续发展的相关管理规则，并加大了对违规开发的处罚力度，体现了新时代我国对于海洋环境问题的零容忍态度。

在具体实施方面，我国已建立起完备的海洋环境监测和管控体系。2018 年，全国共设海洋环境质量监测点 1649 个，入海河流控制断面 194 个，重点对部分河口底泥质量进行监测。另有典型海洋生态系统监测点 21 个，滨海湿地监测点 24 个，生物多样性监测点 1705 个，重要渔业水域监测点 48 个，并对 453 个生活污水日排放量 100 立方米以上的直接排放海洋污染源和 36 个海水浴场进行重点监控，并设立了 89 个海洋保护区。与此同时，当年还发布了《中华人民共和国海洋环境保护执法检查》《渤海综合治理攻坚战》等环境整治条例。一系列管控措施的颁布和施行，使我国海洋环境逐渐好转，但是治污任务依然艰巨。

总结发现，我国海洋环境规制经历了由面向单项污染到面向流域污染转变、由强制性管控向防治手段优化、由面向经济发展到以人为本转变。环境规制已经不再是各级政府单纯保护海洋环境的手段，而是实现经济可持续与环境可更新协调发展的重要制度性激励措施。在一系列海洋生态环境保护与海洋资源可持续利用相关法律法规体系引领下，海洋环境规制的执行手段和执行方法更为多元。

二、海洋环境规制的类型

通过总结我国现行海洋环境规制体系可以看出，我国已经建立起以《海洋环境保护法》及其他各类海洋环境保护法律法规为核心，以海洋环境法规类文件及地方性环保法规及部门规章为基础，涵盖诸多政策、措施和制度的规制体系。根据各类规制的施行特点，可以将规制手段综合为以下几种：

一是借助各类投融资手段，充分利用市场力量在资金配置中的决定作用，不断拓宽海洋环境治理的资金流入途径。如引入国内外社会资本，通过发行证券、BOT 融资、污染治理补助、环保设施修建与市场化运营、环保基金、税收减免与补助、发行环保彩票及进行排污许可权交易等方式激发社会参与环境治理的积极性。

二是通过制定排污许可证制度，限制和约束污染企业的排污行为。即政府通过颁发排污许可证给企事业单位，对其污染行为进行差异化管制。如在颁发许可证书时需检测企业的污染物是否达到行业相应排放标准及产业政策（身份合法许可）要求；检测企事业单位日常生产是否按规定开启污染处理设备、污染物排放规模是否得到监控（运营管理许可）；对企业污染物的浓度、规模、含量、速率及时段等进行限制（技术性许可）等。

三是通过庇古手段，将政府管制优势与市场资源配置优势有效结合，借助税收、补贴、交易及保证金等多种管制措施，避免因市场失灵和政府失灵导致的环境污染排放过度的问题发生。

基于不同的环境管理方法，学者试图寻找最能直接体现环境规制强度的指标。在早期通过单一指标或复合指标评价环境规制的基础上，学者发现不同的替代指标对环境规制的评价侧重点和适应性具有明显差异，因此逐渐重视对环境规制类型的划分。对于环境规制的分类数量，学术界根据环境规制实施方式的不同，通常分为二类、三类和四类，其中二分法是根据政府和市场的主导性进行区分，包括命令控制型和市场激励型，三分法和四分法进一步结合社会参与目标，增加了企业和公众的自愿型规制手段，但此类规制方式尚处于探索和起步阶段，此类隐性工具的经济效果难以辨别，且自愿型规制工具多受政府和市场的影响，不具有独立性，因此二分法仍是研究中更为流行的方法①。环境规制具体分类如图 5 - 2 所示。考虑到我国环境规制的目标已经发展成为达到政府干预与市场调节的最优组合，政府与市场仍是处理经济增长与环境保护之间矛盾的核心因素。环境规制对于经济的影响理应通过强制性手段或激励性手段传递。两种环境规制仍是环境保护政策管理体系的主体。因此有必要根据实施主体不同，对两种类型环境规制的特征进行区分和总结。

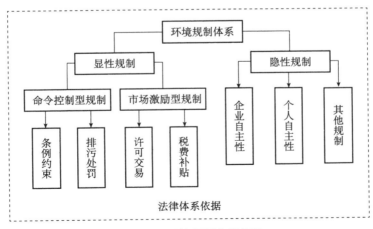

图 5 - 2 环境规制分类框架

---

① 薄文广，徐玮，王军锋. 地方政府竞争与环境规则异质性：逐底竞争还是逐顶竞争？[J]. 中国软科学，2018 (11)：76 - 93.

（一）命令控制型环境规制

命令控制型环境规制是政府能够通过行政强制手段对污染行为进行干预的规制方法。主要包括强制性法律法规、行业规章中的排放技术要求以及地方性法规中的环境标准等。此类环境规制的执行主体多为政府环保部门。政府环保部门通过环境法规和环境标准中的执法权力，可以对污染单位实施强制性管理措施。若违法主体不遵守相应法律和标准，环境主管部门可依法执行相应的处罚措施，以保证规制政策能够达到现实目标。如《大气污染防治法》要求严格规范污染排放制度，建立地方大气环境考核机制，对于违法超标排放的企业和当地政府均实行严格的惩罚，有序推进淘汰高能耗、高排放和高污染的落后产能，有效解决跨界污染治理困境。《环境影响评价法》中专门指出，对于造成严重环境污染或生态破坏的建设项目，除对相关技术人员处以法律责任处罚外，还要追究失职的审批人员责任。《渔业法》针对破坏渔业水域生态环境安全、造成渔业污染事故的行为说明了惩罚依据，并为渔业行政主管部门和管理机构的违法行为制定了惩罚明细。这类命令控制型环境规制多从责权界定角度，为破坏环境行为制定了法律依据，但在具体控制标准和技术要求层面较为模糊。

在相关法律法规指导和保障下，还需要一系列强制性行政手段对各行业污染参数和技术进行监管和约束。相较于法律法规，各类标准和规范能够从更加专业的角度为管理部门和企业提供参考，有助于污染者制定与自身相适应的控制目标，使污染控制更加科学。如《防治陆源污染物污染损害海洋环境管理条例》根据不同排放物质、排放方式和排放行为，对海洋污染的惩治强度进行明文规定，有助于环境监管部门实施更加科学的监测方法。《城镇污水处理厂污染排放标准》则对城镇污水、废气和污泥等主要废弃物指标进行限定，更有利于各地污水处理厂的设备投资和处理规模设定。《清洁生产标准制定技术导则》则明确规定了绿色生产企业审核、企业生产清洁绩效及企业减排规模测定等，为各行业和各地区清洁生产企业的审核认定及环境影响评价提供了重要依据。为了达到污染物能得到高标准治理的要求，部分准则标准重点对处理设备的参数和规格进行限定。如《燃煤二氧化硫排放污染防治技术》中指出，对于使用中高硫份燃煤的大型锅炉或窑炉，应强制配备烟气脱硫装置。从事燃煤生产的中小型锅炉和窑炉，推广使用优质低硫煤等低废气排放的煤种。《危险废物污染防治技术政策》则为危险物生产过程中的存储、运输、监测、使用及处理等环节提供了详细的技术参考和设备参数。

命令控制型环境规制作为我国早期环境管制的主要手段，在工业化初期发挥了积极作用，不仅能够使日益扩张的企业部门按照统一标准从事生产，保证排放总量不超过环境容量，而且有效避免了因权力分配倾斜造成的管理部门寻租的可能。但随着污染物种类和污染形势日趋复杂，各类污染的权责界定难度加大。此类环境规制的约束性困境逐渐凸显：一是日益增加的污染排放主体及复杂多样的污染行为，加大了环境主管部门对各项污染行为进行监管的难度，尤其是对于污染物构成复杂、监测难度较大的排污行为，其耗费的监管成本已超出治理投入成本。因此，很大程度上限制了规制的有效性。二是政府强制性标准多从末端控制环节限制企业排放，并未对企业的实际生产状态进行分类指导。因此，对于排污企业特别是中小型企业而言，其为了达到增加收益的目标，往往选择更加激进的治理策略，如盲目扩大产能获取规模收益、不尊重市场需求引进新产能、向低规制地区迁移等，反而降低了生产效率。三是在强制管制下企业的精力放在了减排和污染治理上，一定程度上挤占了企业研发的投入和清洁技术的推广空间，不利于行业整体的转型步伐。四是行业规则和政府规章的审批具有一定的窗口期，造成既定标准不能有效地应对现实生产中的环保要求，需要建立更加及时的应对机制。

（二）市场激励型环境规制

与命令控制型环境规制不同，市场激励型环境规制并不明确标明污染排放标准和技术准则目标，主要是通过引入市场手段来限制生产者的排污行为，主要包括可交易许可证与庇古税等手段。具体而言可以分为两大类：一类是通过税费、信贷、专项费用等手段强制性收取企业经济产出中的环境成本；另一类是通过建立排污权利交易市场，在总量控制的前提下使用市场手段分配各企业的排污量。

虽然市场激励型环境规制仍是政府主导的行为准则，但是其将资源配置的权利让给了市场，并将选择减排方式的权利让给企业，如果市场力量能够被合理利用并得以普及，将能够弥补因政府干预过多导致的环境规制效率偏低的问题，因为它是以相对受益作为企业减少污染排放的前提。此方法不仅能够实现企业自身增长与环境保护相结合，而且能够激励排污者投入更多研发和创新成本以提升清洁生产比例，进而从长远角度帮助企业使用更加成熟高效的技术来提升产品竞争力。污染者也能够在整个生产周期中获得因技术改进而增加的收益。根据世界发达国家市场激励型环境规制的实施经验可以看出，其不仅能够降低因大规模强制监管造成的规制成本，而且能够帮助企业从源头解决污染造成的成本激增问题，鼓励企业运用新技术和新发明。由此可见，我国自改革开放以来便不断探索通过市场手段降低生态环境风险，并在一定的学习和借鉴中取得了一些成功。

我国现行的市场激励型环境规制主要是借助经济手段调节排污企业的排污成本。如政府补贴、排污权交易、征收环境税等。其中环境税是最为直接的规制手段，能够给管理和治理部门提供一定的运营成本，也不会提高企业因设备安装和技术改造的增加成本。但其缺点仍较明显：一是税率制定需要经过较为严苛的审批流程，无法顺应市场变动造成的环境治理费用变更；二是政府税率的确定具有一定风险。若税率太低将无法充分约束企业污染成本，若税率太高将使企业承担过多的治理成本，限制了企业的技术改造和转型升级。

排污权交易则是在制定环境可容纳总量的前提下，通过颁发可交易排污许可权证书，使排污名额在各企业间自由分配，通过市场力量达到环境最高收益。其优点是不需要政府象征收环境税那样确定固定的交易价格，而是由交易双方自由达成。但其前提是市场不存在垄断、寻租等不健康环境。若市场信息不公开，将因信息成本过高使排放权低价落入少数企业手中，或造成盲目提高交易成本。与此同时，排污权交易的效率高低还依赖于其原始分配，过于集中或过于分散的分配方式均会导致整体经济效率降低。

通过总结我国海洋环境规制种类和内容可以发现，命令控制型环境规制主要集中于 20 世纪，一方面是由于我国在当时尚未形成系统性的环境政策体系，亟待有更具针对性的法律手段约束临海经济对于海洋生态功能的侵蚀，法规性措施能够在短期内形成强制性效果。另一方面也是因为我国当期市场体系尚不完备，在复杂经济主体结构下很难达成有效市场功能。但随着我国在 21 世纪加入 WTO，市场化、全球化和地方化成为区域经济转型的重要推动力，环境资本能够达成更加有效的空间配置和产业配置目标，因此可以借助更多市场化手段调整环境绩效，使市场激励型环境规制的贡献逐渐增大。此外，作为典型政策手段，市场化规制策略仍需要健全法律制度环境以作保障，因此 21 世纪以来的命令控制型环境规制并未废止，而是以修订和补差为主，海洋环境规制体系更为健全。

表 5 - 4　　　　　　　　　两类环境规制代表性内容

环境规制类型	环境规制手段	相应条款
命令控制型	污染标准	海水水质标准（1982 年发布）、污水排放标准（1988 年发布）、海洋沉积物质量标准（2002 年发布）
	防护制度	水污染防治法（1984 年制定）、海洋保护区制度（1995 年制定）、休渔开渔制度（1995 年制定）
	许可证制度	废物倾倒许可证制度（1985 年制定）、渔业捕捞许可证制度（2002 年制定）、污染物排放入海许可证制度（2016 年制定）

续表

环境规制类型	环境规制手段	相应条款
市场激励型	征税	海洋工程排污费（2003 年制定）、环境保护税法（2016 年发布）、海洋工程环境保护税（2018 年发布）
	补贴	渔业油价补贴（2006 年制定）、渔业资源保护补贴（2012 年制定）、渔船改造补贴（2012 年制定）、海洋经济创新发展补贴（2013 年制定）
	使用金	海域使用权和使用金（2001 年制定）
	排污许可证交易	排污权交易（2007 年制定）

第三节 典型海洋环境规制经济分析

我国海洋环境规制以《海洋环境保护法》为核心，主要包含了命令控制型和市场激励型两种方式（具体如表 5 - 4 所示）。管制对象涉及如今涉海产业的主要生产部门。从两种类型环境规制的发布年份看，早期环境规制主要集中于通过政府强制执行措施限制资源开采和污染排放。而市场手段的出现主要在进入 21 世纪以后，特别是 2012 年以后发挥作用。与此同时，原有强制性措施也在此时期被修订或废止。说明海洋环境规制更加注重经济增长与环境稳定的双重目标。下面我们结合当今比较流行的管制方式，对可交易海洋排污权和庇古税进行总结。

一、可交易海洋排污权

可交易排污权最早是由加拿大经济学家达尔斯（Dals）在 1968 年提出，其将环境资源所有权划归社会所有，而管理权交由当地环保部门代理。代理部门可以按照环境容量制定排放总量，并将排放污染物的权利拍卖或者分发给排污企业，并制定污染物排放规则。各企业根据污染物排放需求，在遵守海洋环境资源性质的前提下，具有排污许可的企业可以自由交易，其主要思想是建立与环境性质相符的排污许可权，对具有排污权的企业颁发排污许可证，在环境排放许可容量一定的前提下，引入市场机制，可以达成环境价值的最优配置。具体解释如图 5 - 3 所示

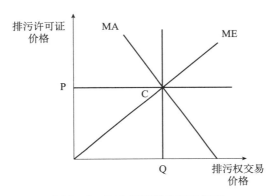

图 5 - 3　可交易海洋排污权解释

图中，横轴表示排污许可及排污水平（通常以排污量表示），纵轴表示排污权的交易价格，MAC 线为边际控制成本，也可表示企业对于排污许可证的需求，MEC 线为边际外部成本。当二者相等时，便达到了排污量的最优选择 Q，也就是政府环保部门可以颁布的排污许可总量，其单位定价为 P。由于排污许可证在发放时是通过政府管制的，因此供给价格并无变化。当排污企业的边际控制成本高于排污许可证颁布价格时，便会选择自行保留相应排污权。反之，将选择交易排污许可证。

海洋环境排污许可证制度也会对排污企业的行为进行约束。如验证排污企业是否符合产业减排准则和环境影响评价标准；验证企业运行过程中减排设施是否足量运转；对企业排放污染物的浓度、速率和含量等进行监控。其最直观的优点是，能充分调动市场积极性来达到宏观调控的最优状态，在诸多环境规制中具有较低的运营成本。需要注意的是，排污许可制度对于市场机制的依赖性要求较高，若市场力

量不能很好地处理政府部门的权利分配与企业间的充分竞争，将导致截然相反的结果。因此，此类规制具有一定的条件限制。具体要求如下：

一是排污权的分配应公平公正。由于排污许可证仅在交易时才能体现其市场价值，但环保部门在排污权企业选择时仍是根据一定条件进行无偿分配。因此，其初始定价会影响到排污权的作用效果。若获取成本过高，将造成企业垄断许可权交易；若太低则会造成污染控制效果不佳。

二是保证排污权交易的市场秩序。放开排污权交易是将其作为商品参与市场竞价。在此过程中，难免出现交易方的垄断或联合哄抬物价的行为，这就需要政府部门及时对交易的合法性和自愿性进行监管，保证市场调节机制正常发挥。

三是发挥政府部门的引导作用。环境规制的根本是保证环境保护与经济发展协调推进，仅将环境质量作为排污许可证目标将失去现实意义。因此，需要政府对企业的排污行为选择做出引导，如鼓励创新、构建平台、资源整合等，以实现经济效益的最大化。

我国已经建立较为成熟的污染许可权交易制度，但在海洋环境领域，由于欠缺充分的参考办法和实践环境，使得现行的制度并未得到较好发挥，在具体实施过程中不尽人意。具体表现为以下三点：

一是海洋倾废立法的管辖范围较小。自第一次人类环境会议以后，国际上主要的沿海国家在建立海洋倾废管理制度时，更加注重从全局角度限制污染物排放标准。相比之下，我国的海洋排污许可制度更多的是从单一污染源防治进行设定和分配，使各海域和各地区污染源的排放相互割裂，不利于总量控制。

二是污染物认定标准有待提高。与国际上海洋污染物认定标准相比较，我国在可交易污染权交易中对污染物种类的认定仍较宽泛。如《伦敦倾废公约》中指出，海洋倾废只包括部分能够自行消化的疏浚物，除沙子、淤泥等陆源雨水侵蚀类的泥土以外，其余倾废物质必须经过严格处理。而我国《海洋倾废管理条例》仅根据污染物的毒性和有害物质含量对其分为三类，达到倾废要求便可排放。

三是对海洋污染的处罚力度较低。根据《海洋环境保护法》，造成重大海洋环境污染事件、造成一定财产损失和人员伤亡的事故，均可以依法追究其刑事责任。虽然在法律层面对污染排放进行了限制，但是在执行中缺乏更加详细的处罚依据，且处罚方式仍以行政处罚为主，极易造成因地方保护造成的从轻处罚。因此，亟待出台更为详细的污染认定体系。

二、庇古税

庇古税是由英国经济学家阿瑟·塞西尔·庇古（Arthur Cecil Pigou）在其《福利经济学》一书中提出的一种环境管制政策。其理论基础是经济活动，特别是生态环境开发活动具有较强的外部性。为了消除这种因外部效应造成的污染过度问题，需要对排污企业征税或收取环境费，使负外部性内部化，以解决"市场失灵"和"政府失灵"问题。具体理论机制如图 5-4 所示。

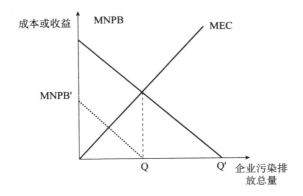

图 5-4　庇古税解释

图中：横坐标表示企业污染排放总量，纵坐标表示企业环境成本或环境收益，MNPB 表示企业边际纯收益线、MEC 表示边际外部成本线，其焦点的横坐标 Q 表示污染水平有效。在企业选择生产规模时，会追求收益最大化而扩大至 Q′位置，但当政府根据企业污染总量，需对单位污染物征收一定的污染费用时，企业会重新审视收益最大化原则将 MNPB 线向左平移至 MNPB′位置，并产生交点 Q，此时便将污染排放量及对应的生产规模设定在最有效率的污染水平上。从这个角度讲，最优庇古税便是达到最优污染水平的排污费。此时的边际外部成本等于边际纯收益。虽然庇古税能够实现环境与经济协调推进，但是由于诸多原因，如信息不对称、政府寻租等，很难达成绝对的最优税额。

我国自重视海洋环境保护以来，便普遍使用庇古税手段治理海洋环境，并在不断的探索和完善中建立起较为科学的环境税收和费用体系。但不容忽视的是，随着市场化程度不断提高，我国以政府财政为主导、以排污收费为主要形式的政策方式已经表现出诸多弊端，主要表现为以下四点：

一是污染物收费项目不完整。我国如今主要针对入海废水、废气、固体污染物等倾废收费，尚有诸多污染物没有列入收费名录。

二是收费形式不尽合理。如今实行的收费方式是以最高数额的一种污染物为标准，不符合单位配额的收费原则，易造成企业一系列避税行为。

三是排污费用大多用于地方政府的环境整治活动，既易造成区域间"以邻为壑"的污染企业布局，也不利于中央政府管制跨区域污染事件。

四是收费资金支配不尽合理。海洋环境收费中的加倍收费、滞纳金、罚款及额外标准收费均是由当地海洋环保部门使用，提高了当地企业的寻租可能，损害相关政策和法规的权威性。

第四节 海洋环境治理典型案例和经验总结

一、国外典型地区海洋环境规制案例

新西兰作为典型岛屿国家，四面被太平洋包围，拥有广阔的海洋腹地和漫长的海洋开发历史，国家多数居民均生活在海岸带地区，属典型的海洋文化国家。新西兰有着漫长的海岸线，拥有世界第四大海洋专属经济区，并能够提供年均 50 万吨的渔获潜力。这使新西兰贝类和鱼类的捕捞和养殖规模相对稳定，甚至能够提供半数以上的产品以供出口。因此，海洋环境与资源对于新西兰经济社会发展的支撑性不言而喻，也在相当长一段时间内造成了资源开采过度和环境侵害明显的问题。

从 20 世纪 70 年代开始，新西兰便开始进行海洋环境的保护工作。为此，专门成立海洋秘书处，选派自然保护部、环境部及初级产业部的部分人员作为主要成员，并积极探索通过改革渔业制度来形成对海洋环境的有效保护，相继出台了诸多海洋环境保护的政策和法规（见表 5 - 5）。

表 5 - 5　　　　　　　新西兰海洋环境规制相关信息

年份	政策法规	发布部门	相关手段
1971	《海洋保护区法》	自然保护部	建立海洋和滨海自然保护区，以便为海洋生物提供自然栖息环境
1978	《海洋哺乳动物保护法》	自然保护部	针对海洋哺乳动物实施专业保护
1986	《环境法》	环境部	专门从事环境（包括海洋环境）政策的发布和实施
1987	《保护法》	自然保护部	针对新西兰特有的海洋历史和自然资源形态，如海岸带、水产贸易、休闲捕捞和海洋生物等，由自然保护部专门负责保护

续表

年份	政策法规	发布部门	相关手段
1994	《海洋运输法》	交通运输部	在保障管辖海域和境外海域航运安全的基础上，进一步实施海洋环境保护
1998	《资源管理（海洋污染）法》	环境部	针对海岸带船舶、海岸带制造业以及居民生活产生的废水、废料及有毒物质，制定相关建议
2008	《峡湾管理法》	环境部	成立"峡湾海洋守护者"（Fiordland Marine Guardians）机构，协助管理部门监督和管理与峡湾环境有关的活动
2011	《海洋和海岸法》	司法部	以新西兰国民为保护对象，在维护居民合法权益的同时，保障海洋开发和建设有序进行
2012	《专属经济区和大陆架法》	环境部	针对专属经济区和大陆架自然资源进行统筹治理，以保证海洋环境协调开发
2014	《Kaikoura 海洋管理法》	/	突出综合管理手段，保护相关海洋保护区的海域环境及生物多样性

资料来源：宋伟亮. 沿海国家海洋保护区立法研究及对我国的启示［D］. 中国海洋大学，2015.

通过总结可以发现，新西兰海洋环境规制整体呈现出自上而下和自下而上两种管理模式。其中，自上而下管理主要依靠环境部和自然保护部，通过制定相关法律法规，对海洋环境和涉海活动进行强制性管理。在此过程中，又形成针对特殊海域和特殊部门的专项管理办法。自下而上管理则针对政府管制过程中存在的难题和棘手问题，借助民间力量，通过组建专业守护团队及特殊保护机构，激发民众环保热情。两种模式结合，形成海洋环境保护的全视角体系。

二、世界海洋环境管理方式总结

海洋作为占据地表总面积 71% 的空间载体，自人类生存以来便承载起各类经济活动，帮助人类生产生活取得了前所未有的进步。但与中国海洋经济发展相类似，世界各国在经济提升的同时，也或多或少对海洋生态造成了侵害，且大部分国家遵循环境库兹涅茨曲线发展规律。虽然发达国家在海洋环境修复和保护方面走在全球前列，但均是在完成经济结构转型之后形成的成果。而对于大部分发展中国家而言，虽然仍处于全球化和工业化转型的过渡时期，但随着全球海洋生态问题日益严峻，各国面临的内外环保压力远大于发达国家，海洋环境治理已成为现代海洋管理的重要工作。

正因为海洋不同于陆地空间，污染排放和治理投入均具有更强的负外部性。因此，在环境保护上对国家间协同水平提出了更高要求。为此，联合国将每年的 6 月 8 日定为"世界海洋日"，并将 2009 年第一届"世界海洋日"的主题定位为"我们的海洋，我们的责任"，随后各届海洋日的主题也纷纷以共同维护海洋环境为主要宗旨（如表 5 - 6所示）。

表 5 - 6　　2009—2021 年联合国"世界海洋日"主题

年份	主题
2009	我们的海洋，我们的责任
2010	我们的海洋：机遇与挑战
2011	我们的海洋：绿化我们的未来
2012	海洋与可持续发展
2013	团结一致，我们就有能力保护海洋
2014	众志成城，保护海洋
2015	健康的海洋，健康的地球
2016	关注海洋健康、守护蔚蓝星球
2017	我们的海洋，我们的未来
2018	奋进新时代，扬帆新海洋
2019	珍惜海洋资源，保护海洋生物多样性
2020	为可持续海洋创新
2021	保护海洋生物多样性人与自然和谐共生

通过历年主题变化也可以发现，世界各国对于海洋环境的重视程

度也在不断提升。主要表现为三个方面：一是对于海洋环境的认知由浅入深，从初始的简单的物质性污染治理到后期对于生物多样性的重视，综合反映出海洋环境的定义和范畴发生出的根本变化。二是关于海洋环境作用的认识逐渐由窄到宽。虽然海洋环境对于人类福祉和经济可持续发展的客观效果一直未变，但受到早期经济发展阶段和模式的限制，前期更多关注海洋绿色化治理，后期逐渐转为更为综合的可持续性和多样性发展，认定更加科学。三是关于人与海洋环境关系的认定由基础向高端转变，早期认定更多秉持经济发展与环境保护反向的思路，致使环保思路更加集中于单方面目标，随着人与自然和谐相处的理念不断提升，环境保护的策略逐渐转变为长远经济与眼前利益、环境开发与资源保护同步发展。

虽然当今世界经济尚未对海洋环境治理体系进行有效界定，各国在环境治理方面仍坚持目标导向，但相较于发展中国家，发达国家在污染治理和生态修复方面具有更加前沿系统的经验，可以帮助中国及类似国家达成更好的治理效果。

（一）完善有效的环境监测体系

在海洋环境治理过程中，环境监测是必不可少的重要环节之一，能够为环境治理提供有力的数据支持。

环境监测指运用物理、化学、生物、遥感、计算机等现代科学技术，采取间断或连续的途径对环境化学污染物及物理和生物污染等因素进行监测，确定环境质量及其变化趋势，并做出综合评价。按照监测对象划分，环境监测包括环境质量监测和污染源监测两种。环境监测工作是对环境各项指标的监测与评价，是环境治理中制定规划政策与防治措施的重要依据，是提高环境治理效率的重要保障。为探索提高环境监测数据的准确性与有效性，各国积累了诸多经验。

1. 加强技术人员的培训，设立考核机制

在智能化监测设备不断更新换代的现代社会，传统的技术手段已

不符合海洋环境复杂性的需要，若环境监测人员没有做到与时俱进，不熟悉新的环境监测工作方法，不掌握新的环境监测操作方式，必然会影响环境监测的有效性。因此，美国和欧洲等国家通过建立科学的培训机制、奖惩机制与绩效评估机制，充分调动基层环境监测人员的主动性，以提升环境监测人才队伍的整体质量。

2. 优化监测方法，实现环境数据共享

提高环境监测工作的有效性，要构建科学有效的环境监测工作体系，优化环境监测方法，提高样品采集的质量，建立原始数据信息的采集机制，达到科学化环境监测的目的。首先，应当优化样品采集的方案，制订科学的样品采集计划，明确样品采集工作的重点，根据环境保护的需要制定环境监测的工作目标与实施方法，保证能全方位和重点采集环境数据信息。其次，应当加大原始数据信息的采集力度，详细记录样品采集的环境、状态、方法，建立全员参与的岗位职责落实机制，保证样品采集的质量，为后续工作提供有效的数据支持。最后，应当优化采集样品的程序，规范样品采集流程，做到每一环节科学合理，达到全面有效监测的目的。

在环境监测过程中，不仅要优化监测方法，获得科学准确的环境数据，还要进一步构建环境数据共享机制，提高环境监测效率。当前环保部门大多采用相关项目的监测数据和历史监测数据，但在具体的环评项目实施过程中情况较为复杂，需要综合分析长期历史数据。在实际工作中，由于现实情况的复杂性，往往会降低数据要求或是反复利用已获取到的数据，但这一行为无疑降低了数据的有效性与科学性。因此，各部门之间应构建环境数据共享体系，统一发布国家环境质量、重点污染源监测信息以及其他重大环境信息。

3. 建立科学的环境评价与监督体系

基于准确有效的环境监测数据，需进一步展开环境评价工作。考虑到实际环境评价工作中需执行的步骤较多，且各个步骤之间存在紧密的联系，同时在实际工作开展中，其涉及的各个部门之间也有紧密的联系，因此各国特别注重部门之间的有效协作和配合，以确保环境评价工作中每一步骤都能够落到实处，保证确保环境评价工作的准确性和有效性。通过加快构建科学的环境评价体系，能为环境监测工作的顺利开展提供保障。

（二）统一的陆海统筹引领体制

1. 完善的生态补偿保障机制

生态补偿机制是海洋生态环境保护的重要举措，是解决海洋环境困扰的主要调控策略。国外已经形成了与生态补偿相配套的治理体系，其中欧盟、日本和美国等发达国家和地区在陆海统筹方面的经验值得我们借鉴。以美国为例，美国是名副其实的海洋大国与强国，其海洋开发起步较早，因此海洋生态环境问题也最早暴露。早在二战时期，美国就开始开发和利用海洋资源，但他们同时也关注海洋的生态环境问题。美国在海洋环境被破坏的起始就开始注重海洋立法、执法、规划和战略行动制定、管理体制的完善、科技创新、人才培养以及区域合作等。因此，美国在海陆环境治理中可以统筹兼顾，共同发展。

陆海系统中的环境补偿是自然发展中客观存在的规律，政府管理应该在部门协调互助机制和技术网络整合等方面发挥优势，通过遵循公正公平、按需推进的原则，有效平衡陆海环境治理过程中的协作需求，制定符合中国海岸带陆海环境统筹治理需要的路径。

2. 规范完备的法律支撑体系

海陆环境统筹治理和生态补偿机制的构建和推进需要法律作为支撑。欧洲国家最早意识到法律的重要性，1974 年，欧洲波罗的海沿岸的诸多国家就在赫尔辛基共同签署《保护波罗的海区域海洋环境公约》（简称 HELCOM）。公约作为一部经典的海洋协作保护法，既参照了国际工业的思想和规范，又充分考虑了当时沿岸各国实际情况。随后各国纷纷仿照公约制定了诸多法案，如欧洲的《巴塞罗那公约》，美国的《海洋与海岸带法》以及日本的《濑户内海环境保护特别措施法》等。我国应从法律上落实海陆环境治理，让企业、各部门有章可依，有章可循，强化对海陆两地环境的治理。

3. 市场主导下的政策管理手段

西方国家在海洋环境治理方面建立了较为完备的政策体系，但始终尊重市场调控在环境补偿、收益分配、要素流动中的作用，政府部门在其中主要起到产权界定、责权划分和信息共享的作用。创建市场主要是基于科斯定理的思想，即通过界定资源环境产权、建立可交易的许可证和排污权、建立国际补偿体系等途径，以较低的管理成本来解决资源和生态环境问题。欧洲一些国家以及日本通过了解企业的现状及不同时期海陆被污染状况，针对不同的环境问题采用不同的市场性政策工具，结合政府政策与市场引导性政策对企业及相关部门采取不同的措施。针对我国海洋空间辽阔，海域污染复杂等问题，可以参照国外经验，赋予地方政府更多的管理自主性，使地方治理政策与当地实际更加配套。我国近些年也在部分地方实行了相应探索，例如青岛市进一步严控污染物排海总量，实行"一湾一策"和清单式管理，统筹推进海陆污染治理，推动湾长制取得新成果。但总的来说，我国与发达国家相比政府与市场的关系仍需进一步明晰和区分。

三、海洋环境治理典型案例——宁波梅山湾海域

梅山湾位于浙江省宁波市北仑区东南部，介于北仑陆地与梅山岛的中间，其所处的梅山街道曾经是一座以沙地西瓜和海盐为主导产业的贫瘠性小岛。2008 年，其被国务院批准为宁波梅山保税港区，成为继上海洋山保税港、天津东疆保税港、大连大窑湾保税港、海南洋浦保税港之后的中国第 5 个保税港区。在新的产业定位下，梅山湾充分发挥自身港口的天然泊位优势，逐渐壮大港口服务功能，培育出集装箱吞吐量超 220 万标箱的国际化港口。

在产业更新的同时，梅山湾逐渐实施管理体制改革，并于 2015 年完成撤乡设街道的区划调整任务，并成立以梅山岛为中心的宁波国际海洋生态科技城，在巩固港口优势的同时，积极引入旅游、科教、研发等高端海洋生产技术，以不断深化物流、贸易等关联产业的服务能级。

梅山湾作为长三角区域的代表性湾区，在开发和建设的过程中，近岸海域极易遭遇陆源污染的侵蚀，尤其是梅山湾周边工业化和城镇化水平较高，与海洋资源环境相关的经济与社会活动也较为密集。梅山湾作为港航运输的天然良港，是世界吞吐量第一大港宁波—舟山港的主要空间载体，大量船舶的停靠和运输，给岸线环境开发造成的压力也在日益增大。

作为工业开发和农业种植养殖较为发达的地区，每年流入梅山湾中的营养物质均超过海洋消化自净能力，再加上梅山湾天然屏障使流经湾区的海水流速迅速降低，导致携带大量泥沙和营养物质的东海海水在南北堤周边堆积，且当地较为合适的阳光、温度和盐等条件有助于藻类繁殖，最终导致湾区赤潮灾害时有发生。如 2018 年 8 月发生的赤潮现象检测出具有麻痹性贝毒的链状裸甲藻，密度达到 5.8×10^5—3.2×10^6 个/升，高出赤潮生物密度的 5×10^5 个/升的判定标准，并伴随了泡沫和死鱼现象，给当地生产生活造成了较大的损害。

随着当地政府更加重视对海洋环境的保护和修复，并采取一系列水域治理综合举措，梅山湾水质显著好转。2019 年湾区并未发生赤潮和其他类型水质污染问题，且水质始终保持在Ⅱ类判定标准，因此梅山湾水道被评为中国水利工程最高级别奖项"大禹奖"，在含沙量较高的东海成为为长三角地区唯一的蓝色海湾。其主要治理方式可以概括为四点：

（一）发挥智力治理赤潮

梅山岛虽为地处东海沿海的中小型岛屿，但湾区海域的海水体量和水面面积均较大，且周围涵盖了滩涂、沙滩、树林、河流、城镇、工厂等多种生产生态形态，导致在梅山湾发生的赤潮现象更具复杂性和动态性，因此需借助更加专业和系统的管理力量对其进行监督和治理。

在充分分析梅山湾海域及周边城镇布局、产业定位、自然资源分布及各类规划的基础上，当地聘请专业院校和研究团队研究制订蓝色海湾示范工程的实施方案，并通过实地考察、水质抽样等方法，提出针对梅山湾系统应该在生态修复和方面的治理重点，并针对海域状况提出在动植物和微生物上对海域水质进行治理。

（二）提升环境治理综合性水平

针对海域管理存在诸多权责不清和惩罚不明的情况，当地制定了《梅山湾海域保护与管理办法》，为海域综合治理提供了法律保障。在管理主体方面，成立了专门的梅山湾海湾专项工作领导小组，涵盖了北仑和梅山两级政府中的环保、航运、水利、旅游和海事等多个部门，能够掌握或协调湾区污染事件所有的管理权限，并健全了湾区内部海域监管、行政执法、安全生产、灾害处置等在内的协调机制。

（三）发挥现代技术的管理优势

加大水质日常监测力度，形成常态化监测机制，实现了湾区水质至少每天一测，并在重点时间加大监测密度，同时设立全日不间断的监测点位，准确及时地获取梅山湾内水质动态；聘请专业研究机构，建立赤潮预警模型，发挥信息技术的时效功能，搭建预警发布软件，实现全时段监督。

通过调整水位调度方法，以少量多次为原则，保证每次换水的高度保持在 30 厘米左右，坚持运用"北进南出"或"北进北出"的水体调度方向，即能避免水体泥沙的快速堆积，也能保证盐度过度变化，使梅山湾水域的水体调度更加科学；积极发挥卫星云图、雷达图等对气象变化和潮位高低等的预判作用，在确保防洪防灾的基础上最大限度减小降雨淡水对海域水质和盐度的影响，保证湾区内生态环境在可持续控制范围之内。

（四）注重源头污染治理模式

当地组织编制了《梅山湾蓝色海湾示范工程建设管理工作大纲》，并将其作为海湾环境治理的纲领性文件，并在水质治理中坚持"截污截淡 + 生物生态治理"的根本途径。

一方面实施疏堵结合的一系列举措，启动建设梅山湾周围包括梅中社区新河工程、梅山大河三期工程等在内的六项水系外排疏通工程，通过引流，阻挡梅山岛内水体直接排入梅山湾。与此同时，推动建设干岙水库，使来自梅山湾上游的淡水能够有效截流，避免生产生活产生的污水流入湾区。

另一方面清退陆域污染源，尤其是减少湾区周边农田面源污染的渗透，逐步推进钟家塘约 400 亩海水养殖塘的退塘还田进程；迁建春晓污水处理厂，最终实现污水厂的尾水不入湾。

第五节　我国海洋环境规制强度的时空演化特征

根据前文分析可以发现，不同形式的海洋环境规制在环境政策体系中的作用呈现出动态变化的过程。区域经济和环境在不同的组合效果下呈现出不同的演化路径。因此，在研究两种效应之前，需结合实际，对不同类型环境规制的强度演化进行界定。

一、指标选取和数据来源

根据文献综述发现，由于环境规制是作为政府管制政策的一种制度性手段，因此，很难找到精准数据将其准确表达，需要从不同角度借助代理变量参与计算。最为流行的方法主要有五种：一是通过社会水平类指标间接反映环境规制强度。此类指标多出现在数据获取性较弱的早期研究。二是根据部分污染物的排放浓度间接反映环境规制强度。这类指标多用在环境规制污染治理效果评价中。三是统计政府制定或执行环境规制的频率及强度。如检测企业污染物的次数、征税方法、发布政策的密集程度等。此类方法虽能直观表现出政府对环境政策的重视程度，但界定过程具有较大主观性，对综合性法律及行业专项法规无法加以区分。四是采用政府环境治理直接投入规模或强度作为度量指标。此类指标能够较好反映出在环境治理投入方面的努力水平。五是侧重于从企业层面选取较为普遍的指标，对某一行业的环境规制进行度量。如将企业生产投入中治理环境的比例作为替代指标。相较于其他指标，此类指标能够更加具体地反映出不同行业环境政策的执行效果，度量更具针对性。

不同学者根据研究目标和研究对象实际情况对环境规制进行了界定。学界和理论界对不同类型环境规制存在不同效果的情况达成了共识，因此多根据核心议题采用单一指标进行界定和研究。虽然我国现行环境政策较为丰富，但结合现有研究的划分标准，主要集中于环境开发门槛控制和污染排放规模控制两种。自愿参与型规制手段虽然逐渐流行，但政府调整环保策略的自主性和空间受到较多局限，在达成经济目标方面尚未形成显著效应[1]。因此参考李斌和彭星[2]、高苇等[3]的研究思路，本书分别选取命令控制型环境规制（ER1）和市场激励型环境规制（ER2）参与计算，其中命令控制型环境规制主要反映政

---

① 赵玉民，朱方明，贺立龙. 环境规制的界定、分类和演进研究 [J]. 中国人口资源与环境，2009，19（6）：85 – 90.

② 李斌，彭星. 环境规制工具的空间异质效应研究——基于政府职能转变视角的空间计量分析 [J]. 产业经济研究，2013（6）：38 – 47.

③ 高苇，成金华，张均. 异质性环境规制对矿业绿色发展的影响 [J]. 中国人口资源与环境，2018，28（11）：130 – 161.

府通过强制性手段，根据污染排放程度对海洋污染企业做出的直接约束行为，其中污染处罚和治理投资是最为常见的调控手段，因此选择单位废水排放量的污染治理投资额作为代理变量，而市场激励型环境规制是借助市场信号对企业的环境开发意愿进行调整，在市场激励中将污染成本定价转化给企业，环境约束越大将导致开发门槛越高，因此选择单位面积确权海域的海域使用金表示。考虑数据的有限性和可比性，本书主要对 2006—2017 年沿海省（市、自治区）总体和区域海洋环境规制强度进行测算。为了达到对比效果，按不同种类将各地环境规制强度进行标准化处理。相关数据来源于 2007—2018 年《中国海洋统计年鉴》《中国环境统计年鉴》《中国统计年鉴》和《中国城市统计年鉴》。

二、全局演化分析

图 5－5 显示了 2006—2017 年命令控制型环境规制和市场激励型环境规制的强度演化过程。总体而言，两类环境规制呈现完全不同的演化过程。规制体系从早期的过度依赖于政府强制性政策逐渐转向强制主导与市场参与并存。

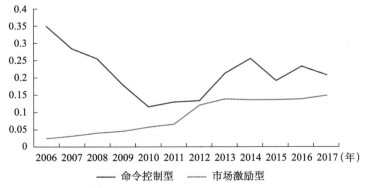

图 5－5 2006—2017 年命令控制型和市场激励型环境规制强度变化

命令控制型环境规制的强度经历了从快速降低，到稳定提高，再到波动较大的演化过程。其中 2006—2010 年下降趋势明显，标准化后的强度从 0.347 降至 0.116，降幅达到 66.6%，说明此阶段政府在强制性环境政策方面逐渐放低执行标准。随着海洋经济在区域经济增长中的主导性逐渐增强，各地在发展海洋经济过程中认为可以将其作为良好的环境容纳地和资源供给地。再加上此时期沿海地区与国际市场的参与度较高，需要依赖于低廉的要素资本价格和环境成本吸引更多外资，以占据区域经济竞争的主导地位。因此，都自发降低了污染执行标准。但随着国际经济危机造成全球市场萎靡，高消耗和高排放产品已经不再具备满足市场规模需求的条件，导致传统发展模式下的生产竞争力下降。资源环境依赖性较强的地区遭受的冲击更大，各地也纷纷意识到，单纯控制要素成本很难抵抗国际投资市场和消费市场波动造成的冲击。因此，逐渐加强对于环境的管理力度，力求通过环境约束达成经济转型目标，直至 2014 年环境规制强度升至 0.255。2014 年以后，随着海洋生态红线制度的逐步完善，各海域在环境标准设定上有了更具强制性的决策参考。与此同时，对《海洋环境保护法》等国家和地方性法规的修改工作全面展开，使得对于海洋排污的强制性标准更加明晰。在一系列监督与检测机制作用下，以政府为主导的命令控制型环境规制变化有所收敛。

　　与命令控制型环境规制相比，市场激励型环境规制的变化更加稳定，且呈现稳定提升趋势。2006—2011 年强度得分从 0.025 提升至 0.066，增幅达到 164%，这主要归因于强度基数较小。随着沿海地区产业布局日益紧张，以海域开发为代表的空间经济建设开始流行，我国大量的海域使用需求对沿海地区生态平衡的威胁开始显现，滩涂、海湾等生态功能降低。与此同时，海域管理部门为了达成经济收益，并未采用科学合理的方法进行大量围填海海域开发，一定程度造成海域使用效率较低，导致市场调节海域价值的作用被削减，海域使用收益被限制。而随着国家和各地意识到强制性政府措施和粗放式海域管理既无法保证经济可持续增长，又给海洋渔业等造成了巨大损耗，也使得海洋环境污染压力增大。因此各地逐渐控制海域开发规模和强度，在市场调节机制作用下，海域使用价格快速提升，至 2013 年增至 0.138，强度增加 0.072。2014 年以后，在一系列海域使用政策和法规的指导下，各地纷纷制定海域空间功能区划，进一步明确了海域使用功能和强度。再加上环境管理体系更加依赖于通过市场参与性达成产业更新的目标。因此，在经过不断完善管理体系之后，环境规制强度逐渐趋于稳定。

三、局部对比分析

根据总体演化特征，本书代表性地选取 2006 年、2011 年和 2017 年沿海省（市、自治区）的环境规制强度数据，借助 ArcGIS 10.2 的 Jenks 自然断裂点分级方法进行分级，从时空演化的角度对两类环境规制的强度变化进行区域对比，结果如表 5 - 7 和表 5 - 8 所示。

表 5 - 7　　2006 年、2011 年和 2017 年大陆沿海省（市、自治区）命令控制型海洋环境规制分级

分级结果	2006 年	2011 年	2017 年
辽宁	高等级	较低等级	较低等级
河北	较高等级	高等级	高等级
天津	较低等级	较低等级	较低等级
山东	较高等级	较高等级	较低等级
江苏	较高等级	较高等级	较高等级
上海	低等级	低等级	低等级
浙江	较低等级	较低等级	较高等级
福建	较低等级	较低等级	较高等级
广东	低等级	低等级	低等级
广西	高等级	高等级	高等级
海南	低等级	较低等级	低等级

表 5 - 8　2006 年、2011 年和 2017 年大陆沿海省（市、自治区）
市场激励型海洋环境规制分级

分级结果	2006 年	2011 年	2017 年
辽宁	高等级	高等级	高等级
河北	较高等级	较高等级	较高等级
天津	低等级	低等级	低等级
山东	高等级	较高等级	较高等级
江苏	低等级	低等级	低等级
上海	较低等级	较低等级	较低等级
浙江	低等级	低等级	低等级
福建	低等级	低等级	低等级
广东	低等级	低等级	低等级
广西	低等级	较低等级	较低等级
海南	低等级	较高等级	较高等级

从分级结果看，命令控制型环境规制存在较为明显的区域差异。
说明地方政府在制定强制性环境规制时，表现出较强的自主选择性。
2006 年环境规制强度从高到低分级的省（市、自治区）数量分别为
2 - 3 - 3 - 3，等级分布较为均匀。其中辽宁和广西规制强度最高，河
北、山东和江苏属于第二等级，天津、浙江和福建属第三等级，上
海、广东和海南则属于强度最低等级，总体空间分布呈现由北向南递
减趋势，说明此类环境规制存在较为明显的空间模仿行为。强度较高
的省份多属于重工业或农业比重较大的地区，既定发展路径下的海洋
经济模式对于环境的侵害较为明显。为了避免海洋环境问题过分突
出，此类地区执行环境标准更加严厉。而长三角和珠三角等沿岸省份
作为国家外贸经济的重点区域，需要制定更为灵活的环境治理标准，
以吸引更多国内外产业投资，扩大再生产投入能力。这也是此类区域
海水质量问题最为突出的原因。2011 年各等级环境规制强度的区域
数量分别为 2 - 2 - 5 - 2，地区间规制强度更加集中。结合总体变化
规律，部分地区在环境管理方面的放松趋势更为明显。其中辽宁降幅
最大，在产能过剩对区域经济造成冲击的情况下，采取放低环境成本

的方式扶持地方企业，并未能扭转经济结构造成的经济损失。此外，海南和河北分别升高一级，此类地区的环境管理体系尚不稳定。2017年各等级环境规制强度的地区数量分别为 2－2－4－3，浙江省升至第二等级，山东省降至第三等级，海南省则降至第四等级。在不断调整产业模式过程中，政府环境政策也在相应调整，总体空间分布向"中心—外围"态势转变。

相较于命令控制型环境规制，市场激励型环境规制的极端分化现象更为明显。2006年按规制强度从高到低分级的区域数量分别为 2－2－1－6。渤海海域作为半封闭式海域，具有更加稳定的围填海和岸线开发基础，渔业经济和海洋工程建设等对于海域开发使用的需求相对更大，因此成为海域使用强度最高的地区，其规制强度也相对较高，说明市场机制在调节海洋使用价值方面的作用较为明显。2011年，环境规制强度从高到低分级后区域数量分布为 1－3－2－5，仅广西提升至第三等级，山东降低至第二等级，2017年，各地区的等级分布也未发生变化，说明此阶段各地区在使用市场调节海洋环境方面的情况相对稳定，与总体变化趋势相一致。

本章在梳理我国环境规制发展历程的基础上，对海洋环境规制的特点和种类进行归纳总结，并结合我国海洋环境政策特点，对命令控制型和市场激励型两类环境规制进行了时空演化分析。

结果显示，两类环境规制均在金融危机前后表现出差异化演化趋势，命令控制型环境规制仍是我国主要的环境管理方式，但强度波动较大，且区域间的等级分布明显，市场激励型环境规制的强度经历了稳步提升的趋势，区域间呈现为两极分化态势。

第六章 环境规制与海洋经济增长的
总量匹配

我国自改革开放以来实行的经济管理体制改革，极大地提升了政策配置效率，使得以往政策执行中的计划因素被极大削弱，转而更多考虑区域经济社会的差异化问题，环境规制的区域差距也随之变得明显。随着近年来因经济发展造成的环境问题日趋严峻，中央和地方在环境治理方面，纷纷采取以兼顾经济发展与环境保护为导向的管理措施，其重点领域设定和决策手段选择均涵盖了地方在经济效果和环境效果等方面的重点意愿。虽然在发展初期出现了诸多经济与环境不均衡的问题，但随着"绿水青山就是金山银山"等生态发展理念的不断普及，环境规制正向公平有效的方面发展。下文通过数据归纳和散点拟合对我国环境规制在海洋经济和海洋环境等不同层面的效果进行总结，并综合经济效应与环境效应对环境规制的效率进行评价，以此判定二者是否能够良性匹配。

第一节　环境效应分析

一、海洋生态环境基础

我国是一个海洋大国，管辖海域位于太平洋西岸，海域空间辽阔，海岸线漫长，岛屿众多，具有丰富的海洋物种和资源储备。从生物多样性、生态系统多样性和遗传多样性来看，海洋构成了我国典型的环境宝库：以18000千米海岸线为基础，享有主权和管辖权的内海、领海、专属经济区面积约300万平方千米，其中内水、领海面积38万平方千米，专属经济区、滨海湿地面积200多万平方千米，且有6900多个岛屿，面积超过500平方米（不包括海南岛和台湾、香港和澳门的岛屿），此类岛屿海岸线长达14000千米。从海洋生物资源的规模和种类上看，拥有各类海洋生物2.6万余种，其中浅海和滩涂鱼类3000余种，生物资源2257种，且涵盖了世界上大多数海洋生态系统类型，包括红树林、珊瑚礁、海草床、盐沼、海滩、岛屿、海湾、河口、潟湖等。良好的海洋生态系统为我国社会经济的发展提供了必要的空间和资源环境条件，但是也一定程度上反映了我国环境管理的复杂性。

我国海洋环境状态及演化表现出明显的海域差异，主要与各海域资源禀赋及沿岸经济状态不同有关。渤海、黄海、东海和南海是我国管辖的四大半封闭海域。海洋生态系统具有明显的区域性和封闭性特征，且海域内部海洋生物中有众多稀缺本地物种，经济效用极高。这也是导致海域极易遭受人类发展活动干扰和破坏的主要原因，给海洋生态系统和生物多样性造成了较大威胁。因此，相同的执行办法可能在不同区域形成差异化环境结果，因此需结合区域环境特征进行综合判断。

渤海位于中国内海的最北端，是整体生态格局中连接三大盆地和外海的枢纽。渤海沿岸河流众多，形成了包括辽河河口、黄河河口、海河河口三大水系和莱州湾、渤海湾、辽东湾三个海湾的半封闭陆海环境系统。渤海湾浅水区营养丰富，生物多样，是经济鱼类、虾蟹的产卵场、苗圃和饲养场。同时渤海湾湿地生物种类繁多，主要有芦苇、青葱、碱蓬、山前草和藻类等，另有鸟类 150 多种。

黄海是西太平洋的边缘海之一。其入海口较多，包括朝鲜半岛的淮河、碧流河、鸭绿江、汉江、大同河、青川河等河流。此外，诸多大型河流携带泥沙和营养物质在河口堆积，形成了诸多大片的滩涂和湿地，鸭绿江口湿地、黄河三角洲湿地、苏北浅滩湿地等滨海湿地生态系统均分布于此。江河入海口湿地凭借丰富的营养含量，孕育了自身独特的生物体系，包括从浮游生物到鱼类再到鸟类等多种生物，资源规模均较为客观。此外，黄海跨越维度较长，其中南部深水区成为黄渤海主要经济鱼类的越冬场。

东海是长江、钱塘江、闽江等河流的入海口，不仅拥有中国最大的河口生态系统——长江口生态系统，而且是中国海湾生态系统的集中地。东部海域渔业资源丰富，有 800 多种渔业种类。其中浅滩渔场、闽南渔场和舟山渔场均是我国著名的渔业养殖基地，其捕捞量占到了我国海洋渔业总产量的 50%。

南海作为中国唯一的热带海洋，是海洋生态系统类型最为多样的海域，近岸包含红树林、珊瑚礁、滨海湿地、海草床、岛屿、海湾等多种典型的海洋生态系统。其中红树林资源尤其丰富，作为全球红树林分布中心之一，现拥有 46 种真红树林，物种多样性在世界上属最高水平。此外，南海总体生物物种多样性水平也较为丰富，拥有 50 多种海藻，以及鱼、虾、蟹、软体生物等，分别占据种类总数的 67%、80%、75% 和 76%。在珍稀海洋物种方面，海域内分布有中华白海豚、绿海龟、棱皮龟、玳瑁、文昌鱼、马蹄蟹、鹦鹉螺等多种珍稀物种，另有汤冠罗、巨蚌、大珍珠母壳等珍稀濒危物种。

通过对比可以看出，我国四大海域不论在生态功能还是在生物功能上均具有各自独特优势，也为当地优势经济提供了重要禀赋支撑。但是，在长期资源环境指向型经济影响下，沿海区域经济和涉海产业的快速提升，如涉海产业布局、人口快速增长、城镇化水平提高、陆海空间使用等，均对沿海的海洋生态系统构成了严重威胁[①]。具体而言包括三方面内容：

一是海水污染特点显著。在经济全球化和世界经济一体化的背景下，我国加大海洋资源环境开发步伐，极大改善了国民经济与社会水平。但与此同时，海洋环境也受到了不同程度的破坏，且主要污染物与国家经济结构及区域经济发展方式呈现较强拟合。如渤海湾区域油气资源丰富，在开发过程中除开采产生的废气和废水对海洋造成污染以外，时有发生的溢油事件对于海洋生态环境的影响更具有面积广和时间跨度大等特点，在排出大量有毒物质的同时，也降低了海水的氧气更新能力，使海洋生物种类日趋减少。

---

① 王泽宇，孙然，韩增林. 我国沿海地区海洋产业结构优化水平综合评价 [J]. 海洋开发与管理，2014，31（2）：99 – 106.

二是近岸工程、养殖废水污染、河口淤积和海岸侵蚀等较为严重。改革开放以来，海洋渔业养殖业的迅速发展带动了海洋养殖场数量的不断增加，渔民生活垃圾量也随之增多。这些污染物在沿岸沉积需要经历数十年甚至数百年的时间才能降解和消化。此外，渔民将不经处理的废水直接排放入海中，造成部分海域环境质量快速下降，鱼类大量死亡，造成巨大产业经济损失。近岸工程和岸线开发在经历了四次建设大潮之后，道路、堤坝、港口、酒店等对于岸线功能的损害同样较为严重，原有生物涵养和水体防撞功能被弱化，使岸线侵蚀失去天然屏障。此外，由于一些湾口和滩涂围海造地严重，许多经济鱼虾类动物的产卵场和育幼场遭到破坏，溯河性鱼虾资源生境恶化，产量大幅度下降。内陆地区虽然未对海洋环境造成直接影响，但由于长期靠河生存，河流携带大量污染物在流速放缓的河口堆积，河口海域产卵功能严重退化，部分动物产卵地正在逐渐消失[①]。

三是海洋赤潮灾害频发，海洋生态环境脆弱。海洋本身具有一定程度的自净能力，但随着海洋环境破坏速度加快，其自净能力将无法弥补生态损害。当原有生物无法充分吸收海中多出的营养物质时，就会暴发赤潮等海洋灾害，不仅给人类的生产和生存带来巨大威胁，而且会抢占其他海洋生物的生存空间。根据中国环境保护局监测的结果，锦州湾、长江口、珠江口等6个河口的海水水质处于不健康状态，且均为赤潮高发区域，使得生物群落结构异常，海水富营养化严重，生境丧失，同时也会造成港口淤积、航道萎缩、海岸侵蚀等影响。

通过总结可以发现，我国临岸地区海洋环境依然存在严重问题，不论是生物多样性降低还是经济功能损失，其主要原因仍是长期经济增长路径下的对于海洋环境的不当使用造成的。因此，单从总体状况无法反映出我国海洋环境的整体变化趋势，环境规制对于海洋环境的影响需要从时序对比视角进行评价。

---

① 高乐华，高强. 中国沿海地区生态经济系统能值分析及可持续评价 [J]. 环境污染与防治，2012（8）：86－93.

二、全局演化分析

根据我国海洋环境总体变化趋势可以大致了解出海洋经济增长造成的环境损害能力。受海洋物种高度迁徙、海洋环境复杂多样性和人类生产生活高度集中的影响，临海海域和海岸带成为我国生态环境问题最为集中和突出的区域。"十三五"以来，海岸带地区承纳的陆源污染物入海量年均达千万吨级以上，全国约15%的入海河流断面为劣 V 类水质，约10%的海湾水体富营养化严重，约42%的海岸带区域资源环境超载。与20 世纪50 年代相比，我国滨海湿地面积已经累计丧失65 万公顷，自然岸线已不足40%。近海优质渔业资源量减少近一半，近岸典型生态系统80%以上处于亚健康或不健康状态。这说明在使用海洋、开发海洋过程中，人类活动造成的污染排放强度整体上明显增加，海洋环境管理面临的问题更加严峻。

但根据2018 年版的《中国海洋生态环境状况公报》，我国海洋生态环境状况近些年呈现不断转好态势，环境规制在整体海洋环境治理方面取得一定成效。管辖海域面积中符合第一类海水水质标准的海域面积达到96.3%，较往年有较大幅度提升。其中污染物主要分布在渤海海域的辽东湾、渤海湾、莱州湾，长江口和杭州湾周边的江苏沿岸和浙江沿岸以及珠江口区域，以无机氮和活性磷酸盐为主要超标污染物。这说明环境规制对于经济集聚区等重点海域的环境治理效果仍有待提高。

海水水质是评判海洋污染严重性最直接的指标，各类污染水质直接体现了不同使用功能和保护目标的海域实际污染情况，也可以通过短期时序对比更为直观地反映出环境规制对于海洋环境的治理效果。最新修订的《海水水质标准》将海水水质分为四种类型：第一类水质标准主要针对海洋渔业、海上自然保护区和珍稀濒危生物保护区等；第二类水质标准主要针对水产养殖、海水浴场和人体能够直接接触海水的海上运动与娱乐区，以及与人类食用有关的工业用水区；第三类水质标准主要针对一般的工业用水使用区和滨海风景旅游区；第四类水质标准主要针对海港和海洋开发区域。针对不同海域的环保要求选取包括 pH 酸碱度、漂浮物、化学元素、溶解氧和放射性核素等在内的 35 种检测指标进行检测。

由 2006—2018 年各类水质海域面积变化情况（见图 6-1）来看，虽然我国采取了多种海洋环境规制措施，但污染海域面积仅在近些年才得以改观。根据近些年公布的《中国海洋环境状况公报》，2006—2018 年我国未达到一类水质海域的面积在 10 万平方千米到 18 万平方千米之间，其变化趋势呈现较大波动态势。其中 2010 年和 2012 年超过了 16 万平方千米。从 2015 年以后，随着不断加大对地方环境的监测与监督，以及陆地河长制和湖长制的普及，一系列环境政策的执行使海洋作业和陆源污染对海洋环境质量的影响逐渐降低，海水污染海域面积逐渐缩小。但需要注意的是，近年来减少的污染海域主要是第二类水质，四类及劣四类水质的海域面积减少幅度较小，说明在重点生态敏感地区的管制效果较为突出，但在人类活动密集区尚未达到更为有效的效果。根据我国海洋环境规制强度变化趋势，可以说明早期环境规制并未形成明显的环境效应，后期虽然环境规制强度提升幅度不大，但海洋环境改善进程更为稳定，说明环境规制在调节环境目标方面更具合理性。

海水富营养化是判断海域污染状况的另外一项重要指标。其主要反映海水水体中氮、磷等营养盐物质超标导致的污染现象，污染源包括生活污水排放、农田化肥物品及排泄物、部分工业排放物及海洋渔业养殖排放物等，是海洋赤潮发生的主要原因。随着近些年海水富营养化及赤潮现象频发，进一步激发了各地从陆海整体角度来控制海洋环境质量。从 2011—2018 年我国各类富营养化海域变化情况看（见图 6-2），富营养化面积总体也是呈现由波动向稳定下降变化。其中 2011—2015 年各等级变化幅度较大，环境规制的效果不尽稳定，

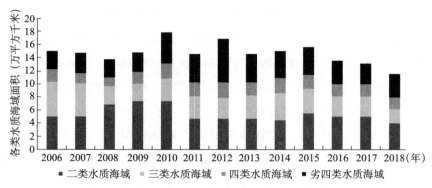

图 6 - 1　2006—2018 年各类污染海域面积变化

资料来源：生态环境部 . 2006—2018 年中国海洋生态环境状况公报 .

2015 年以后快速下降，至 2018 年富营养化面积为 56680 平方千米，较 2015 年下降近 30%，但从各等级海域面积变化可以看出，中度营养化和重度营养化面积分别为 17910 平方千米和 14180 平方千米，与往年相比变化不大，且主要集中于渤海湾、辽东湾、长江口、杭州湾和珠江口等区域，说明在重点经济区域更应加强环境规制对海洋环境的管控。

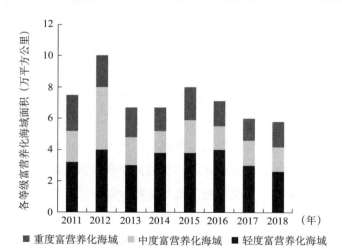

图 6 - 2　2011—2018 年各等级富营养化海域面积

资料来源：生态环境部 . 2006—2018 年中国海洋生态环境状况公报 .

受限于经济活动的空间依赖性，陆源污染仍是我国海洋环境污染的主要来源。具体污染物方面，根据 2018 年直排海污染物监测结果来看（见图 6 - 3），悬浮物和总磷的超标排污口比重最高，超过 13%，氨氮、总氮、化学需氧量和粪大肠杆菌群等也是陆源直接排海中超标排污口较多的地区，超标排污口比重均超过 5%，铜、氰化物和色度的超标率最低，不足 1%。由此可见，超标率较高的污染物涉及的经济活动在沿海地区均较为频繁，临海重点产业仍是环境规制治理的重点。

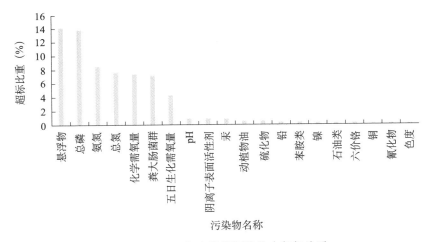

图 6 - 3　2018 年直排海污染物中超标比重

资料来源：生态环境部 . 2018 年中国海洋生态环境状况公报 .

从污染源的变化也可以反映出环境规制在各生产领域的管制效果。2018 年我国陆源直排海污染包括工业污染、生活污染和综合污染三种，共排放污水 866424 万吨。其中综合排污口不仅排污水量最大，而且污染物排放量也最大。从图 6 - 4 可以看出，化学需氧量、石油类、氨氮、总氮、总磷、六价铬、汞和镉等污染物的排放比重均超过 60%，主要与这类排放方式受到政府监督治理的概率较低有关。工业污染源排第二，其污水量比重达到 44.7%，化学需氧量、石油类、铅等污染物排量超过 20%，整体上在工业污染控制方面具有一定成效。

生活污染排放中镉的比重达到 31.6%，主要与化石燃料燃烧及农作物施肥过量有关。以上数据说明我国环境规制更集中于关注对特定领域，特别是工业领域污染源的控制，且规制对象更多向工业企业等特定污染源靠拢，因此对于整体海洋环境的系统性控制不尽完备。

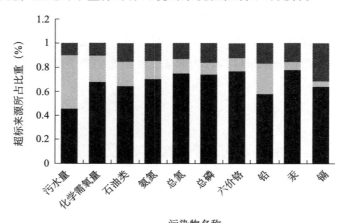

图 6 - 4   2018 年各类超标污染物来源比重

资料来源：生态环境部.2018 年中国海洋生态环境状况公报.

通过对总体环境效应的分析可以得知，我国环境规制对于海洋环境的改善力度整体呈现向好态势，尤其在重点污染源方面的控制具有较大改观。但由于海洋污染源复杂多样、污染物种类繁多、污染物空间分布相对集中，现有环境规制体系仍存在较多问题，如需进一步控制经济重点区域的污染量，污染源控制的针对性有待提升，重污染海域的治理仍需加强等，环境规制的整体环境效应具有较大提升空间。

三、区域对比分析

由于各海域的经济发展方式和环境使用方式不尽相同，因此，可以通过各海域海洋环境对比进一步揭示环境规制的区域性效应差异。从四大海域各类水质污染面积来看（见图 6 - 5），东海是我国污染海域面积最大的地区，污染海域占据总污染海域的 40.4%，二类水质到劣四类水质海域的面积分别为 11390 平方千米、6480 平方千米、4380 平方千米和 22110 平方千米。其中劣四类水质面积最高，占据全海域劣四类水质面积的 66.5%。东海除了作为我国最大的天然渔场，在高密度海水使用过程中富营养化严重以外，也与长江流域和东海沿岸较为发达的产业布局有关。从污染海域分布上看，江浙沪地区的长江口、杭州湾、象山湾、三门湾和三沙湾等临岸海域污染物排放最为严重。南海污染海域面积最少，共 26090 平方千米，但劣四类海域面积达到 1980 平方千米，在四大海域排第二位，其污染物排放主要集中于珠江口、钦州湾和大风江口等海域，主要污染物中除无机氮和活性磷酸盐外，还包括石油类。说明南海作为我国渔业养殖捕捞和石油开发的重点海域，人类近岸经济活动对于海洋环境的影响仍较突出。从各海域各类污染水域面积及分布来看，陆源污染和临海面源污染仍是海洋主要污染源，环境规制对于重点区域和重点产业领域的污染控制仍具有较大提升空间。

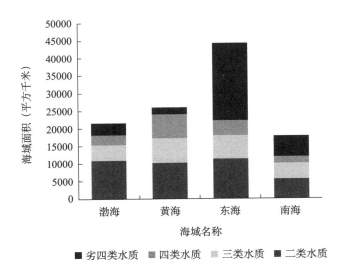

图 6 - 5　2018 年我国四大海域各类污染水质海域面积

资料来源：生态环境部.2018 年中国海洋生态环境状况公报.

单从各类水质的海域面积规模无法反映出相对污染程度。因此本书根据污染海域面积和总海域面积计算出污染海域占比（见图 6 - 6）：渤海海域污染海域占比最高，达到 27.9%，其二类水质比例最高，达到 14.0%，高于其他海域的总污染比例。原因在于，一方面，与其特殊地形导致的临岸污染物疏散困难有关；另一方面，也归结于渤海海湾数量较多，在沿岸培育了大量的城市和产业集聚区，虽然此海域环境规制强度普遍较高，但环境规制并未明显改善海域环境质量，进一步说明对于重点污染区域的环境效应不高。黄海海域的污染海域比重排第二位，总量占 6.5%，其中劣四类水质占比最高，达到 2.6%，主要分布在北部和江苏沿岸，且污染面积仍有所增加，说明在发展经济过程中，海域临岸环境规制并未有效控制海洋环境质量。

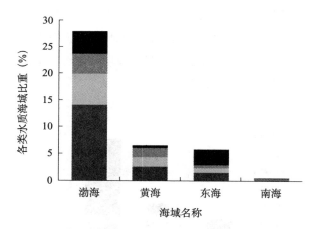

图 6 - 6　2018 年四大海域各类污染水质面积占总面积比重

资料来源：生态环境部 . 2018 年中国海洋生态环境状况公报 .

根据 2018 年各海域富营养化海域面积可以看出（见图 6 - 7），东海属于富营养化面积最多的区域。其中长江口、杭州湾、象山湾和三门湾，以及江苏南部和浙江北部近岸海域均处于中度和重度富营养化状态，入海河流及近岸渔业养殖等生产活动对于海域营养平衡的破坏较为严重。黄海的富营养化面积也超过 14000 平方千米，但轻度和重度的面积比重较大，主要分布于江苏北部的沿海核心城市周围。从各海域富营养化面积所占比例可以看出，渤海的污染比例仍然最大，主要分布于天津沿岸，总占比达到 5.5%。其中轻度富营养化比重达到 4.2%。南海占比最低，主要分布于珠江口及广东中西部沿岸，说明环境规制对于渔业捕捞等传统产业的控制效果显著，但对于陆源污染的限制作用不强。

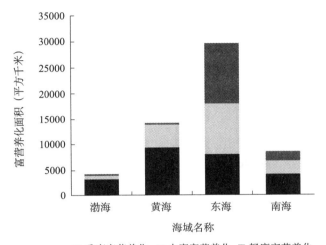

图 6-7　2018 年四大海域各等级富营养化面积

资料来源：生态环境部．2018 年中国海洋生态环境状况公报．

为了更加清晰地反映各海域环境规制对陆源污染的控制能力，可以从各海域直接排海污染物的对比情况进行分析（见图 6-8 和图 6-9）。2018 年东海污水排放量最高，达到 556800 万吨，是其他海域总和的 180 倍，这也是导致东海海域水质和富营养化较差的重要原因。南海、黄海和渤海直排海污水依次为 123722 万吨、117183 万吨和 68720 万吨。在具体污染物方面，东海在化学需氧量、石油类和总氮的排放比重上均超过 50%，主要与沿岸较为发达的石油化工产业有关。而黄海在氨氮、总磷和铅等的排放比重均超过 30%，说明生物排放造成的污染较为严重。南海在六价铬、汞和铅等的排放占比超过 40%，主要归因于沿岸地区产业中电子、轻工及冶炼等部门的主导性较强。渤海虽然排放总量较低，但镉和汞的比重超过污水排放比重，归因于沿岸矿石冶炼、金属锻造等生产活动的环境影响较大。总体而言，各海域污染物排放均具有较强的临岸产业指向性，说明环境规制在排海污染物控制的指向性方面仍需进一步改进。

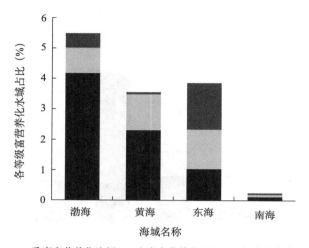

图 6 - 8　2018 年四大海域各等级富营养化面积占总面积比重

资料来源：生态环境部. 2018 年中国海洋生态环境状况公报.

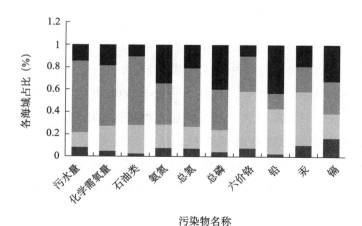

图 6 - 9　2018 年直排海污染物中四大海域所占比重

资料来源：生态环境部. 2018 年中国海洋生态环境状况公报.

第二节　经济效应分析

　　环境规制的目标是实现环境效果与经济效果的平衡提升。其中经济效果既是实现环境效果的目标，也是环境规制是否有效的重要评判标准。因此在分析环境规制环境效果的基础上，还需对其经济效果进行总结和比较。为了更为直接地反映出环境规制在海洋经济发展中的作用，本书主要从海洋经济规模扩张和质量提升两个层面选取指标，反映增长速率与提升效率两大重点。其中规模扩张主要用海洋生产总值和增长率反映，而质量提升用各产业比重变化反映。

一、全局演化分析

　　根据海洋生产总值的规模变化能够一定程度上分析出环境规制的经济作用方式。图 6 - 10 显示了 2001—2018 年海洋经济规模变化和与地区生产总值的比重变化，可以看出，我国海洋经济总体呈现规模平稳扩张的趋势。其中 2001 年海洋生产总值为 9518.4 亿元，至 2018 年增至 83415 亿元，规模扩张了 8.76 倍，期间沿海地区生产总值由 2001 年的 109659 亿元扩张至 2018 年的 896935 亿元，规模扩张了 8.17 倍。海洋经济的扩张速率高于区域整体经济，说明虽然海洋环境对于经济扩张的约束程度日益增加，但海洋经济在整体经济增长中的支撑性更加显著。根据各年海洋生产总值占地区生产总值的比重可以看出，海洋经济的贡献呈现从波动上升到平稳增长的演化态势。其中 2001—2010 年的占比上下波动较大，虽然在部分年份出现快速提升的状况，但随即被相对滞后的发展步伐所抵消，说明此时海洋经济虽然能够起到一定的经济支撑作用，但由于各地尚未重视构建科学的产业体系，海洋经济增长过程中抵抗资源环境风险的能力相对较弱，再加上此时期环境管理模式尚不稳定，使得环境成本的约束性进一步加大。随着金融危机对国内外市场的冲击不断加大，海洋经济作为新兴经济形态逐渐被委以重任，传统资源依赖型发展路径也逐渐被更加持续的开发方式所取代，海洋产业与陆域产业的合作也更加频繁。此外，更为稳定合理的环境管理政策使得高效率经济部门更具竞争优势，2011 年以后海洋经济的比重始终保持在 9.4%—9.6%，说明海洋经济进入稳定扩张阶段。

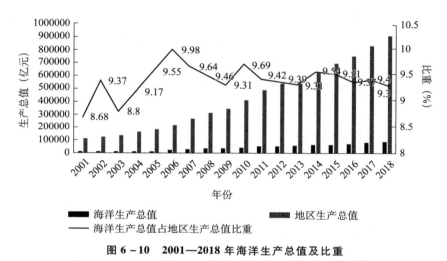

图 6 - 10　2001—2018 年海洋生产总值及比重

资料来源：自然资源部. 中国海洋经济统计公报.

图 6 - 11 显示了 2002—2018 年我国海洋经济及三大产业的增速变化。总体而言，呈现较为明显的波动趋势，其增长速率与规模占比存在一定的相关性，表现出增速降低时与地区生产总值的比例相应较低，说明涉海产业的资源环境依赖性相对于陆域产业较为独立。2001—2010 年波动幅度较大。其中 2003 年增速最低，仅为 6.05%，主要与当年"非典"极大地削弱了生产和消费潜力有关，使得海洋生产部门的经济投入和产出陷入自然增长状态。随后增速快速回暖，但是持续处于波动下降态势，直至 2009 年增速跌至谷底。结合海洋经济占比可知，相较于其他经济系统，此阶段海洋经济受到金融危机

的冲击更大。虽然相对较低的环境规制强度降低了环境使用成本，但并未使效率低下造成的经济增长压力减小。随着海洋资源环境的使用进入瓶颈期，相关涉海产业在倒逼之下逐渐形成有机更新。但此时国内经济下行压力已逐渐增大，经济整体逐渐进入"软着陆"阶段，造成海洋经济随整体经济系统进入结构优化期，相对稳定的环境规制进一步加快了落后产能淘汰速度，经济增速随之放缓。

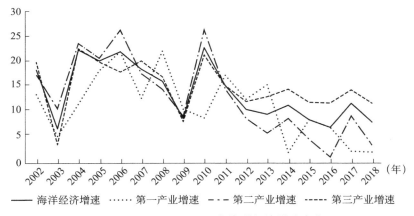

图 6 - 11　2002—2018 年海洋经济增速变化

资料来源：自然资源部．2001—2018 年中国海洋经济统计公报．

　　海洋经济质量方面，通过各年份产业结构变化趋势能够了解环境规制在生产绩效方面的作用。表 6 - 1 显示了我国海洋经济第一到第三产业的比重，总体而言呈现出"三二一"的产业分布态势。第一产业以海洋渔业为生产形式，主要包含了鱼类、虾类、贝类、蟹类、藻类等海洋动植物的海洋捕捞和海水养殖，其比重除 2012 年和 2013 年以外均呈现下降态势，比重值从 6.8% 降至 4.4%，且变化较为稳定。第二产业主要包括海水淡化业、海水化工业、海洋电力业、海洋油气及采矿业、海洋建筑业以及海洋食品及药品加工业等，其比重呈现先上升再下降的趋势。其中 2001 年比重达到 43.6%，到 2010 年最高时达到 47.8%，随后快速下降至 2018 年的 37%。第三产业主要包括海洋物流运输业、海洋旅游业、海洋信息服务业、海洋技术开发业等，其比重从稳步发展逐渐转为快速上升。其中 2001—2010 年的比重始终处于 47%—50%，2011 年以后增至 58.6%，第三产业成为海洋经济增长的支柱产业。从海洋产业结构的变动可以看出，海洋经济发展符合经济整体运行规律，具有从低端化向高级化转变的态势。早期产业结构变化始终以第一和第二产业交替为主，其中海洋资源与环境容量是产业规模效应的最主要动力，说明此时环境规制在经济质量提升方面的作用较低。但随着资源环境约束不断深化，环境政策对于海洋产业的干预趋于普及，倒逼高投入高产出的生产方式被更加环保的第三产业取代。

表 6 - 1　　2001—2018 年海洋经济各类产业产值比重（单位 %）

分类	2001 年	2002 年	2003 年	2004 年	2005 年	2006 年	2007 年	2008 年	2009 年
第一产业	6.8	6.5	6.4	5.8	5.7	5.7	5.4	5.7	5.8
第二产业	43.6	43.2	44.9	45.4	45.6	47.3	46.9	46.2	46.4
第三产业	49.6	50.3	48.7	48.8	48.7	47	47.7	48.1	47.8
分类	2010 年	2011 年	2012 年	2013 年	2014 年	2015 年	2016 年	2017 年	2018 年
第一产业	5.1	5.2	5.3	5.6	5.1	5.1	5.1	4.6	4.4
第二产业	47.8	47.5	46.7	45	43.9	42.2	39.7	38.8	37
第三产业	47.2	47.2	47.9	49.5	51	52.7	55.2	56.6	58.6

资料来源：自然资源部 . 2001—2018 年中国海洋经济统计公报 .

通过梳理整体层面的海洋经济变化可知，环境规制经济效果主要分为两个阶段。2010 年以前虽然海洋经济规模扩张较快，但仍未脱离要素规模性使用的传统路径，使得环境规制的创新激励和产业激励作用不强。后期受到经济萎靡影响，环境规制的成本挤占效果被放大，在市场淘汰机制下进一步加快了产业更新速率，环境规制的积极效果更为明显。

二、区域对比分析

根据学者对于环境规制作用机制和作用效果的现有总结可以得

知，环境规制在选择和执行的过程中具有典型的内生性，且在发展中国家显得尤为突出①。这种内生性的存在主要归因于环境规制在制定和执行时遵循双重管理体制，即虽然环境监测和奖惩标准是由中央政府统一制定，但地方环境保护部门是作为区域环境监管的主要执行者，且其运行资金和运行质量评价均来自当地政府。因此，在有限财力下，地方政府有充分动机参与环境规制的实际执行标准，使得地方环保部门的理性职责被极大削弱。尤其海洋污染这类负外部性较强的污染行为，污染效应与经济效应在小范围区域内部很难达到均衡配置。这种情况加剧了环境规制地方治理的庇荫效应，规制强度的区域差异也直接导致了不同区域污染治理效果的较大差异。本书在此以经济联系较为密集的省级单元对其进行比较。

图 6 – 12 显示了我国沿海 11 个省（市、自治区）海洋生产总值的变化趋势，2006—2017 年，各地海洋生产总值均呈现较为明显的增长，但各地的增长态势不尽相同。2006 年广东省海洋生产总值达到 4113.9 亿元，排名第一位，其次是山东和上海，三省（市）形成当期海洋经济发展的第一方阵，表现出较为明显的资源和资本指向，环境的约束性相对较低。其余省份中，除广西和海南以外海洋生产总值均处于 1000 亿—1500 亿元，省域间差距不尽明显。随着各地采取不同的海洋经济发展模式，各区域对于环境的预期使用方式不尽相同，在环境容量普遍紧缺的情况下，环境规制的作用明显分化，导致区域规模差距进一步拉大。2017 年广东和山东凭借庞大的产业基础及市场空间，在我国涉海产业发展第一方阵中的地位更加稳固。福建、上海、浙江和江苏虽然也呈现较为明显的发展态势，但总体增量相对较少，海洋生产总值处于 7000 亿—10000 亿元，属于第二方阵。其余省份由于产业基础支撑相对不足，海洋开发中的经济效应受到较大限制。其中，天津和辽宁自 2014 年以后出现规模下降态势，主要

---

① 李永友 . 财政基础理论与新时代的财政使命——基于"财政"一词的解读 ［J］. 财政研究，2018（12）：10 – 18.

与当地海洋资源环境供给能力与自身海洋产业结构未能达到相对均衡有关。传统路径依赖下，各地为达成快速改善海洋环境的目标，纷纷采取高强度的环境管理政策，在长期的能源资源偏好性产业路径下，海洋的经济承载功能下降明显。

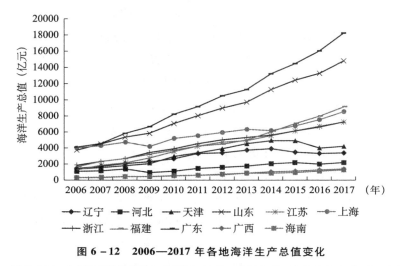

图 6 - 12　2006—2017 年各地海洋生产总值变化

资料来源：自然资源部海洋战略规划与经济司. 中国海洋经济统计年鉴［M］. 北京：海洋出版社：39.

从增长趋势对比看（见图 6 - 13），各地区海洋生产总值增速的差异较大，总体保持波动下降的趋势。2007 年各地增速多高于 10%，其中江苏名义增速甚至超过 40%，主要与当地建立起更加有效的产业梯度转移机制有关，使偏远地区的海洋资源生产潜力在新型化和规模化技术刺激下不断提升。其次是福建省，说明环境规制对资源环境规模性开发的影响程度较低。2009 年各省（市、自治区）受到全球金融危机的影响均较明显。其中上海与河北最为突出，海洋生产总值甚至出现负增长，主要与当地海洋产业发展方式有关。上海作为我国开放型经济的引领区域，对于国际市场环境的响应能力最强，导致以外贸主导的海洋经济受限更大。而河北由于海洋经济增长长期依赖于能源开发与运输，在国际市场萎靡的条件下，产业功能单一的限制更加突出，虽然当时采取了一系列降低环境成本的管理策略，但并未实质改变涉海生产效率。2010 年以后各地增速重回高位，主要与产能淘汰后资源环境的限制减轻有关，环境规制的正向激励作用在各地逐渐凸显。2014 年以后各地增速普遍下降，符合我国沿海地区经济"稳中有增，稳中有变"的总体特点。辽宁、天津、河北等地海洋经济与地区总体经济特征保持一致。在制造与投资为主导的产能过剩影响下，资源依赖型发展方式已经无法顺应市场需求，高强度环境规制进一步压缩了环境使用的利润空间，但随着各地转型成效显现，2017年的海洋经济又重新回归正向增长。

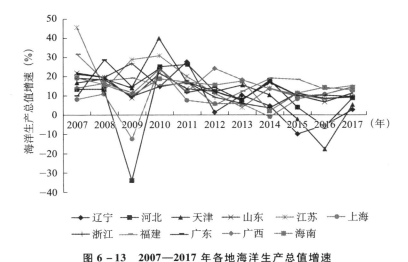

图 6 - 13　2007—2017 年各地海洋生产总值增速

资料来源：自然资源部海洋战略规划与经济司. 中国海洋经济统计年鉴［M］. 北京：海洋出版社：39.

　　尽管各地海洋经济增长的趋势波动较大，但根据海洋经济占据地区生产总值的比重来看（见图 6 - 14），总体而言仍与当地整体经济发展形势相一致。2006 年上海市海洋经济比重最高，达到 38.5%，产业定位中的向海属性明显。天津与海南的比重也在 30% 左右，海洋资源的支撑作用较为突出。福建的比重为 22.9%，与当地丰富的岸线及资源优势不无关系。其余省份的比重均在 5%—17%，海洋经济支撑作用仍显不足。2017 年各省（市、自治区）海洋经济比重的变化较大，表现为海洋经济比重较高的省（市、自治区）趋于降低，海洋经济比重较低的省（市、自治区）较为稳定的态势。其中，上海的海洋经济比重降至 28.3%，除与当地总体产业指向更加多元有关外，为获取更多的高端资本，高强度的环境规制对于低附加值产业的限制更强。天津的比重降幅也较大，特别是 2014 年以后最为明显。结合前文经济增速来看，此次经济转型中海洋经济受到的影响要高于其他经济形态，其中不乏环境规制产业淘汰机制的影响。

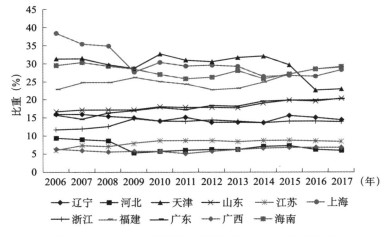

图 6 - 14　各省市区海洋生产总值占地区生产总值比重

资料来源：自然资源部海洋战略规划与经济司. 中国海洋经济统计年鉴 [M]. 北京：海洋出版社：39.

　　通过海洋经济三大产业的比重变化可以体现环境规制在经济增长中的质量效果变化。图 6 - 15 展示了各省（市、自治区）第一产业比值的演变。总体而言，各省（市、自治区）的比重差异较大。海南省海洋第一产业比值最高，达到 18.3%。其次的广西为 15.2%，说明当地资源环境依赖性中直接使用的比重较大，更易受环境成本影响。上海、河北、广东和江苏的第一产业比重较小。一方面，由于在固定海洋资本限制下产业培育对于渔业等海洋初级产品的依赖性不高；另一方面，与当地产业升级摆脱了传统路径有关。至 2017 年各省第一产业比重相对稳定，说明产业更替已经越过初级生产阶段，农业环境规制已实现环境束缚与经济增长的相对平衡。

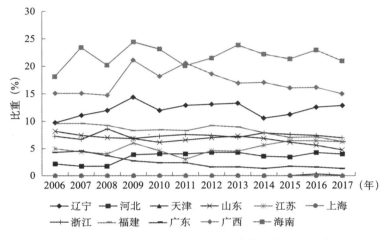

图 6 - 15 2006—2017 年各地海洋经济第一产业比重变化

资料来源：自然资源部海洋战略规划与经济司. 中国海洋经济统计年鉴 [M]. 北京：海洋出版社：39.

从各省（市、自治区）第二产业比值变化可以看出（见图 6 - 16），各地经历了从平稳到下降的演化过程，且第二产业比重值从集中于 40%—60% 演变为集中于 30%—50%，说明在资源环境成本约束下各地的海洋产业转型较为明显。天津在 2006 年比重达到 66.9%，至 2017 年下降至 41.8%，结合其海洋经济规模变化和沿岸污染状态，说明当地在市场与环境淘汰机制刺激下尚未形成有效的产业更新，环境规制对于产业绩效的升级作用仍不突出。海南海洋经济中的第二产业比重始终最低，至 2017 年仅为 19%。当地工业加工不仅需要耗费更多的资源运输成本和交易成本，而且会损害旅游业、特色养殖业等其他行业的效用价值。因此除保证本地特色生产以外，其余相关产业逐渐被市场淘汰。环境规制强度较低进一步说明不同产业结构下的环境规制效果差异明显。

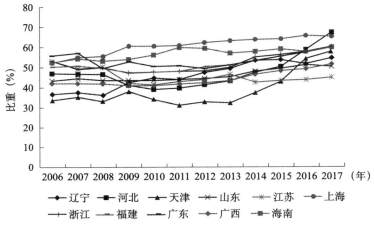

图 6 - 16 2006—2017 年各地海洋经济第二产业比重变化

资料来源：自然资源部海洋战略规划与经济司. 中国海洋经济统计年鉴［M］. 北京：海洋出版社：39.

图 6 - 17 为各省（市、自治区）第三产业变化趋势，其所占比重区间从 30%—60% 稳步提升至 40%—70%，且各地变化趋势相似，说明各地的海洋产业结构均在向高附加生产演进，环境规制在促进要素配置更新方面具有一定积极影响。2017 年河北比重达到 67.1%，在海洋生态整治过程中不断探索传统制造与现代服务相融合，但基础限制使其规模仍有待提升。上海为达成环境效用则更加注重与周边地区的海洋经济合作，通过自身服务和技术引领建立相对产业优势。

通过总结经济效应可以发现，各地环境规制对海洋经济变化的影响具有较大差异，其中经济基础和增长模式是决定环境规制作用的重要因素。以要素禀赋规模性开发为特征的经济增长模式在市场充裕的情况下可以凭借规模效应维持增速，环境规制虽然能够起到一定的环境约束，但是并未对产业竞争力起到显著促进作用，尤其是对于能源依赖性较强、经济基础较差的地区，经济增长更多依赖于产业集聚效应。但随着市场容量与环境容量紧缩，环境规制不仅能够助推产业结构向清洁生产部门更新，也会通过提高技术进步率、淘汰落后资本等

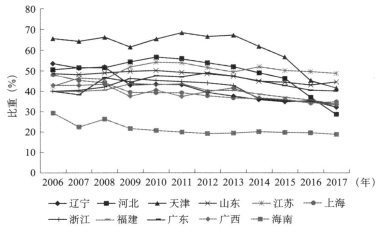

图 6 – 17   2006—2017 年各地海洋经济第三产业比重变化

资料来源：自然资源部海洋战略规划与经济司. 中国海洋经济统计年鉴［M］. 北京：海洋出版社：39.

方式提高现有产能效率，虽然海洋经济增速有所放缓，但环境规制的经济效应更为积极，这从第三产业较高地区的海洋经济增速便可以得到反映。环境规制的效应变化一定程度上说明不仅在 EKC 不同阶段的作用存在显著差异，也能改变 EKC 的演变趋势。

第三节   效应拟合分析

通过对环境效应和经济效应进行总结，可以大致了解我国在海洋经济增长和海洋环境保护方面取得的成绩和存在的问题，而环境规制、海洋环境与海洋经济三者相互变化的关系更能直观检验出环境规制的综合效果，也是进一步分析环境规制与海洋经济增长间关系的依据。因此，本书代表性地分别选取部分指标进行分布拟合。

环境保护与经济增长是环境规制的两项主要管理目标，二者拟合关系说明了海洋经济在不同发展阶段对于海洋环境的依赖性，也一定程度上反映了环境规制对海洋增长方式的调控能力。根据沿海地区人均海洋生产总值与各类污染水质海域面积的拟合结果（见图 6 – 18），可以看出二者呈现较为明显的倒"U"型关系，且拟合优度 R^2 达到 0.3607，说明海洋经济整体呈现出 EKC 特征，其斜率变化说明总体而言海洋经济对于海洋环境的依赖性逐渐降低。人均海洋生产总值低于 0.8 万元时，海水污染面积随海洋经济规模提升逐渐扩大，说明虽然环境规制在调控海洋经济增长方式方面具有一定积极影响，但尚不足以抵消规模扩张造成的污染量增加。但当人均海洋生产总值超过阈值以后，环境规制在经济结构效应和技术效应方面的作用超过规模效应，海洋经济与海洋污染形成相对协调的格局。

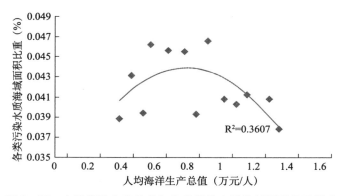

图 6 – 18　人均海洋生产总值与各类污染水质海域面积比重拟合

在此基础上，选取命令控制型环境规制和市场激励型环境规制分别与海洋经济增速和各类污染水质海域面积占比绘制散点图并拟合结果，如图 6 – 19 和图 6 – 20 所示。

命令控制型环境规制与海洋生产总值增速间的拟合曲线呈现"U"型关系，拟合优度为 0.2880；与污染海域面积比例表现出较为明显的单调负向关系，拟合优度 R^2 为 0.2238。二者均表现出较为显著的拟合关系，说明此类环境规制在经济效应方面具有较大的非线性效果。当此类环境规制的强度较低时，虽然较大概率能够发挥一定的环境效应，但对于海洋经济增长的影响较为消极。说明通过强制性环

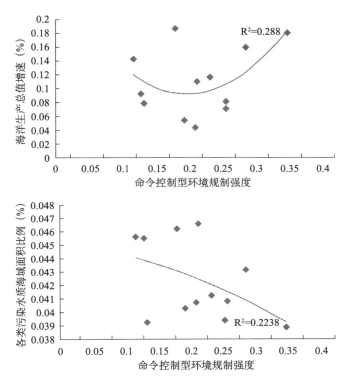

图 6 - 19　命令控制型环境规制与经济效应和环境效应的拟合

资料来源：生态环境部．2018 年中国海洋生态环境状况公报；自然资源部．中国海洋经济统计公报．

境管理措施可以一定程度上降低排污企业单位产出的污染物入海量，同时也挤占了排污企业的扩大再生产空间。随着环境规制强度不断提高，直至传统生产模式下环境经济收益已无法抵消治污成本时，将在一定的概率下，推动企业加大对清洁技术和清洁设备的使用，以此提高环境开发效率，形成环境效应与经济效应的协调提升。

市场激励型环境规制与海洋生产总值增速的拟合曲线呈现负向相关关系，拟合优度为 0.5315；与污染海域面积比例表现出倒"U"型关系，拟合优度为 R^2 为 0.2026。拟合结果较为显著，但与命令控制型环境规制具有较大差别，说明两种环境政策的效应能力和效应机制

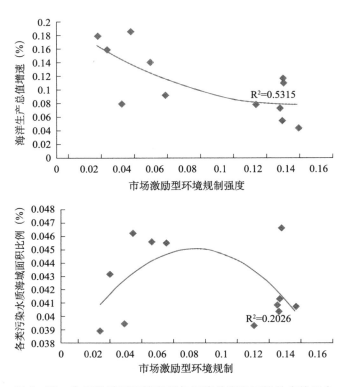

图 6 − 20　市场激励型环境规制与经济效应和环境效应的拟合

资料来源：生态环境部 . 2018 年中国海洋生态环境状况公报；自然资源部 . 中国海洋经济统计公报 .

需要进行区分。结合此类环境规制的强度演化可以发现，在发生经济危机之前的时间段内，产业布局更多向资源环境规模性开发靠拢，市场型环境管理措施一定程度上提高了企业生产门槛，但相对较低的税费征收标准不足以扭转企业的环境使用动机，并可能激发污染企业通过提高开发强度的方式努力维持规模收益。随着经济危机从市场端提高了企业的竞争环境，一定程度上刺激了企业通过转型释放技术效应，对于环境的使用方式也发生改变，使环境规制的环境效应开始显现。但由于后期几年中环境规制的强度差距较小，使得即便是在同一环境规制水平下，海洋生产总值增速的点位分布也表现出较为明显的浮动空间。说明市场激励型环境规制与海洋经济增长间表现出更为复杂的演化关系，不能仅从二者拟合趋势进行判断。

通过环境规制、海洋经济和海洋环境间的拟合关系虽然可以大致了解彼此的演化趋势和互动关系。但从各关系曲线的拟合优度上看，并不能准确反映出环境规制对于海洋环境和海洋经济的影响。这主要是由于海洋经济在不同增长阶段，会通过不同传导路径对海洋环境产生依赖，导致环境规制在调节经济效果和环境效果方面具有诸多不确定性，因此仍需借助更为系统的方法对其进行研究。

第四节　综合效率分析

前文已对海洋环境规制的经济效应、环境效应及拟合关系进行了分析，能够大致了解海洋环境规制在两大基本目标中的效果。考虑到环境规制作为政府社会管理体制的重要组成部分，其最优目的是达到环境目标与经济目标的协调[1]。因此，应将其纳入统一的成本—收益系统中，才能体现出在保证环境稳定前提下的经济激励效果。

关于环境规制效率的研究涉及多个方面。在理论分析方面，森斯坦（Sunstein）从成本—收益的系统性角度分析认为，若环境规制的模式目标能够达成，将推动其进一步应用和深化[2]。赵红则以美国实施经验为例，归纳总结了外部性理论等与环境规制效率相关的诸多理论支撑[3]。在实际测算上，王群伟等基于投入产出理论，通过建立包含投入与技术的环境效率评价方法，对不同形式的环境规制效率

---

[1]　宋马林，王舒鸿．环境规制、技术进步与经济增长 [J]．经济研究，2013，48 (3)：122 - 134.

[2]　SUNTEIN C R. Problems with Rules [J]．California Law Review. 1995. 83 (4)：935 - 1026.

[3]　赵红．美国环境规制的影响分析与借鉴 [J]．经济纵横，2006 (1)：55 - 57.

进行测算。叶祥松等则以中国案例为支撑，实证算出整体环境规制效率呈现稳步提升的态势。马育军、郭国锋、徐成龙等更为细化地选取江苏省、河南省和山东省的环境规制效率进行研究①②，均得出各地环境规制相对较低的结论。另有学者从不同侧重点对环境规制效率进行测算，如杨竞萌从保护投资③、杨骞从技术应用的角度进行研究④。总之，海洋经济作为资源环境依赖性较强的经济形态，在不断提升经济规模过程中对环境承载力也造成了较大威胁。因此基于成本—收益分析理论，本书将环境效应和经济效应纳入总体评价模型中，从时空演化视角分析不同时期、不同地区环境规制的实施效率。

一、方法构建与数据选取

根据研究的目标和重点不同，规制效率通常采用资本生产率、劳动生产率和全要素生产率等方法测算，单指标生产率虽然能够更加直观有效地体现出要素的贡献能力，但不能全面反映出经济系统的整体运行效率。相较之下，全要素生产率更能全面涵盖各类正向产出效果，因此，可将其作为衡量指标。

目标效率测算使用最广的当属数据包络分析法（Data Envelopment Aanlysis，DEA），该方法由查莫斯和库珀（Chames and Cooper）等于1978年提出。相对于传统参数估计模型，数据包络分析法能够依据各决策单元相同类型的投入和产出能力测算出相对的效率高低，

---

① 郭国锋，郑召峰.基于DEA模型的环境治理效率评价——以河南为例 [J].经济问题，2009（1）：48－51.

② 徐成龙，任建兰，程钰.山东省环境规制效率时空格局演化及影响因素 [J].经济地理，2014，34（12）：35－40.

③ 杨竞萌，王立国.我国环境保护投资效率问题研究 [J].当代财经，2009（9）：20－25.

④ 杨骞，刘华军.环境技术效率、规制成本与环境规制模式 [J].当代财经，2013（10）：16－25.

属典型的非参数估计方法。DEA 法中最为常见的是 C2R 法模型，考虑到 C2R 法模型很难区分出有效决策单元的效率问题。因此，可采用其改进形式的超效率数据包络分析模型（Super-Efficiency DEA，SE-DEA）测算海洋环境规制效率。

与传统 DEA 法相比，超效率数据包络模型的特征在于，在对某个决策单元进行评价时，会使用其他决策单元投入和产出的线性关系来做替代计算，进而使有效决策单元的投入能够成比例增加，增强其相对真实性。在效率取值方面，由于无效决策单元生产前沿面不变，因此效率值与传统 DEA 法的测算结果相同，但是对于有效单元而言，如果效率值不变但投入按比例增加，则会将投入增加的比例成为超效率平价值，使生产前沿面后移，因此可以进一步对比单元间的效率大小。为了与传统 DEA 法测出的效率值相区分，可将超效率测量值记为 θ。

SE-DEA 模型的基本原理为：将决策单元的输入数列记为 $x_j = (x_{ij}, \cdots, x_{mj})^T$，输出单元数列记为 $y_j = (y_{ij}, \cdots, y_{nj})^T$，$m$、$n$ 分别表示输入指标和输出指标个数，j 表示决策单元序号，通过构建最优化模型，对效率值进行测算，模型具体逻辑为：

$$\min(\theta \sim \varepsilon(e_1^t s^- - e_2^t s^+))$$

$$\text{s. t.} \begin{cases} \sum_{j=1}^{n} x_j \lambda_j + s^- = \theta x_j \\ \sum_{j=1}^{n} \lambda_j - s^+ = y_j \\ \lambda \geqslant 0 (j - 1, 2, \cdots, n) \\ s^+ \geqslant 0; s^- \geqslant 0 \end{cases} \quad (6-1)$$

式中，s^+ 和 s^- 分别表示松弛系数，反映投入和产出各指标的调整量，λ_j 表示权重系数，$e^t s^+$ 代表输出不足，$e^t s^-$ 表示输入过剩，结合 θ 的取值可以对决策单元综合效率进行评价。

环境规制效率评价是作为政府治理环境绩效评估的主要手段，主要通过产出收益和成本投入的比例关系进行辨别。国内外学者通过对比成本—收益理论和命令—控制理论的关系和区别，发现从投入—产出角度选取模型数据更具合理性①，环境规制效率理论为实证研究提供了相应参考。考虑到环境规制效率测算要体现两点：一是在保证最小投入的前提下能够达到特定目标；二是要非期望产出最小化，且不能超出环境可持续容量。因此应从要素相对关联角度将总体指标分为成本指标和收益指标两个方面②。因此根据已有环境规制效率的测算方法，结合海洋经济发展特性，可分三个阶段构建环境规制效率评价体系：一是通过构建投入—产出分析框架，分别按照成本和收益两个角度形成准则层。二是在成本和收益框架中选取指标层，在成本指标方面，结合经济管理活动主要从资金、人员和物质三个方面进行要素组合。因此，环境规制的投入也从三方面选取数据。产出指标则参照孙鹏等的研究，从非期望产出和期望产出两个方面选取指标，可以包含经济增长层面和环境治理层面的产出。第三阶段则按照各指标层含义，根据数据选择的可比性和可行性，构建环境规制效率的相应指标③（见表6-2）。

表6-2　　　　　　　　环境规制效率评价指标体系

	准则层	指标层	具体指标	指标方向
环境规制效率评价指标体系	投入指标	人员投入	环保部门专职人员数（人）	（＋）
		资金投入	确权海域征收使用金（万元/公顷）	（＋）
			污染治理投资额（万元）	（＋）
		物质平台	单位产值污染治理设备数（个）	（＋）
			保护区面积（平方千米）	（＋）

① LEVINSON A，TAYLOR M S. Unmasking the Pollution Haven Effect [J]. International Economic Review，2008，49（1）：223 – 254.

② 程钰，任建兰，陈延斌，等. 中国环境规制效率空间格局动态演化及其驱动机制 [J]. 地理研究，2016，35（1）：123 – 136.

③ 王兵，吴延瑞，颜鹏飞. 中国区域环境效率与环境全要素生产率增长 [J]. 经济研究，2010（5）：95 – 109.

续表

准则层	指标层	具体指标	指标方向
环境规制效率评价指标体系 产出指标	污染控制	工业烟尘去除率（%）	（+）
		工业粉尘去除率（%）	（+）
		工业废水直接入海率（%）	（-）
		工业废水达标率（%）	（+）
		单位海洋产值工业废水入海量（吨/万元）	（-）
	经济效应	单位涉海就业人员海洋产值（万元/人）	（+）
		单位功率海洋生产总值（亿元/千瓦时）	（+）
		单位面积渔业产值（万元/公顷）	（+）

环境规制经济效应和环境效应指标的选取要在投入产出总体原则的基础上，考虑数据的可得性和针对性。其中投入性指标共五项，环保部门专职人员数、确权海域征收使用金和污染治理投资额分别表示执行环境规制的人员和资金投入量。物质投入方面考虑到设备投入和治理空间是主要方法，因此选取单位产值污染治理设备数和保护区面积作为代表。产出性指标共八项，其中工业烟尘去除率、工业粉尘去除率、工业废水直接入海率、工业废水达标率、单位海洋产值工业废水入海量主要表示环境规制投入造成的环境产出效应，单位涉海就业人员海洋产值、单位船舶功率海洋生产总值、单位面积渔业产值用以表示除保证海洋环境质量以外，环境规制对海洋经济造成的影响。

二、全局演化分析

借助 SE-DEA 模型对海洋环境经济系统中环境规制的效率进行计算，并绘制效率演化图（见图 6-21）。结果显示，2006—2017 年环境规制的效率值呈现波动上升的趋势。其变化趋势说明环境规制在海洋环境经济系统的效率是整体提升的，且取值从小于 1 向大于 1 变化。说明海洋环境管理措施整体由无效向有效转变，海洋环境治理的资金、人力等资源投入将能够得到更为理想的产出收益。但在不同阶段也存在差异化变化趋势。2006—2010 年波动较大，其中，2008 年效率值为 0.715，为历年最低，2010 年效率值迅速升至 0.923，说明在环境规制处于无效阶段时，其对于海洋经济和海洋环境的效果更易受到干扰。在国内外市场冲击下，随着各地更加重视提升环境经济绩效，环境规制对于海洋经济和海洋环境的整体作用更加明显。此后虽然环境规制强度趋于平稳，但环境规制的效率值呈现稳定上升趋势，仅在 2015 年出现下降，说明环境规制更加符合我国海洋开发实际，其在实施过程中对于经济效应和环境效应的协调能力更加突出。

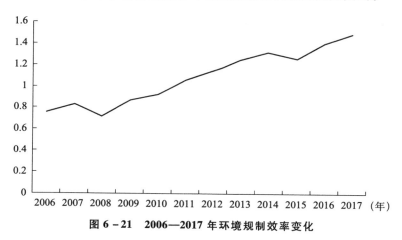

图 6 - 21　2006—2017 年环境规制效率变化

环境规制效率是从投入和产出两个角度对环境效应和经济效应的综合考量。早期区域海洋产业对于海洋资源环境的依赖性参差不齐，环境无序开发较为普遍。虽然 2008 年以前环境规制得以放宽，但整体效率并未实质提高。在全球金融危机刺激下，我国开始探索经济稳增长和调结构，环境与资源依赖性较强的产业部门既要面临国内外市场萎缩的压力，又要解决环境消耗造成的成本增加问题，使环境规制的效率被放大。随着传统发展模式造成的产能过剩问题逐渐凸显，环境规制在产业更新和环境收益方面的倒逼机制更加明显。因此增加的人力、物力和财力能够通过提高环境使用成本，直接淘汰高耗能和高排放企业，使整体经济效益增加。从上述分析大致可以得出，海洋经济增长在环境规制作用下不仅限于规模上的广延边际变化，并且呈现企业生产绩效上的集约边际变化，需要借助更加系统的研究框架对二者关系进行验证。

三、区域对比分析

选取 2006 年、2011 年和 2017 年沿海各省（市、自治区）的数据，运用 SE-DEA 模型分别计算环境规制在当地海洋环境经济系统中的效率，结果如表 6-3 所示。

表 6-3　2006 年、2011 年和 2017 年大陆沿海省（市、自治区）环境规制效率分布

分级结果	2006 年	2011 年	2017 年
辽宁	低等级	较低等级	较低等级
河北	较低等级	较低等级	较低等级
天津	较高等级	较高等级	较高等级
山东	中等级	中等级	较高等级
江苏	中等级	中等级	较高等级
上海	高等级	高等级	高等级
浙江	中等级	中等级	较高等级
福建	中等级	较高等级	较高等级
广东	较高等级	较高等级	高等级
广西	低等级	低等级	低等级
海南	中等级	较高等级	较高等级

结果显示，2006 年环境规制效率最低（0.4—0.7）的区域为广西和辽宁，环境规制较低（0.7—1.0）的区域有河北。三地的效率测算值小于1，表现出无效率特征，三地在此时的环境治理投入并未得到足够的收益，对经济效应和环境效应关系的处理并不理想。在环境规制有效的区域中，环境规制效率中等（1.0—1.2）的区域有山东、江苏、浙江、福建和海南，说明此时大部分沿海区域的环境规制

均较有效。环境规制效率较高的区域为天津和广东，最高的地区是上海，表现出经济基础越好的省份其环境管理越有效。2011 年各地环境规制效率的等级变化不大，仅辽宁、海南和福建分别提升一个等级，表现出管理效率向好的趋势。2017 年在此基础上的优化更为突出，其中山东、江苏、浙江均提升至环境规制效率较好的水平，广东则提升至最好等级。说明在全国提倡建设环境友好型和资源节约型社会的背景下，各地均更加重视海洋环境与海洋经济的协调关系，环境规制强度的不断增加产生了较为稳定的成效。

从空间演化上看，环境规制效率呈现出典型的"中心—外围"态势。其中天津、上海和广东等地区具有较为发达的涉海产业体系，对于高质量海洋环境的效益需求更高。因此环境规制更有利于其执行经济转型措施。而广西、河北等省份由于产业定位过度依赖于海洋资源能源产品，对于环境的影响也较为单一，环境规制仅能够增加其固有生产成本，但产业更替的空间较小。从各地环境规制效率的提升能力看，南部区域普遍高于北部区域，说明在传统产业占比较高的省份，单纯加大环境规制强度并不一定能达成效率的提升。因为环境规制效率是从投入和产出的相对收益体现的，单纯以环境成本的手段并不能使当地涉海产业向好的方向提升，紧要任务是制定更加高效的产业转型引导政策。从各区域环境规制强度分布和效率分布可以看出，环境规制在调节海洋经济绩效方面具有较大空间异质性，且对于不同经济指标的作用结果共同形成了经济增长效果。具体影响能力和影响方式如何，需要借助数理方法推演出共性特征。

第五节　本章小结

本章通过选取海洋经济和海洋环境部分指标，对我国环境规制在海洋经济和海洋环境等不同层面的效果进行总结。环境效应方面，虽然环境规制在总体污染控制方面取得一定成绩，但在重点区域的污染量控制、重点污染源管制、重污染海域的治理、临岸经济污染指向性治理方面仍有较大提升空间。经济效应方面，环境规制的作用由规模抑制向结构优化转变，对于不同区域的影响效果与当地经济基础和增长模式相关。通过将环境效应和经济效应拟合分析发现，我国海洋经济增长表现出典型的 EKC，两类环境规制与环境经济效果的散点拟合分布均较明显。通过选取海洋环境经济系统治理的投入产出数据，计算出我国环境规制管理效率呈现整体向好趋势，在空间分布上呈现出典型的"中心—外围"态势。

第七章 环境规制与海洋经济增长
的时序匹配

考虑到环境规制与海洋经济增长间不仅存在简单的静态因果关系，而是以更加复杂的系统间动态响应存在，因此，在前文详细阐述环境规制与海洋经济增长之间理论关系与影响机制的基础上，本章引入面板数据单位根检验、协整检验以及误差修正模型等方法，从不同层面研究环境规制与海洋经济增长的长期和短期变化关系，并使用面板 VAR 脉冲响应和方差分解等方法研究二者的动态响应和贡献效果。

第一节　经济理论与研究方法

一、经济理论

本书主要研究环境规制与海洋经济增长的动态关系。其基本出发点是在系统变化过程中，政府环境规制对海洋经济增长率产生动态影响。因此，在引入协整模型的同时重点对环境规制在海洋经济动态发展中的作用进行论证。根据古典经济增长理论的含义，要想准确分析影响经济活动的因素，首要的是对产业发展的诸多内生与外生因素进行总结。

海洋经济增长的影响因素除了包含资本投入规模及结构、产业组织整合方式、科技进步贡献能力、产业发展结构等内生因素以外，还应包含国内外市场环境、资源与环境政策约束等外生因素。通过经典经济理论和海洋经济发展特点，海洋经济增长的动力来源主要有三种：一是涉海资本的投入。海洋产品主要是资金资源、物质资源和劳动资本的经济结合，其质量与结构不同，主要归结于三者的结合方式不同。过分追求某一类资源的不经济投入不仅会造成要素结合效率低下，导致劳动力或海洋资源使用浪费，而且会使产品质量无法得到保障，激化生产与环境的矛盾。在我国临海区域，由于资金资本在要素配置结构中长期短缺，使外资投入成为驱动海洋经济增长的主要动力。高度的外资依赖发展路径决定了资金投资目标成为要素组合模式的重要因素。二是技术进步及应用。由于可开发的涉海资源千差万别，对不同类型的资源，需要采用不同水平的技术手段作为支撑。如渔业、盐业及运输业凭借可得性和规模性优势在开发开采中的技术需求不高，而海洋矿业、生物医药等产业则需要较高的技术投入，因此需要不断探索新机械、新技术、新手段和新工艺来提升资源与劳动力的生产效率。与此同时，组织管理技术与资源配置技术也是影响海洋经济增长的重要手段。三是产业主导方式。作为区域经济的主要发展形态，海洋经济的增长同样满足演化经济理论的产业更替思想，从初期依赖于以渔业养殖和捕捞为主的资源密集型产业发展方式，到更加注重以生物医药和滨海休闲旅游为代表的产业主导模式，随着生产技术的提高及市场需求的升级，市场机制会在不同的资源与环境约束下，将稀缺资本调向边际收益最高的产业部门。因此环境规制能够通过调节产业结构来进一步影响海洋经济增长。

虽然我国海洋经济常年保持着快速稳定增长的态势，但一系列内外生因素对海洋经济的可持续增长仍然具有较大限制，其中资源环境供给能力的约束最为突出。自党的十九大提出建设海洋强国以来，各地更加重视结合现状，使海洋经济发展方式更能够顺应环境系统开发规律。在这个过程中，不同类型的环境规制会通过不同途径产生作用，并综合影响海洋经济的增长。而环境规制也多以经济短期和长期均衡发展作为实施目标，在不同经济增长形势下，政府会根据预期收益动态调整环境管理强度。因此在研究环境规制的动态经济效应时，不能单纯地考察二者的单向因果关系，有必要将二者作为环境经济系统的两大响应单元，综合分析二者的动态关系。

在海洋环境经济系统中，环境规制的目标是在保证生态功能的同时，增强海洋经济的可持续发展能力。其中环境系统既是当期海洋经济快速提升的保障，也是后期海洋经济稳定增长的重要约束。环境规制的作用即科学调配资源环境在短期和中长期的功能分配，因此对于经济的影响理应存在时序延展性。根据前文分析，环境规制可以通过多种直接效用和间接效用影响海洋经济增长，且影响途径具有时空滞后性。但总体而言，可以包含三条主要途径：一是影响涉海产业的整体绩效，二是影响相应创新技术的提升，三是影响海洋资源环境的开发强度。其中不同环境规制方式会通过三种海洋经济增长的关键要素产生正向或负向结果，也会通过长效传导机制作用于后期海洋经济的发展路径。因此，只有区分考察不同的环境管理方式在海洋经济增长中的综合效果，才能更好地对其动态影像进行总结。

二、基本思路

考虑到环境规制对海洋经济增长率的影响主要是通过改变产业结构、技术创新、资本引入三个要素，其在环境经济系统中的动态作用也是通过三种途径进行传导。为了更加明晰地研究不同类型环境规制在海洋经济长短期发展中的作用，本书引入环境规制对海洋经济增长具有经济外部性的理论逻辑，确定动态影响研究的基本思路（见图7-1）。

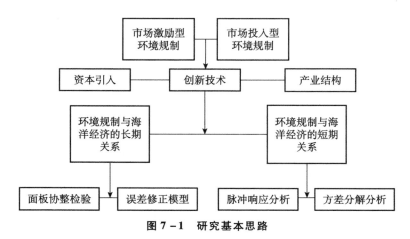

图 7-1　研究基本思路

根据协整理论和误差修正模型的适用条件和基本思路，在面板数据统计分析和单位根检验的基础上，对市场激励型和命令控制型两类环境规制与海洋经济增长在短期和长期的变化关系进行测算。考虑到本书重点考察环境规制对海洋经济的动态影响，因此仅考虑两个系统在不同时期的动态变化关系不足以体现出响应关系。本书引入面板 VAR 脉冲响应和方差分解模型对两系统在结构性变动后的动态响应关系进行测算，以求从不同视角对环境规制与海洋经济的影响关系进行细致区分与评价。

三、主要研究方法

传统计量模型虽然能够反映出两个独立单元在系统中的影响机制和影响能力，但多是基于静态因果关系的视角对数据的关联性进行测算。考虑到环境规制与海洋经济增长之间是在互相响应过程中产生动态关联，且影响能力随时间延展具有一定的动态调整。因此，需要借助面板协整分析、面板 VAR 脉冲响应等模型，对环境规制动态影响海洋经济增长的结果进行测算。具体研究方法及步骤如下。

（一）面板单位根检验

面板数据是普通截面数据和时间序列数据的有机结合，是由多个样本在连续观测时期内的属性值构成的二维数据。假设共有 N 个观测样本，其在 $1-T$ 时期内的 x 和 y 两个属性观测值可以表示为 x_{it} 和 y_{it}，其中 i 表示观测对象的标号，可以为地区、行业、人群等多类主体，t 表示观测时间节点。在对面板数据做协整检验之前，需确保其为平稳数据，因此需引入学界通用的单位根检验对其平稳性进行检验。对于面板数据，首先将不同截面的数据视为统一整体，通过建立 AR（1）过程对整合后的数据进行检验，计算公式为：

$$y_{it} = \partial_i y_{it-1} + \beta_i x_{it} + u_{it} \tag{7-1}$$

式中：y_{it} 和 x_{it} 分别表示内生变量和外生变量的观测值，在模型中包含了不同截面的固定效应或随机误差，滞后期的回归系数 ∂_i 为自回归系数，β_i表示外生变量的回归系数，误差项u_{ij}服从均值为0的正态分布。数据集的平稳性主要依据∂_i的取值，若∂_i的绝对值小于1，代表内生变量y_{it}的序列是平稳的；若绝对值等于1，则代表内生变量y_{it}的序列是非平稳的。

根据面板数据中不同截面的时间序列是否含有同样的单位根过程，可以将面板数据单位根检验分为两种类型。若单位根过程相同，则可使用同根单位根检验，主要包括 LLC 检验、Hadri 检验及 Breitung 检验三种方法；若单位根过程在各截面时间序列中不同，则可选取不同单位根检验，主要包括 IPS（Im-Pesaran-Skin）检验、Fisher-ADF（ADF-Fisher Chi-square）检验和 Fisher-PP（PP-Fisher Chi-square）检验三种方法。其中应用最为广泛、可接受程度最高的面板数据单位根检验方法为 LLC 检验，其是基于 ADF（Augmented Dickey-Fuller）检验法衍生而来的检验模型。基本公式为：

$$\Delta y_{it} = \chi_i y_{it-1} + \sum_{j=1}^{p_i} \delta_{ij} \Delta y_{it-j} + \gamma_i x_{it} + u_{it} \qquad (7-2)$$

式中：Δy_{it}表示内生变量向量的一阶差分，其系数$\chi_i = \partial_i - 1$，Δy_{it-j}则表示样本区间内不同滞后期的一阶差分值，p_i表示不同截面在样本区间的滞后阶数。在样本回归结果中，若$\chi_i = 0$，则符合原假设 H0 的假设条件，即：面板数据中的各截面时间序列均含有同样的单位根；若$\chi_i < 0$，则符合备择假设 H7-1 的假设条件，即：面板数据中的各截面时间序列不具有单位根。LLC 检验区别于普通的检验方法，并未使用Δy_{it}和y_{it-1}直接估计判定平稳性，而是运用其代理变量进行估计。与 LLC 检验相类似，Breitung 检验也是选用代理变量来估计判定值，只是代理变量的选取标准不同。与前两种检验不同，Hadri 检验的零假设为在不同纵向时间和不同横向截面内均不存在单位根，其估计是通过建立截面数据的回归方程，对其回归结果的残差进行 LM 统计，并以相应的 Z 统计量作为判别标准。

IPS 检验、Fisher-ADF 检验和 Fisher-PP 检验基于面板数据不同截面的单位根不同，单独计算出每个截面的单位根，并对各个截面的结果分别计算统计量，依据综合统计结果对面板数据整体是否具有单位根进行判断。

（二）面板数据协整检验

两项面板数据经平稳性检验之后若具有同阶单整，便可借助协整检验模型对二者的协整关系进行检测。最为常见的协整检验方法是由基于时间序列的 EG 两步法衍生而来，主要包括 Pedroni 检验和 Kao 检验。此外还可以使用 Johansen 协整检验思想推广至面板数据进行监测。本书主要使用 EG（Engle and Granger）两步法进行测算。其中 Pedroni 检验是以面板数据协整检验的残差项为依据，进一步对其平稳性进行判定，主要通过建立残差序列自回归模型进行检验。公式为：

$$\mu_{it} = \eta_i \mu_{it-1} + \varphi_{it} \qquad (7-3)$$

式中：i 的取值仍为从 1 到 N，μ_{it} 和 μ_{it-1} 分别表示不同截面算得的残差，η_i 表示相应截面单元回归残差的自回归系数。Pedroni 检验根据检验的目标不同，将零假设和备择假设设定为两种情形。其中零假设相同：两项面板数据之间不存在协整关系（H0），备择假设 HI 不同：一是同质的两项面板数据之间存在协整关系，二是不同质的两项面板数据之间存在协整关系。针对不同的假设，Pedroni 检验总共提供了 7 项统计标准进行协整检验，其中针对同质面板数据的检验包括 Panel v-statistic、Panel rho-statistic、Panel PP-statistic 和 Panel ADF-statistic，统称为组内检验（Within-dimension）。针对异质面板数据的检验包括 Group rho-statistic、Group PP-statistic、Group ADF-statistic。

Kao 检验同样是从 EG 两步法的基础上衍生而来，其与 Pedroni 检验的差别在于最初基本回归方程的建立为相同系数但截距不同，其形式为：

$$y_{it} = \alpha_i + \delta_i t + \beta_i x_{it} + \mu_{it} \qquad (7-4)$$

在 Kao 检验计算误差项过程中，设定截距 α_i 不同，设定系数 β_i

相同，通过模型设定得出相应的残差值，并基于 ADF 检验和 DF 的检验思想，同样使用自回归模型对残差的平稳性进行检验，其设定的检验回归模型表示为：

$$\mu_{it} = \eta_i \mu_{it-1} + \rho_{it} \tag{7-5}$$

通过 Kao 检验，可以得出静态面板模型回归之后残差项 DF 检验和 ADF 检验的统计值，并以此判定两面板数据序列是否具有协整关系。

由于协整检验判定的统计量较多，因此难免会出现不同的判定方法，导致判定结论的差异。如何在不同的判定结论下选取最为可靠的判定结论，是各领域专家关心的议题。佩德罗尼（Pedroni）提出，对于时间跨度较小的面板数据（小于 20），通常情况下 Panel ADF 与 Group ADF 的监测效果好于 Panel v-statistic 和 Group rho-statistic 等统计效果。

在协整关系监测之后，可以通过建立协整检验模型对面板数据的具体协整关系进行测算。分别将环境规制和海洋经济增速，以及相关滞后项纳入回归方程：

$$GMP_{it} = \alpha_{it} + \sum_{k=0}^{q} \chi_{i1t} ER_{it-k} + \sum_{k=0}^{q} \delta_{i1t} GMP_{it-k} + \varphi_{i1} T + \varepsilon_{it} \tag{7-6}$$

式中：GMP 表示海洋经济增速，ER 表示环境规制强度，i 表示地区样本编号，t 表示时间序列中的年份，ε_i 表示误差项，T 表示随时间变化的趋势。协整关系主要通过 T 的系数 φ_i 判断，其显著性说明海洋经济增长与环境规制是否存在两面板数据的协整关系，其系数表示协整关系强弱。

协整关系可以从长期趋势反映出海洋经济增长与环境规制的响应关系，但由于数据样本本身存在一定随机变动。因此，需要借助面板误差修正模型对其短期的响应关系进行测算，计算公式为：

$$\Delta GMP = \alpha_{1i} + \varphi_{1i} ECM_{it-1} + \sum_{k=1}^{p} \delta_{1ik} \Delta GMP_{it-k}$$

$$+ \sum_{s=1}^{q} \lambda_{1is} \Delta ER_{it-s} + u_{1it} \tag{7-7}$$

$$\Delta ER = \alpha_{2i} + \varphi_{2i}ECM_{it-1} + \sum_{k=1}^{p} \delta_{2ik}\Delta ER_{it-k}$$

$$+ \sum_{s=1}^{q} \lambda_{2is}\Delta GMP_{it-s} + u_{2it} \qquad (7-8)$$

式中：ΔGMP_{it} 和 ΔER_{it} 表示海洋经济增速和环境规制强度的一阶差分值，ECM 为误差修正项，表示由于短期波动导致的因变量偏离长期均衡关系的程度，k 和 s 分别表示变量在面板数据中可滞后阶数，主要判定变量为 φ_i，体现了误差修正项的纠正能力，取值应为负，体现出短期波动偏离时长期均衡的修正强度；若检验结果显著，说明短期的数据序列波动会被二者的长期关系拉回到稳定趋势状态。

（三）面板 VAR 脉冲响应模型

考虑到环境规制与海洋经济增长不只是单向关系，而是双向交互影响。因此，需要借助 VAR 模型研究二者的动态关系。VAR 模型是用于分析经济系统动态关系的最重要方法。自 20 世纪 80 年代提出以来，便被各领域学者广泛应用于分析和预测随机扰动对系统的动态冲击大小、时间及方向。1988 年霍特兹·埃金（Hotrz-Eakin）在序列数据分析的基础上提出了面板数据 VAR 模型，将截面数据和时间序列数据的优点统一于模型体系中，公式为：

$$y_{it} = \alpha_i + \sum_{j=1}^{m} \beta_i y_{i,t-n} + \delta_{it} + \varphi_{it} \qquad (7-9)$$

式中：y_{it} 表示包含两个变量 ER 和 GMP 的向量，分别表征各区域环境规制强度和海洋经济增长率。在使用 VAR 模型时，会假设每一个截面均存在相同的结构，因此，在使用固定效应模型时，加入反映个体异质性和个体时间效应的变量 α_i 和 δ_{it}，以降低参数估计偏误。

在进行 VAR 分析之前需对最大滞后阶数进行判定。若滞后阶数太小，将导致残差出现自相关现象，形成参数估计的非一致性。适当增加滞后变量的个数，可以消除残差中出现的自相关。同时，滞后阶数也不能太大，否则会降低自由度，影响到模型参数估计的有效性。因此，需要借助赤池信息准则（AIC）和施瓦茨准则（SC）对最佳滞后阶数进行判定，在增加阶数的过程中比较两个参数的大小，以同时出现最小值为最佳。当 AIC 和 SC 的最小值对应不同的滞后阶数时，就需要借助似然比统计量 LR、FPE 和 HQ 等检验法进行判定，其中 LR 以取值最大为最优，FPE 和 HQ 则以最小为最优。

对于 VAR 模型，单个参数估计结果的经济学解释是比较困难的。因此，学者们主要使用脉冲响应分析和方差分解分析。脉冲响应函数表示的是一个内生变量对残差冲击的响应。具体来讲，其描述的是当给随机误差项一个标准差大小的冲击后，当前期和未来期的内生变量所受到的动态影响。脉冲响应函数主要借助于脉冲响应图进行分析，通过图像变化可以看出随滞后期推移，被检验变量间存在的影响能力和方向。

第二节　数据选取和处理

为更加直观地反映环境规制与海洋经济增长的动态响应关系，本书选取我国沿海 11 个省（市、自治区）治理投入和市场激励两类环境规制强度，分别与海洋经济增长率进行数理分析，面板长度定为2006—2017 年。

一、指标确定与数据来源

考虑到地方政府执行环境规制的手段与途径存在较大差异，而在系统变化过程中，其实践强度与海洋经济增长间的动态响应机制也不尽相同。因此，结合第五章对于环境规制的分类总结，我们从政府主导和市场主导两方面对环境规制进行区分。其中代表市场主导的市场激励型环境规制采用单位确权海域的使用金（海域使用金/确权海域面积，单位为万元/公顷）表示。代表政府主导的命令控制型环境规制用单位产出污染投资额（环境污染治理投资总额/海洋经济生产总值，单位为%）表示。海洋经济增长率则选取海洋生产总值名义增速作为代理变量。

本章所用数据主要采集于2006—2018年的《中国海洋统计年鉴》《中国海洋年鉴》和《中国统计年鉴》。主要分析均是借助Eviews 6.0和Stata 12.0软件操作得出，表7－1列出了样本数据的基本信息。本章共有132个样本。由于各属性单位存在差异，因此基本统计数据存在较大差距，但不影响下文分析结果。

表 7 - 1　　　　　　　　　数据基本统计分析

变量	样本数	最大值	最小值	平均值	标准差
GMP	132	45.571	-33.918	12.731	9.870
ER1	132	0.430	0.015	0.099	0.084
ER2	132	24.826	0.135	2.238	3.673

二、数据单位根检验

根据协整分析的前提条件，为了避免面板数据间存在"伪回归"现象，需要对各变量的平稳性进行测算。根据同根单位根检验和不同根单位根检验的原理，本章代表性地选取 LLC、IPS、ADF-Fisher Chi-square、PP-Fisher Chi-square 作为检验指标（结果如表7－2、表7－3和表7－4所示）。

表 7 - 2　　　海洋经济产值增速（GMP）的单位根检验

数据模式	LLC	IPS	ADF-Fisher Chi-square	PP-Fisher Chi-square
水平	5.745	1.003	2.601	0.105
一阶差分	-3.514 ***	-1.825 **	37.505 *	53.165 ***

注：面板单位根设置为含截距不含趋势项的检验形式，*** 、** 、* 分别代表通过了1%、5%和10%的显著性检验，下同。

表 7 - 3   命令控制型环境规制（ER1）的单位根检验

数据模式	LLC	IPS	ADF-Fisher Chi-square	PP-Fisher Chi-square
水平	- 2. 142	0. 187	20. 903	26. 117
一阶差分	- 8. 410 ***	- 1. 102 ***	78. 575 ***	133. 856 ***

表 7 - 4   市场激励型环境规制（ER2）的单位根检验

数据模式	LLC	IPS	ADF-Fisher Chi-square	PP-Fisher Chi-square
水平	0. 718	0. 431	9. 862	10. 957
一阶差分	- 11. 292 ***	- 1. 204 ***	102. 044 ***	135. 069 ***

海洋经济产值增长率、命令控制型环境规制和市场激励型环境规制三类指标在水平数据模式下的各项检测指标均未通过显著性检验，即关于面板数据存在单位根的原假设未被拒绝，说明无法直接进行协整分析。在此基础上，对三个变量进行一阶差分后，重新进行平稳性检验。海洋生产总值增长率在 LLC 检验和 PP-Fisher Chi-square 检验均通过 1% 的显著性检验，其余检验的显著性水平也均超过 10%，说明拒绝了存在单位根的原假设，为 I（1）过程。命令控制型环境规制在一阶差分后的数据同样通过了显著性检验，在 1% 的显著性水平下为平稳性数据，同样说明为 I（1）过程。二者同阶单整。因此满足了协整分析和构建 VAR 响应关系的必要条件。市场激励型环境规制在差分后的各项检验值也均通过了 1% 的显著性检验，说明在较大的概率条件下不存在单位根，属于平稳序列，为 I（1）过程，与海洋经济增速也属于同阶单整，因此可以进行后续分析。

第三节　实证结果分析

一、协整检验结果分析

在面板数据单位根检验的基础上，可以从动态角度对环境规制与海洋经济增长的长期关系进行定量测算。现有研究多集中于选用传统计量模型或者系统耦合模型对两个系统的变化关系进行静态测算，忽略了因时间变动导致的系统间变化趋势差异的影响。因此，需使用面板协整检验测算两种环境规制与海洋经济增长间的协整状态。

协整是用以检验独立数列间是否存在稳定关系的常用方法。协整模型通过将两个及多于两个的非平稳数列纳入既定的线性组合，通过检验是否抵消趋势项判断二者是否协整。由于单位根检验得出海洋经济与两种环境规制均属于非平稳序列。因此，可以引用面板协整模型对两独立面板数据的长期稳定关系进行测算。

表 7 - 5 显示了命令控制型环境规制与海洋经济增长间的协整关系检验结果，包括 Pedroni 检验和 Kao 检验的结果。其中 Pedroni 检验的 within-dimension 统计量遵循所有截面均具有相同的 AR 系数的假定条件，即为同质性备择检验结果；而 between-dimension 统计量遵循的条件是可以允许截面具有不同的 AR 系数（小于 1 即可），即为异质性备择检验结果。Kao 检验要求不同截面中具有相同的外生变量系数。结果显示了命令控制型环境规制与海洋经济增长间的协整关系，虽然在部分结果上的显著性水平不高，但 Panel ADF-Statistic 与 Group ADF-Statistic 两项核心指标在 5% 的显著性水平下均拒绝了"两数列不存在协整关系"的原始假设。根据佩德罗尼（Pedroni）的证明结论，在较小样本中，Panel v 和 Panel rho 统计量的结果往往较为苛刻。统计检验结果最为明显的为 Panel ADF 和 Group ADF，对于统计样本较小的分析更为常用。因此，可以判定二者在长期发展过程中同样具有协整关系。Kao 检验的统计结果也在不同的显著性水平下验证了以上结论，因此环境规制与海洋经济增长间具有长期的稳定共同趋势。

命令控制型环境规制与海洋经济增长的
协整关系检验

表7-5

检验方法	统计量			
	within-dimension		between-dimension	
Pedroni	Panel v-Statistic	-2.470	Group rho-Statistic	0.894
	Panel rho-Statistic	-2.010**	Group PP-Statistic	-1.377*
	Panel PP-Statistic	-2.263**	Group ADF-Statistic	-1.036*
	Panel ADF-Statistic	-1.137*		
Kao	ADF	-1.934**		

表7-6显示了市场激励型环境规制与海洋经济增长间的协整关系，其中Panel ADF-Statistic与Group ADF-Statistic两项指标均通过了1%的显著性检验，在两种方式检测中的结果均较为显著。说明在较强的水平下拒绝了"两数列不存在协整关系"的原始假设，市场激励型环境规制与海洋经济间的协整能力较为明显。两种环境规制与海洋经济增长之间存在长期协整关系。

市场激励型环境规制与海洋经济增长的
协整关系检验

表7-6

检验方法	统计量			
	within-dimension		between-dimension	
Pedroni	Panel v-Statistic	2.092**	Group rho-Statistic	0.261*
	Panel rho-Statistic	-2.723***	Group PP-Statistic	-5.897***
	Panel PP-Statistic	-5.671***	Group ADF-Statistic	-3.991***
	Panel ADF-Statistic	-4.538***		
Kao	ADF	-2.417***		

二、面板向量误差修正研究结果分析

面板数据协整检验仅能够检验出环境规制与海洋经济增长间是否在长期存在稳定均衡关系，二者在长期和短期的响应能力和响应方向则需要借助面板数据误差修正模型进行测算。由于前文已对变量间的协整关系进行了界定，因此，可以在长期均衡关系的基础上构建误差修正项，并将其作为解释变量，与其他反映短期波动的解释变量共同构建模型，以此反映出两变量间在长期和短期的响应关系（见表 7 - 7 和表 7 - 8）。

命令控制型环境规制与海洋经济增长率的
ECM 检验结果

表 7 - 7

d(GMP)		d(ER1)	
统计量	系数	统计量	系数
长期均衡		长期均衡	
ER1	0.427 ***	GMP	0.185 **
短期均衡		短期均衡	
ECM(-1)	-0.053 **	ECM(-1)	-0.174
d[GMP(-1)]	0.466 **	d[ER1(-1)]	-0.142
d(ER1)	-0.075 **	d(GMP)	-1.468
截距项	0.152	截距项	0.081 *

市场激励型环境规制与海洋经济增长率的
ECM 检验结果

表 7 - 8

d(GMP)		d(ER2)	
统计量	系数	统计量	系数
长期均衡		长期均衡	
ER2	0.981 *	GMP	0.375 *
短期均衡		短期均衡	
ECM(-1)	-0.088 **	ECM(-1)	-0.841 *
d[GMP(-1)]	0.243 ***	d[ER2(-1)]	-0.183 ***
d(ER2)	0.018 **	d(GMP)	1.902 ***
截距项	0.077 **	截距项	0.025 *

命令控制型环境规制方面，从长期角度看，环境规制变动会对海洋经济增长产生正向影响，说明在合理强度下提升环境管理措施能够激发海洋经济的增长。但从短期来看，模型中环境规制的符号与长期

均衡模型的结果恰好相反，说明此类环境规制在短期内的变动会对海洋经济增长产生负向效应。环境规制强度每提升1%，将会导致短期海洋经济增速降低0.075%。此外，由于误差修正项ECM（-1）的系数显著为负，验证了反向修正机制，表明当每年实际海洋经济产值与长期均衡值存在偏差时，有5.3%被修正，也可以说当海洋经济产值增速的短期波动偏离长期均衡时，二者的稳定关系能够以5.3%的调整力度将其拉回至均衡状态。

市场激励型环境规制方面，其在长期均衡过程中对海洋经济增长起到了显著的正效应，而短期变动对海洋经济产值增长也存在正向关系。ER1每提升1%，海洋经济增速在短期内将增长0.018%，说明其成效显著。此外，修正项ECM（-1）的系数在10%的显著性水平下为负值，说明在海洋经济增速短期波动偏离长期均衡时，模型存在显著的反向调整机制。其值为0.088，代表了当短期波动与长期均衡状态有所偏离时，将产生强度为8.8%的调整力使其由非均衡拉至均衡。进一步说明市场激励型环境规制与海洋经济增长间存在更加稳定的动态关系。

从对比上看，虽然两种环境规制手段均能够促进海洋经济增长，但是二者与海洋经济的均衡机制存在明显差异。从长期来看，海洋经济作为我国战略性新兴经济的主力军，单纯的强制性末端治理方式已不利于其整体质量提升。虽然长期的符号为正，但短期内挤占了企业创新投资成本，对于海洋经济路径突破的推动作用相对较弱，也导致长期经济促进效果相对较低。而市场参与式的管制方式能够从利益均衡和激励相容角度倒逼企业采取积极的转型措施，其作用窗口期较长，在推动产能更新过程中，能够为高生产效率企业提供扩大再生产的空间，逐渐提升与环境系统的耦合协调水平。但是短期内市场激励型环境规制的正向效应相对较弱，主要归因于虽然一定程度上从市场供给角度助推了高效率涉海经济的发展，但更加严格的市场准入会限制一大批资本进入既有产业链，也迫使既得利益经济主体抽取一定生产资本投入生产周期更长的绿色效率转化环节，短期内限制了企业的要素周转能力，对于整体海洋经济的促进作用较弱。

　　表7-7和表7-8同样显示了两类环境规制均显著受到海洋经济增长长期均衡的影响。说明从长期发展来看，政府环境规制的调整会明显考量海洋经济发展的支撑作用，海洋经济增长能力将进一步刺激各地政府调整管制的方式和强度，其中与市场激励型环境规制的长期均衡关系要高于命令控制型，说明市场手段对经济干预的反应效果更为直观。从短期内的关系检验结果来看，海洋经济增速每提升1%，市场激励型环境规制将被均衡关系带动提高1.902%，命令控制型环境规制回归结果则不明显。修正系数方面，虽然在两种环境规制中的作用均为负向，但仅市场激励型环境规制通过了显著性检验，修正系数为-0.841，表明当实际环境规制强度与长期均衡值产生偏差时，将有84%的调整力度将其拉至平衡状态，修正系数较大。究其原因，主要是我国的政策执行体制表现出较为明显的路径依赖，环境治理投资的方向和数额较为连贯，且海洋环境相较于其他环境系统，其污染及治理效果更具时滞性，因此导致强制性环境政策强度偏离于经济增长背后的实际污染源。而市场型规制方式将参与实际生产和污染的经济主体直接引入强度制定机制中，在有限的资源环境容量下，当预期开发收益较大时，将引导更多经济主体参与竞争，对于环境成本的接受范围随之提升，规制强度能够在市场推动下得到快速反应。

三、环境规制与海洋经济增长脉冲响应分析

　　本书重点研究环境规制与海洋经济增长的动态变化关系，因此可以借助VAR模型的脉冲响应函数，测算出当环境规制或海洋经济增速中的某一指标发生变动时，另一指标的变动情况。脉冲响应是通过给扰动项施加一个标准差单元的冲击（即脉冲）之后，VAR模型中所有内生变量当期值和未来值发生的变化。这能够更为直观地反映出

各内生变量在误差变化下的动态响应过程，可用以反映各主要变量间的动态响应能力和响应方向。

为了建立合适的脉冲响应模型，要先确定最优滞后阶数。因此，我们综合惯用判定参数，选取 LR 统计量、FPE 最终预测误差、AIC 信息准则、SC 信息准则以及 HQ 信息准则五个指标，确定最优滞后期，结果如表 7 – 9 和表 7 – 10 所示。

命令控制型环境规制与海洋经济增长 VAR

表 7 – 9 脉冲滞后期选择

lag	logL	LR	FPE	AIC	SC	HQ
0	– 6. 854	NA	0. 004	0. 268	0. 334	0. 294
1	211. 430	416. 724	0. 001	– 6. 225	– 6. 026	– 6. 146
2	220. 366	16. 518 *	0. 001 *	– 6. 374 *	– 6. 042 *	– 6. 243 *
3	224. 064	6. 611	0. 001	– 6. 365	– 5. 901	– 6. 182
4	226. 658	4. 480	0. 001	– 6. 323	– 5. 725	– 6. 087
5	229. 293	4. 390	0. 001	– 6. 281	– 5. 551	– 5. 993

注：＊表示该滞后阶数具有最佳检验值，下同。

市场激励型环境规制与海洋经济增长 VAR

表 7 – 10 脉冲滞后期选择

lag	logL	LR	FPE	AIC	SC	HQ
0	– 101. 953	NA	1. 867	6. 300	6. 390	6. 330
1	– 5. 168	175. 971	0. 006	0. 676	0. 948 *	0. 768
2	0. 038	8. 837	0. 006	0. 603	1. 057	0. 756
3	5. 964	9. 336	0. 005	0. 487	1. 121	0. 700
4	10. 409	6. 466	0. 005	0. 460	1. 276	0. 734
5	12. 788	3. 171	0. 006	0. 558	1. 555	0. 893
6	28. 168	18. 642 *	0. 003 *	– 0. 131	1. 047	0. 265 *
7	32. 824	5. 079	0. 003	– 0. 171	1. 189	0. 286
8	37. 835	4. 858	0. 003	– 0. 232 *	1. 309	0. 286

根据各项检验结果的显著性水平可以看出，命令控制型环境规制与海洋经济增长的 VAR 模型在滞后 2 期时，AIC 和 SC 均表现出最优

的验证结果。因此，可以选取滞后阶数为 2。市场激励型环境规制与海洋经济增长的 VAR 模型在滞后 2 期时 SC 信息准则最优，在滞后 8 期时 AIC 信息准则最优，无法进行最优判断。通过选取更多的判定标准，发现滞后 6 期时 LR、FPE 和 HQ 等均检测出最优滞后阶数。综合比较下发现在滞后 6 期阶段时模型数列间的影响较为稳定。因此选取滞后阶数为 6 期进行脉冲响应。根据脉冲响应的函数方法，运用 Monte-Carlo 进行 500 次模拟，可以得出内生变量的脉冲响应函数，如图 7 - 2 和图 7 - 3 所示。其中横坐标为冲击下内生变量反应的时期数，为便于横向对比两种环境规制的影响能力和收敛情况，适当选择 10 期显示响应时间。纵坐标为内生变量受标准差冲击后在不同滞后时间的响应函数。虚线表示正负两倍标准差的置信偏移带。

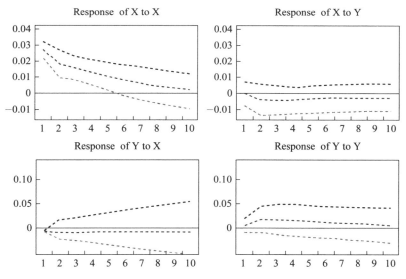

图 7 - 2　命令控制型环境规制（X）与海洋经济增长（Y）
在 10 期内的动态响应

图 7 - 2 显示了命令控制型环境规制和海洋经济增速的标准差冲击引起的反应或回复。从第一张图可以看出，当给环境规制一个标准差冲击以后，其自身在 1 期便出现较高的正向响应峰值，在 2 期则大

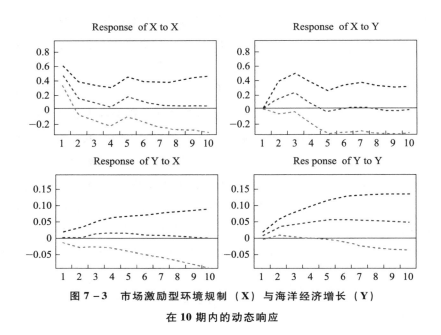

图 7 - 3　市场激励型环境规制（X）与海洋经济增长（Y）
在 10 期内的动态响应

幅降低，至 3 期虽然降幅减小，但整体响应强度随阶数明显降低。这主要与政府行政性政策和预算投资往往具有较强计划性有关，后期的治理预算规划多以前期投入为标准，因此，响应的时序衰减具有一定现实性。从第二张图可以看出，当海洋经济受到一个标准差的冲击以后，环境规制在当期并未受到影响，并在 2 期以后逐渐快速变为负向，最终在 3 期趋于平缓。我国海洋经济长期依赖的资源与环境禀赋容量使经济可持续发展的瓶颈日益增大，单纯的治理投入不足以扭转经济活动增加造成的环境质量变化，因此地方环境治理的手段配置逐渐由直接干预向辅助市场转变，直接投入份额降低。从第三张图可以看出，当给环境规制一个标准化冲击时，海洋经济在 1 期并未产生明显的响应，在随后的滞后 1 到 3 期时间段内，出现短暂的负向影响，总体来讲弹性较小且未见较大波动。说明海洋经济对于此类环境规制变动的响应程度不高，主要与事后治理对海洋资源环境的成本影响有限有关。从第四张图看出，海洋经济的标准化冲击对自身后期的影响仍然遵循循序提升的规律，表现为经济增长路径具有一定的连贯性。

图 7-3 表明的是市场激励型环境规制和海洋经济的变化引起的自身和彼此的反应或回复。从第一张图可以看出，当给环境规制一个标准差冲击时，其自身的响应强度迅速达到峰值，从 2 期开始快速降低，直至 5 期又出现明显上涨态势，但至 6 期又回归到正常轨迹，最终逐渐收敛，总体响应值均为正。说明此类环境规制在时序方面的响应较为积极，市场主导下的环境治理行为具有一定连贯性。从第二张图可以看出，当给海洋经济一个标准差冲击时，环境规制在 1 期并未受到影响，从 2 期开始海洋经济对环境规制的冲击具有持久性且作用强度有较强提升，在 3 期达到峰值，随后响应值开始下降，并从 5 期开始逐渐收向平稳。说明海洋经济对此类环境规制存在较大冲击，且总体上属于正向影响。在我国海洋经济增长过程中，企业对于环境的敏感性逐渐提升，而市场机制下的环境策略会因海洋经济份额的提升而更加及时和严厉，说明政府更加注重使用市场化手段来解决海洋污染问题。从第三张图可以看出，当给环境规制一个标准差冲击时，海洋经济最初会产生较小的正向响应，然后平稳提升，直至 4 期开始出现平稳下降，并逐渐回归到稳定状态。说明整体上此类环境规制对于海洋经济增长呈现正向的促进作用，验证了前文结论。其作用能力较为稳定，一方面与海洋经济的发展受到诸多宏观环境综合影响有关；另一方面是由于此类环境规制的影响具有较强的时间延展性，对于海洋经济的影响波动较小。根据第四张图可知，当给海洋经济一个标准差的冲击后，自身在初期便产生正向响应，且随着滞后期不断延伸，其正向反应仍在缓慢提升，至 5 期逐渐平稳，说明海洋经济在规模效应驱动下会保持较为明显的路径依赖，前期的经济积累会进一步增强后期的稳定能力。

从两种环境规制冲击下的海洋经济响应来看，整体而言我国环境规制的变动对海洋经济增长均有一定贡献，但对不同滞后期的冲击能力存在差异。说明从不同时期的经济发展目标考虑，短期内两种环境规制的科学组合是海洋经济稳定增长的重要保障。而从长久效果来看，市场激励型环境规制改变造成的影响更加明显，且更具持续性。因此，当前在控制海洋环境质量的前提下应合理配置海洋环境使用的市场化机制。海洋经济的冲击对两种环境规制的后期影响也具有一定时滞差异，市场激励型环境规制多出现正向影响，且临近滞后期的响应较大；命令控制型环境规制则在临近的负向影响中快速趋于稳定，据此可以反映出在海洋经济不断壮大过程中，我国环境规制策略的变化特征。

四、方差分解分析

脉冲响应表示 VAR 模型中某个内生变量受到标准差冲击后，其他内生变量受到的影响。方差分解通过对 VAR 扰动性结构性分解，能够进一步分析出每一项结构冲击引发的对内生变量变化的贡献程度，可用以比较不同结构冲击的重要性①。以此可以从长短期两个角度对比分析环境规制对海洋经济增长的解释能力（结果如表 7 - 11 所示）。

表 7 - 11　　　　海洋经济贡献预测方差分解

预测变量	Period	GMP	ER1	预测变量	Period	GMP	ER2
ER1	1	64.138	35.862	ER2	1	69.474	30.526
ER1	2	69.025	30.975	ER2	2	72.633	27.367
ER1	3	73.116	26.884	ER2	3	73.46	26.540
ER1	4	75.642	24.358	ER2	4	71.064	28.936
ER1	5	78.576	21.424	ER2	5	71.165	28.835
ER1	6	80.417	19.583	ER2	6	74.312	25.688
ER1	7	84.205	15.795	ER2	7	75.183	24.817
ER1	8	86.421	13.579	ER2	8	71.723	28.277
ER1	9	88.242	11.758	ER2	9	66.317	33.683
ER1	10	90.975	9.025	ER2	10	62.352	37.648

---

① 高铁梅. 计量经济分析方法与建模——Eviews 应用及实例 [M]. 北京：清华大学出版社，2009.

从对海洋经济的预测方差分解结果中可以看出，海洋经济自身基础对其增长仍保持着决定性的影响。在命令控制型环境规制模型的方差分解中，海洋经济自身扰动的解释比更是高达 64.1%—91.0%。而在市场激励型环境规制的方差分解中，其自身扰动的解释程度保持在 62.4%—75.2%。这主要是由于我国海洋经济增长受到宏观环境和微观投入等多种因素影响。此类因素的波动均被纳入海洋经济内生因素中。命令控制型环境规制的波动在短期内对海洋经济增长波动贡献作用较高，但在中长期的解释能力则逐年下降。由于短期内命令控制型环境规制的作用并不积极，因此贡献度越高反而越不利于海洋经济增速的提升。市场激励型环境规制的扰动对海洋经济增长的解释呈现波动上升的趋势，短期影响略有下降，进一步验证了生产过程中的成本假说。但从长期来看，一旦其对于海洋经济的模式转换作用开始显现，其贡献程度将得以提升。

第四节　本章小结

本书从动态影响的角度，分析了命令控制型和市场激励型两种海洋环境规制与海洋经济增长的动态关系。

首先，从环境规制与海洋经济增长关系的经济分析入手，引入本章的研究思路，并结合研究目标对面板数据的单位根检验和协整检验进行简单介绍。其次，对两类型环境规制与海洋经济增长的长短期匹配关系进行计算。根据面板协整检验发现，无论是命令控制型环境规制还是市场激励型环境规制，均能够与海洋经济增长保持稳定的长期协整关系。在此基础上，通过建立面板向量误差修正模型，分析环境规制对海洋经济增长的长期和短期影响关系，结果显示，命令控制型环境规制对于海洋经济增长的长期贡献能力相对较少；而在短期内，命令控制型环境规制的实施会对海洋经济增长造成抑制作用。市场激励型环境规制则会在短期内促进海洋经济增长，但提升能力相对较弱。与此同时，海洋经济的增长会带动市场激励型环境规制的提升，且二者均衡关系能够对市场激励型环境规制的短期偏差产生较强的修正作用，但这种作用在命令控制型环境规制中不明显。通过面板 VAR 脉冲响应分析发现，市场激励型环境规制的变化对海洋经济增长的影响要大于命令控制型环境规制。与此同时，两类环境规制均具有一定的政策连贯性。在对海洋经济一个标准化冲击后，市场激励型环境规制的正向响应更为明显，命令控制型环境规制则会受到明显的负向影响。通过方差分解，测算出环境规制对于海洋经济增长的贡献率变化。命令控制型环境规制的变动虽然在短期内对于海洋经济增长的解释更大，但是并未表现出积极作用，市场激励型环境规制早期贡献则相对较低，但对于海洋经济增长的贡献随时间推移呈现不断扩大趋势。

第八章 环境规制与海洋经济增长的
路径匹配

经过前文对环境规制与海洋经济增长间的文献总结和关系测算，可以初步从时间趋势得出二者的动态关系。但是否一味增强环境规制就可以达到促进海洋经济增长的目标仍不确定，二者匹配结果仍需进一步验证。考虑到不同强度的环境规制对海洋经济增长的传导途径不同，不同机制下的传导能力也会不同，可能会造成海洋经济增长产生差异化影响。且环境规制对于海洋经济增长的正反两种可能结果均有一定的理论和经验支持。因此，本书通过构建动态面板数据模型，分别研究命令控制型环境规制和市场激励型环境规制随强度提升对海洋经济增长的影响，以期得出更为严谨的解释。

第一节　环境规制对海洋经济增长的直接效应分析

海洋经济增长反映的是某个国家或地区所有涉海产业生产的商品和服务的价值增长。与其他经济系统相一致，海洋经济增长也是一个动态变化的过程。因此，需要借助不同区域和不同截面的数据对影响过程进行动态比较。学界流行使用截面数据模型或面板数据模型对环境规制的经济效应进行测算。其中截面数据模型是选取统一时间断面的数据或将不同断面的数据视为具有一致性进行计算。相对于面板数据模型，其在选择时往往具有一定局限性：一是往往受限于截面样本数量，导致估计结果偏离实际。二是很难规避未观测到的因素数据，导致截面趋势被忽略。阿斯拉克森（Aslaksen）认为人为因素对于因果关系的控制不可能全部完善，若使用截面数据模型将无法抵消截面异质性导致的估计偏误①。三是无法解决可能出现的内生性问题，这也是截面数据模型最为人诟病的问题。哈勃和梅纳尔多（Haber and

---

① ASLAKSIN S. Oil and Democracy: More Than a Cross-country Correlation? [J]. Journal of Peace Research, 2010, 47 (4): 421–431.

Menaldo)[①] 认为在回归模型中的内生性问题对于结果的真实性影响极为重要，需要重点避免。四是截面数据模型无法区分时期差异对问题的影响。

因此考察环境规制对海洋经济增长的动态影响，需结合经济增长动态变化的特点，以内生经济增长理论为依据，通过构建更为科学的动态面板数据模型来得出更为详尽的结果。

一、直接效应模型设定及变量选取

动态面板数据模型是面板数据模型的衍生形式。面板数据模型自身具有一定的优点：一是能够同时兼顾数据的时间效应和个体效应，从而能够避免因个体差异和时间趋势导致的估计误差。二是面板数据能够将不同时期的样本数据纳入统一估计模型中，使样本量增大。而动态面板模型是在面板数据模型中加入被解释变量的滞后项，将其作为解释变量以规避经济现象的路径依赖问题。

由于动态面板数据模型的解释变量中含有被解释变量的滞后项，因此，会导致随机扰动项与解释变量具有一定相关性。若使用传统估计方法，将会因内生性导致的参数估计结果偏误，使根据参数得出的推断失去经济学解释意义。因此，需要借助特殊的方法进行估计。最为常见的是系统 GMM 估计方法。相较于普通最小二乘法、极大似然估计法、工具变量法等需要较为严格假设条件的传统计量模型，系统 GMM 估计方法可以使水平回归与差分回归纳入统一的估计方程中。在具体的模型构建中，可以将滞后项纳入，当作一阶差分项，也可将一阶差分项纳入，当作水平变量的工具变量。以此进一步提高工具变量的可选性。在验证工具变量的有效性时，系统 GMM 通常选择两种检验方法：一是 Sargan 检验，主要用于检测模型是否存在过度识别

---

① HABER S. MENALDO V. Do Natural Resources Fuel Authoritarianism? A Reappraisal of the Resource Curse [J]. American Political Science Review, 2011, 105 (1): 1 – 26.

问题，用以反映在矩条件下选取的工具变量对于估计结果的有效性；二是 Arellano-Bond 检验，主要是检验干扰项序列相关性。其前提假设是误差项的差分具有一阶相关性，若差分项存在二阶相关性，则不具备检测序列相关性的前提条件。

若要分析环境规制对海洋经济增长的动态影响，需要从两方面重点考量：一是需要界定影响海洋经济增长的因素有哪些；二是要甄选出哪些因素可以影响环境规制的经济效应。根据前文经济增长理论可以得出：分析环境规制的经济增长效应，应该将其纳入经济发展系统中与其他因素统筹分析。依据经典经济学理论，能够影响经济增长的因素除了有劳动力资源、物质资源、资金资源和技术进步以外，还包括制度环境和市场环境。其中环境规制即属于政府管理制度的一种，其对海洋经济增长的影响既包括直接效应，也包括间接效应。在直接效应方面，参照学界较为普遍的模型构建方法，构建包含核心变量和控制变量的基础模型，具体形式为：

$$GMP_{it} = \alpha_0 + \alpha_1 ER_{it} + \alpha_2 ER_{it}^2 + \alpha_3 X_{it} + \varepsilon_{it} \qquad (8-1)$$

回归方程中：GMP 表示海洋生产总值增速，ER 表示环境规制的强度，X 表示由各类控制变量组成的向量集合，i 表示沿海各省市区的编号，t 表示具体时间，ε 表示误差项，用以体现随机干扰的影响。

对于环境规制与经济增长的关系，学界尚未达成统一共识。结合第三章和第四章结果可知，环境规制在不同时期的经济效应区别较大，且与海洋经济增长间动态响应存在长期和短期差异，这在环境 EKC 曲线理论和经济增长阶段理论可以找到合理解释。因此陶静和胡雪萍[1]、徐长新和胡丽媛[2]在实证研究中认为，不能从单一方向对二者关系进行论证。参照 EKC 的非线性集合，引入环境规制的二次

---

① 陶静，胡雪萍. 环境规制对中国经济增长质量的影响研究 [J]. 中国人口资源与环境，2019，29（6）：85-96.

② 徐长新，胡丽媛. 环境规制、技术创新与经济增长——基于 2008—2015 年中国省际面板数据的实证分析 [J]. 资源开发与市场，2019，35（1）：1-6.

项对其可能出现的非线性关系进行验证。主要判别系数为 α_1 和 α_2，若 α_1 和 α_2 均通过显著性检验，则环境规制与海洋经济增长间存在典型非线性关系，若 $\alpha_1 > 0$ 且 $\alpha_2 < 0$，则二者关系呈现"U"型，表明环境规制对于海洋经济增长呈现先阻碍后促进作用；若 $\alpha_1 < 0$ 且 $\alpha_2 > 0$，则二者关系呈现倒"U"型，表明环境规制对于海洋经济增长呈现先促进后阻碍作用。若仅 α_1 通过显著性检验，则两变量仅呈现线性关系。

考虑到海洋经济为经济体系的重要组成单元，其增长因素仍继承经典经济理论基本内涵，因此本书参照部分经典经济增长模型，从资本积累、技术应用和制度环境等方面选取相应指标作为控制变量，以避免环境规制的作用效果被高估，控制变量选取依据如下：

人力资源水平（HRC 和 HRE）：在既有研究中，人力资源被普遍选作经济增长的重要内生因素之一[①]。对于海洋经济而言，由于其特殊的生产方式及空间资源依赖性，人力资源的作用是否显著尚未得到统一的结论。部分学者认为，海洋生产更加偏向于资源开发与技术应用，人力资源的规模效应不尽明显，甚至会导致拥挤效应。但仍有一些学者认为从经济布局的空间组织来看，人力资源是区域经济形成资源整合的前提，需要一定量的涉海工作人员，才能支撑起海洋经济的区域主导作用。因此，选用人力资源作为控制变量，可以保证环境规制经济效应的测量结果更加准确。而对于人力资源水平的测算方法多种多样，学界尚未统一。主要包括高学历人才占有率、从业人员规模、从业人员工作效率、受教育平均年限、高校在校大学生数占行业人员比重、地方教育支出占总支出比重等。考虑到经济增长中人力资本的影响主要涉及规模和质量两个方面，因此，可选取从业人员劳动生产率（HRE）和从业人员规模（HRC）两项指标，其中规模指标用涉海人员从业人数表示，而生产率指标用单位涉海人员的海洋生产总值表示。

---

① 蔡昉，都阳. 中国地区经济增长的趋同与差异——对西部开发战略的启示［J］. 经济研究，2000（10）：30－37，80.

物质资源水平（MR）：与人力资源相类似，内生增长理论和新古典增长理论均将其作为经济增长的内生动力。丰富的物质资本不仅能够在产业培育阶段帮助当地生产部门建立比较优势，也能够帮助当地企业降低因运输和交易造成的成本。部分学者从经济增长路径依赖和路径突破角度，认为物质资本不一定能帮助区域经济长久增长。在一定规模效应下，过高的资源依赖式发展模式更不利于当地企业转型升级。评价物质资本使用最为普遍的有两种方法：一是借助永续盘存法，通过价格指数评价和折旧，将各年固定资产投资折算相加得到最终资源基础[①]。此类方法适用于对区域整体经济体系进行测算。另一种是针对某一经济系统的资源依赖特征，选取部分产能贡献能力最高的资源量。基于数据的可得性原则，考虑到海水资源是容纳其他海洋物质资源的基础，也是涉海经济活动最为直接的物质平台。因此，可选取人均水资源量作为代理指标。

技术创新水平（INV）：技术进步对于经济增长的推动作用已经在理论和实践层面被证实。随着竞争加剧导致的资源开发成本提升以及市场需求升级，使得以传统生产方式为主的企业无法抵制因生产成本提升造成的效益增加。区域经济因此面临更多的增长压力，必须借助技术创新来增加单位投入的产出效率以拉低成本，或者采取清洁技术来降低因污染排放造成的治理成本。二者都是企业基于挤占效应的约束，通过控制成本来提高利润空间，并提高扩产扩能积极性。现有关于区域技术创新的研究较为丰富，选取的指标主要可以归结为三方面：一是从投入角度体现地区对于创新的重视程度，如研发机构数量、政府授权课题数目、科技资金投入量、高学历人才培养数量等；二是从产出角度反映区域创新转化与应用规模，如专利授权量、专利申请量等；三是从投入产出效率层面反映地方科技实力。本书考虑到地区创新水平应该体现技术创新收益在经济发展中的相对比重，以消

---

① 单豪杰. 中国资本存量 K 的再估计：1952—2006 年 ［J］. 数量经济技术经济研究，2008，25（10）：17 – 31.

除因基础规模造成的影响。因此，采用海洋科技创新研发经费收入与海洋生产总值的比值作为代理变量。

外资进入水平（FDI）。沿海区域作为我国海洋经济发展的空间载体，从发展初期便借助临近国外市场的区位优势，逐渐建立起深度融入全球化的经济体系。再加上海洋经济中诸多生产部门自身具有一定的外向功能。因此，全球化在推动海洋经济增长中起到重要推动作用。其中FDI被认为是带动区域经济增长的主要动力，这在学界已经达成共识。与此同时，一些学者也表达了对FDI限制我国区域经济可持续增长的担忧。认为在复杂的区域竞争背景下，流入我国的FDI往往具有一定的资源与环境趋利性，即所谓的"污染天堂"①。而地方政府为了达到短期增长目标，往往忽视外资的流入质量。虽然在短期内能够刺激地方经济快速增长，但是在资源环境矛盾日益突出的情况下，外企反而拖累了区域经济转型步伐，也引发了高端资本投入对当地生产的担忧，不利于经济的长远增长。因此，我国海洋经济在经历40多年的国际化进程以后，现行FDI对于区域海洋经济的影响理应得到重视。

产业结构水平（IDS）：经济发展过程本身就蕴含着产业的更替演化。只有产业结构不断升级，才能驱动经济的长久增长，这在钱纳里的"发展模式"思想中得以体现。因为产业结构的变化极大限度影响了各类经济要素的配置模式和效率。在非均衡条件假设下，产业结构的变动能够顺应资本贡献能力，转变要素组合形式，并推动经济快速增长。我国海洋经济增长受到产业结构的深远影响，从早期以捕捞、养殖及盐业等初级生产为主导产业，到海产品加工、海洋资源勘探等较高附加值生产的盛行，到最后的海洋医药、滨海旅游等的不断推广，每一次产业革新，均能助推当地提高核心竞争力，并逐渐占据生产价值链的主导地位。根据前文分析，我国现阶段的海洋产业分布仍处于"二三一"的阶段，第二产业的经济贡献能力最高。因此，

---

① 黄杰. FDI对中国碳排放强度影响的门槛效应检验［J］. 统计与决策，2017（21）：108－222.

本书选取海洋经济中第二产业与第三产业比值作为代理变量。

基础设施水平（INF）：现有研究认为，公共基础设施的修建能够重塑产业要素的配置空间，使具备更多基础设施的地区具有更加宽阔的资源整合途径，从而改变区域人口与生产要素的分布形态，并帮助各类产业形成空间集聚并表现出规模效应，进而促进整体经济的提升[①]。基础设施的经济效应主要表现在外部性和溢出效应。不断完善的基础设施在扩大就业规模的同时，会进一步刺激各类生产部门加大投资，进而带动整体产业的产值增加。现有研究对于基础设施的度量，多集中于从政府修建与维护投资、居民基础设施消费支出、相关就业人口规模、基础设施分布密度等方面选取指标。考虑到沿海地区作为海洋经济的主要承载平台，已经建立起从海岸线向内陆腹地延伸的空间产业体系。省域内基础设施的修建均会影响海洋要素的配置与重组。因此，本书选取人均道路面积反映省内基础设施的整体水平。

人口密度（POP）：关于人口密度对经济增长的影响在学界尚未达成统一意见。部分学者认为，人类作为资源要素整合的主体，能够在集聚过程中提高技能模仿的便捷性，降低沟通与交易成本，从而提升整体经济效率。人口规模的提升也能够从市场需求层面带动产能增加[②]。与此同时，人口的集聚扩张有助于地方政府布局公共设施及公共服务，使单位投资的服务效用更高，从而提升整体利润。另有学者则从社会因素、环境因素出发提出不同意见。他们认为，人口密度的增加必将提高犯罪等社会不稳定事件的发生率，并给当地环境造成更大压力，使各产业生产成本随之提高。因此，需要将人口因素纳入经济增长的研究框架。本书选取每平方千米年末总人口数量表示。具体指标如表 8 - 1 所示。

---

① JOHNSON D, ERCOLANI M, MACKIE P. Econometric Analysis of The Link Between Public Transport Accessibility and Employment [J]. Transport Policy, 2017, 60 (8): 1 - 9.

② 王风云. 京津冀人口集聚对能源消费的影响 [J]. 人口与经济, 2020 (2): 12 - 25.

表 8 - 1　　　　　　　　各项指标计算及解释

变量类型	变量名称	变量符号	变量计算	变量单位	预期方向
被解释变量	海洋经济增速	GMP	海洋生产总值增长率	%	—
解释变量	命令控制型环境规制	ER1	污染治理投资额/海洋生产总值	%	"U" 型
	市场激励型环境规制	ER2	确权海域使用金/确权海域面积	元/公顷	正向
控制变量	人力资源水平	HRE	海洋生产总值/涉海就业人员人数	万元/人	正向
		HRC	涉海就业人员人数	万人	正向
	物质资源水平	MR	人均水资源量	立方米/人	正向
	技术创新水平	INV	海洋科技研发经费收入总额/海洋生产总值	%	正向
	外资进入水平	IDU	FDI/海洋生产总值	%	反向
	产业结构水平	IS	海洋第二产业产值/海洋第三产业产值	%	反向
	基础设施水平	INF	人均道路面积	平方米/人	正向
	人口密度	POP	年末总人口/区域面积	人/平方千米	正向
	海洋经济增速滞后项	L. GMP	滞后一期海洋生产总值增长率	%	正向

　　由于我国海洋经济相关数据自 2006 年才逐渐完善，依据数据的可获取性和可比性，本书选择 2006—2017 年沿海 11 个省（市、自治区）的样本构成面板数据。为了不损失数据容量，保持回归方程数据连贯性，增加选取滞后一期，即 2005 年的海洋生产总值增长率。为了最大限度消除因量纲不同导致的异方差问题，保证面板数据的平稳性，除了比值性数据外，均进行自然对数处理。本章采用的数据均来自 2007—2018 年的《中国统计年鉴》《中国海洋统计年鉴》《中国环境统计年鉴》，部分缺失数据采自各省份统计年鉴。

模型 8−1 是作为普通面板数据模型设定，并未考虑经济现象自身包含的路径依赖。即前期的经济发展路径会对当期的经济现象产生重要作用，包括经济增长速度、经济结构及经济规模等。若不考虑前期的经济状况，将使最终的估计结果存在偏差。因此本书在构建影响基础模型时，引入滞后一期的海洋经济增速作为解释变量，构建动态面板数据模型。具体表达式为：

$$GMP_{it} = \alpha_0 + \alpha_1 ER_{it} + \alpha_2 ER_{it}^2 + \lambda GMP_{it-1} + \alpha_j X_{it} + \varepsilon_{it} \quad (8-2)$$

模型（8−2）相较于模型（8−1）最主要的区别是增加了海洋经济增速的一期滞后项，并对其影响系数进行估计。与静态面板数据模型相比，多出的回归系数 λ 能够反映出受前期经济增长水平影响导致的当期海洋经济增长变化。其余变量的含义及代理数据均与式 8−1 类似。

二、数据描述性分析

在使用数据进行回归计算之前，对各变量进行初步统计分析，得出描述性结果（见表 8−2）。

表 8−2　　　　　　各项指标描述性统计分析

变量符号	最大值	最小值	中位数	均值	标准差	样本数
GMP	45.571	−33.918	12.862	12.731	9.869	132
ER1	0.430	0.015	0.062	0.099	0.084	132
ER2	12.422	7.209	9.338	9.311	1.133	132
HRE	34.064	2.753	11.623	13.725	7.783	132
HRC	6.767	4.401	5.333	5.500	0.666	132
MR	8.637	4.288	6.594	6.684	1.330	132
INV	15.358	8.304	13.661	13.080	1.644	132
IDU	6.883	3.055	5.584	5.559	0.667	132
IS	2.188	0.325	0.918	0.954	0.378	132
INF	25.820	4.040	14.390	14.942	5.109	132
POP	8.250	5.294	6.265	6.272	0.773	132
L. GMP	45.571	−33.918	12.513	12.255	9.754	132

从表 8 - 2 可以看出，命令控制型环境规制强度最高的地区是河北，取值为 0.430，而最低的是海南，仅为 0.015。对数处理后市场激励型环境规制强度最高的是辽宁，取值为 12.422，而最低的江苏仅为 7.209，总体标准差为 1.133，区域间差距较大。劳动生产率最高的区域是上海，而海南排名最低，区域间劳动效率差距依然较大。涉海就业人员数最多的区域为广东，人数最少的是河北，标准差相对小于劳动生产率，进一步说明劳动效率对于规模效应的依赖性。物质资本水平最高的区域为海南，取对数后的人均水资源量达到 8.63，而最小的区域河北仅为 4.2。浙江省国际化水平最高，达到 6.883，是最低的海南得分的两倍多。海洋科技创新水平中广东省得分最高，取对数后得分达到 15.358，排名最低的海南仅为 8.304。基础设施方面各地的标准差偏大，标准差达到 5.109，其中最高的山东得分为 25.820，是排名最低的上海的 6.28 倍。人口密度中最高的为上海，排名最低的是广西。从各类数据的比较可以看出，不仅我国区域海洋经济的发展存在较大差异，各类潜在影响因素也在区域演化中表现出不同发展现象。因此，可以从因果关系角度对环境规制的动态作用效果进行研究。

为了避免因指标多重共线性造成的回归结果偏误，使用各项参与回归的变量进行方差膨胀因子检测（VIF 检测），结果如表 8 - 3 所示。通过计算可以看出，各变量的方差膨胀因子均未超过判定标准 10，其中最大的变量为 L. GMP（海洋生产总值增速滞后项），说明为了在测算动态影响的基础上提高结果准确性，对因变量进行滞后期处理，选取的指标仍然具有合理性和可行性。最小的变量是 IDU（全球化水平），说明现有变量均可保留。

表 8 - 3 　　　　　　　　　方差膨胀因子测算

变量	方差膨胀因子	变量	方差膨胀因子
GMP	—	INV	4.26
ER1	7.41	IDU	1.30

续表

变量	方差膨胀因子	变量	方差膨胀因子
ER2	8.15	IS	2.17
HRE	5.43	INF	4.26
HRC	4.59	POP	5.28
MR	4.33	L.GMP	8.26

三、回归结果及实证分析

考虑到本书是分析环境规制对海洋经济的动态影响，且海洋经济的增长变化是个动态过程。因此，选用动态面板数据模型作为研究方法。若选取普通回归方法对其进行估计，无法有效控制模型中可能存在的内生性问题。内生性问题主要由因果联立偏误引起，如基础设施修建可以刺激海洋经济发展，而地区在发展起海洋经济以后会加大对基础设施的投资力度，由此产生两变量的双向因果关系。此外，统计口径不同或测量误差、样本选择偏误也会导致内生性问题。影响海洋经济增长的变量较多，本书仅能选取部分最具代表性的指标，无法避免因变量遗漏导致的内生问题。

为了最大限度地消除因内生性导致的估计有偏问题，现有研究多采用广义矩估计方法（GMM）。其主要包括两种估计方法：差分估计和系数矩估计[①]，二者均是将模型参数与矩条件相比对后建立起的参数估计方法。在综合考量模型特征后选取广义矩估计方法进行估计。为了更加清晰地显示出各控制变量与模型主变量关系的关联效应，以及观测引入各变量后主变量的动态变化过程，在估计时采用逐步增加控制变量的手段分步回归，具体估计结果如表8-4和表8-5所示。

---

① M Arellano, O Bover. Another Look at the Instrumental Variable Estimation of Error-Components Models [J]. Journal of Econometrics, Elsevier, 1990, 68 (1): 29 – 51.

表 8－4　命令控制型环境规制与海洋经济增长关系的回归结果

被解释变量：GMP

解释变量	模型序号							
	(1)	(2)	(3)	(4)	(5)	(6)	(7)	(8)
L.GMP	0.430***	0.411***	0.412***	0.398***	0.392***	0.391***	0.387***	0.379***
	(10.591)	(9.320)	(9.300)	(8.984)	(8.412)	(8.500)	(8.341)	(8.047)
ER1	-0.452***	-0.483***	-0.427***	-0.306***	-0.442***	-0.470***	-0.461***	-0.453***
	(-12.216)	(-13.417)	(-11.541)	(-8.053)	(-11.333)	(-11.750)	(-11.525)	(-11.049)
$ER1^2$	0.157***	0.124***	0.251***	0.674***	0.509***	0.428***	0.467***	0.473***
	(4.893)	(4.270)	(6.533)	(7.694)	(7.320)	(6.071)	(6.628)	(6.066)
HRE	0.019***	0.042***	0.043***	0.041***	0.039***	0.039***	0.042***	0.010***
	(5.053)	(11.755)	(11.690)	(10.814)	(10.051)	(9.949)	(9.927)	(2.569)
HRC		0.644***	0.630***	0.651***	0.673***	0.674***	0.688***	0.664***
		(9.670)	(8.886)	(9.182)	(9.373)	(9.220)	(9.272)	(9.121)
MR			0.007	0.006	-0.004	-0.005	-0.001	-0.001
			(0.547)	(0.430)	(-0.317)	(-0.342)	(-0.022)	(-0.093)
INV				0.009*	0.010*	0.011*	0.008	0.011*
				(1.694)	(1.798)	(1.837)	(1.142)	(1.892)
IDU					-0.042**	-0.042*	-0.045**	-0.044**
					(-1.981)	(-1.949)	(-2.088)	(-2.037)

续表

解释变量	被解释变量：GMP 模型序号							
	(1)	(2)	(3)	(4)	(5)	(6)	(7)	(8)
IS						-0.046^{***}	-0.042^{***}	-0.047^{***}
						(-3.122)	(-3.107)	(-3.301)
INF							-0.001	-0.004
							(-1.045)	(-1.797)
POP								0.039^{**}
								(2.017)
_cons	1.995^{***}	0.562^{**}	0.591^{***}	0.485^{***}	0.722^{***}	1.995^{***}	0.562^{**}	0.591^{**}
	(7.281)	(2.465)	(2.494)	(1.996)	(2.606)	(7.281)	(2.465)	(2.494)
Sargan 检验	7.190	6.346	4.371	3.744	3.394	2.854	1.334	1.287
p 值	0.981	0.996	0.999	1.000	1.000	1.000	1.000	1.000
Abond test for AR(1)	-1.556	-1.857	-2.428	-2.314	0.054	0.032	0.048	0.041
p 值	0.120	0.086	0.015	0.056	0.017	0.142	0.196	0.178
Abond test for AR(2)	0.170	-0.438	-0.591	-0.574	-0.428	-0.266	-0.319	-0.257
p 值	0.865	0.766	0.554	0.631	0.537	0.663	0.750	0.742
样本数	132	132	132	132	132	132	132	132

注：*，**，***分别表示通过了10%、5%和1%的显著性检验，括号内位t检验值，下同。

表8-5 市场激励型环境规制与海洋经济增长关系的回归结果

被解释变量：GMP

解释变量	(9)	(10)	(11)	(12)	(13)	(14)	(15)	(16)
L.GMP	0.736***	0.418***	0.419***	0.405***	0.395***	0.396***	0.386***	0.439***
	(18.128)	(8.970)	(8.915)	(8.635)	(8.333)	(8.098)	(7.830)	(9.543)
ER2	-2.824***	1.254	1.132	1.209	1.657*	1.659*	1.883**	1.924**
	(-3.664)	(1.462)	(1.291)	(1.371)	(1.825)	(1.805)	(2.016)	(1.601)
ER2^2	4.540**	-0.671	0.049	0.480	-1.339	-1.412	-2.629	-1.837
	(2.526)	(-0.155)	(0.011)	(0.107)	(-0.292)	(-0.301)	(-0.544)	(-0.402)
HRE	0.018***	0.042***	0.041***	0.041***	0.039***	0.039***	0.040***	0.038***
	(4.840)	(11.005)	(10.919)	(10.150)	(9.702)	(9.629)	(9.707)	(10.027)
HRC		0.632***	0.610***	0.633***	0.661***	0.659***	0.685***	0.592***
		(8.852)	(7.984)	(8.285)	(8.527)	(8.363)	(8.467)	(7.668)
MR			0.011	0.008	-0.001	-0.001	0.003	-0.001
			(0.820)	(0.631)	(-0.045)	(-0.051)	(0.232)	(-0.065)
INV				0.010*	0.011*	0.011*	0.007	0.012*
				(1.733)	(1.863)	(1.846)	(1.094)	(1.725)
IDU					-0.037*	-0.037*	-0.041*	-0.056***
					(-1.739)	(-1.718)	(-1.907)	(-2.648)

续表

被解释变量：GMP

解释变量	(9)	(10)	(11)	(12)	(13)	(14)	(15)	(16)
IS						-0.016***	-0.012**	-0.017***
						(-3.131)	(-1.626)	(-3.390)
INF							-0.001	0.002
							(-1.143)	(1.318)
POP								0.0231***
								(3.028)
_cons	1.975***	0.614**	0.659**	0.542**	0.737**	0.739**	0.721**	0.685**
	(7.261)	(2.670)	(2.757)	(2.212)	(2.661)	(2.639)	(2.557)	(2.412)
Sargan检验	4.264	5.761	6.663	6.749	6.884	5.264	3.924	2.545
p值	0.999	1.000	1.000	0.998	0.985	1.000	1.000	1.000
Abond test for AR(1)	-1.868	-1.746	0.453	0.684	0.933	0.543	0.847	0.924
p值	0.062	0.081	0.064	0.047	0.018	0.016	0.042	0.153
Abond test for AR(2)	1.262	1.352	0.931	1.132	1.120	1.254	0.844	1.343
p值	0.207	0.294	0.352	0.315	0.263	0.547	0.635	0.373
样本数	132	132	132	132	132	132	132	132

表 8 - 4 显示了命令控制型环境规制对于海洋经济增长的动态影响回归结果。对回归结果进行分析之前，需结合各检测参数对方程构建的科学性进行验证。其中最为重要的是对工具变量的有效性进行检测，以避免内生性导致的估计偏误。根据数据特征，主要针对两个问题：一是对干扰项的序列相关性进行检验；二是对模型增加工具变量造成的过度识别问题进行判断，具体识别参数如表 8 - 4 所示。根据结果可以看出，整体模型的设定基本属于稳健状态，各模型的 Sargan 检测值均显示出工具变量设置并未出现过度识别问题，工具变量的选择是有效的。各模型同样通过 Abond 自回归检验，证明不存在干扰项序列相关问题，即不存在自相关现象。

根据表 8 - 4 的各参数可以对计量结果进行分析。为了保证各模型均能够得出较为稳定可靠的结果，我们在模型（1）—模型（8）中均加入了因变量的滞后项（L. GMP）作为基本控制变量。模型（1）首先将命令控制型环境规制（ER1）及二次项（ER1^2）、从业人员劳动生产率（HRE）作为核心解释变量，ER1 和 ER1^2 的系数分别为 - 0.452 和 0.157，其显著性水平均通过了 1% 的检验，说明此类环境规制与海洋经济增长间存在明显的 "U" 型关系，其拐点为 0.167。当环境规制强度处于拐点左侧时，二者属于负相关关系，其强度越大，对于海洋经济增长的抑制作用越明显，说明环境规制在低强度下主要起到挤占扩大再生产成本的作用。当环境规制强度超过拐点临界值以后，随着环境规制强度的提升，海洋经济增速便开始上升，说明环境成本约束越大，涉海企业反而具有更大利润空间，此时的环境规制主要通过提升环境绩效促进海洋经济的增长。HRE 的系数为 0.039，可通过了 1% 的显著性检验，说明行业人力资本质量的提升有利于推动海洋经济进一步增长。主要原因在于，涉海就业人员质量更高，便具有更强的学习和创新能力，可通过高效海洋经济技术效率增强经济竞争力。滞后一期海洋经济增速 L. GMP 的系数在 1% 的显著性水平下保持正向符号，说明我国海洋经济增长具有明显的路径依赖，上一期经济发展惯性会进一步影响到当期海洋经济的发展能力，因此更为连贯的环境管理政策才能保证稳定经济效果。

在模型（1）的基础上，模型（2）增加了人力资本规模（HRC）。核心解释变量的影响方向和显著性水平并未发生改变。而 HRC 的系数为 0.644，通过了 1% 水平下的显著性检验，说明人力资本存量对于海洋经济的增长影响同样较为突出。更多的涉海劳动人员证明可以提高单位要素的平均收益，符合内生经济理论对于经济增长的因素的判断。

模型（3）是在模型（2）的基础上增加了物质资本水平（MR）。虽然系数为正号，但并未通过显著性检验。通过第三章总结各地区海洋经济结构差异可以看出，我国作为岸线资源较为丰富的国家，不同海域的资源结构和资源密度均有所不同，导致临海区域经济在不同的发展模式下，对于海洋资源的依赖性有较大差距。当海洋产业整体技术效率较高时，物质资本的限制作用降低；反之，海洋经济增长需要更加依赖于要素资本的规模投入。因此单从面板数据测算其直接关系，将无法得出普适性的结论。

模型（4）是在模型（3）的基础上增加了科技创新水平（INV）。其系数为 0.009，显著性水平为 10%，表现出技术进步对区域海洋经济增长起到了较为明显的推动作用。近年来，我国在深海探测、海洋生物开发和海洋先进装备等领域不断加大研发投入，并扩大对海洋专业人才的培育规模，奠定了较为明显的海洋科技基础。海洋经济技术水平的提高直接增加了全要素生产率和资源环境要素投入的边界收益，其显著性较低，说明现有科技创新水平的支撑能力尚不稳定。这主要与我国海洋基础性研发的中试转化水平较低有关，技术成果的经济效应需要进一步挖掘。此时 MR 的系数变为负值，但仍未通过显著性检验，说明海洋经济对于物质资本的依赖性不明显，环境规制变量的结论仍未改变。

模型（5）是在模型（4）的基础上增加了外资进入水平（IDU）。回归系数为 -0.042，通过了 5% 水平下的显著性检验，说明现阶段全球资金依赖性对于海洋经济增长产生抑制作用。本书选组的指标为 FDI 比率，验证了外资流入的目标是为了获取低廉资源环境成本，作为"污染天堂"的作用仍较明显，使得区域海洋经济在国际市场上仍以低附加值生产为主，无法保证持续增长的竞争力。在"以邻为壑"的投资动机下，我国海洋经济已经开始面临转型期路径突破困难的压力，更应注重从环境友好的角度甄选海外资金流入。此时核心变量系数并未发生实质改变。

模型（6）是在模型（5）的基础上增加了产业结构水平（IS）。其回归系数为 -0.046，在 1% 的水平下较为显著，说明第二产业相对于第三产业比重的增大会抑制海洋经济的增长，与海洋产业结构变动情况相对应。我国过去海洋经济发展长期依赖于资源环境规模性开发，第二产业作为典型的资源环境密集型产业，在向海发展过程中面临环境约束的困境也愈加凸显。因此，各地一方面通过推行"腾笼换鸟"的形式淘汰环境负外部性较强的企业；另一方面，通过营造海洋生态价值增加第三产业的经济贡献能力。我国现阶段物质资本的支撑能力不强，也进一步验证了海洋经济增长更加依赖于高附加值产业的支撑。

模型（7）是在模型（6）的基础上增加了基础设施水平（INF）。其回归结果为 -0.001，系数较小且并未通过显著性检验，说明基础设施差距并未对海洋经济增长产生直接影响。根据区域海洋经济状态总结可知，海洋经济作为复杂经济系统，具备不同产业生产形态，现阶段增长主导性更强的第三产业本身具有较强的集聚特征，对于基础性投资的使用效率更高，致使高端资本的集聚能力要远超过其对于人均设施量的需求。如上海虽然人均道路面积排名较低，但在有限空间下设施服务完善度更强。此时产业结构系数明显降低说明基础设施可能抑制产业结构对于海洋经济增长的作用，说明其可能通过调整区域产业布局来促进海洋经济增长。核心变量的系数未发生较大变化。控制变量中科技创新水平的显著性检验未通过，说明人均基础设施一定程度上挤占了创新效应的发挥，主要与要素自由流动下的创新集聚效应有关。

模型（8）是在模型（7）的基础上增加了人口密度（POP）。变量回归系数为0.0338，且在5%的水平下显著，说明人口密度越高的地区，海洋经济增长速率越快。人口密度的增加虽然会提高海洋环境污染的风险。但从市场需求和生产供给的角度看，区域人口密度仍然会对海洋生产产生促进作用。

通过分步增加控制变量的方法，对命令控制型环境规制与海洋经济增长的关系进行研究，最后一次项与二次项的系数分别为 − 0.453和0.473，且显著性水平均较为稳定。说明此类环境规制在"成本假说"和"波特假说"综合作用下表现出非线性组合，最终的拐点为0.522，由于各地区的海洋环境规制强度仍处于拐点左侧，说明不论是在海洋经济基础较好的地区还是海洋经济正在起步的地区，政府制定的强制性管理政策对于海洋经济仍起到抑制作用，即环境规制强度越大，将进一步挤占污染企业扩大再生产的投资区间，既未对海洋经济效率形成实质提升，也没有刺激企业实施激进式的扩大再生产投资。需逐渐转变海洋环境管理模式，对海洋经济主体的生产选择做出提前预判。

与命令控制型环境规制相类似，我们通过构建动态面板模型，使用系统GMM方法对市场激励型环境规制对海洋经济增长的影响进行测算，结果如表8−5所示。通过Sargan检验验证了矩条件下研究对象的工具变量不存在过度识别，为有效工具变量。通过Abond检验结果可以看出，干扰项不存在序列自相关现象，总体而言模型稳健。从各变量回归系数可以看出，各控制变量的影响方向均与前文结果相一致，进一步验证了影响海洋经济增长的各因素回归结果的可靠性，在此不再赘述。

市场激励型环境规制的回归系数在各个回归方程中存在较大差异。在仅引入环境规制及二次项、海洋经济增速滞后项和劳动力生产率的模型（9）中，一次项与二次项的系数分别为 - 2.824 和 4.540，且分别通过了 1% 和 5% 水平下的显著性检验，表现出此类环境规制与海洋经济增长存在"U"型关系，拐点为 2.583。当环境规制强度低于临界值时，其对于海洋经济增长起到抑制作用；当环境规制强度高于拐点临界值以后，环境规制强度的增加便能够加快海洋经济增长。这主要与市场手段对污染企业生产模式作用方式不同有关。早期市场门槛仅会降低进入企业的环境收益，并不足以扭转原有环境成本对生产方式的干扰，并淘汰部分高耗能部门。随着环境规制强度的增大，企业在选择生产前便需对利润空间进行预判，不断降低的预期收益使企业不再选择从事资源与环境生产。当包括环境成本在内的总成本超出传统生产方式获取的收益时，更多企业在倒逼机制下，通过创新发展方式、改进生产工艺，以达到降低单位产出的环境成本的目的。在经历整体产业更新后，海洋经济对于资源环境的依赖性将明显降低，高效率产能的市场占有率更大，使得海洋经济增长动力更加强劲。凯恩斯学说下的经济学理论认为，市场手段对于振兴经济的作用远高于政府作用，这在本书的实证中进一步得到验证。由于此时尚未加入控制变量，且系数符号与前文散点图的拟合符号相反，说明回归结果可能涵盖较多间接因素。

随着控制变量的加入，模型（10）—模型（12）中的市场激励型环境规制连同二次项的系数变得极不稳定，且均未通过显著性检验。直至加入全球化水平（IDU）指标之后，模型（13）中的一次项系数变为 1.657，且在 10% 的水平下显著，而二次项系数仍不显著，说明在控制诸多外生因素以后，市场化手段能够直接促进海洋经济的增长，这在模型（14）—模型（16）中同样得以体现。因此，可以认为市场激励型环境规制在动态变化过程中，能够正向促进海洋经济的提升。根据典型市场激励型环境规制的特征可以发现，与政府强制型环境规制不同，市场化手段虽然未将排污企业的成本收益达到平衡点，但能够通过市场机制将环境使用权分配至单位收益更高的企业，实现有限环境容量下的最优效率配置。而政府主导的强制性环境政策在短期内增加了企业的治污成本，现有产能特别是低效产能，很难对生产行为进行快速调整，在环境资本有限的情况下，集聚效应和规模收益很难对技术效应形成替代，符合"波特假说"对于环境规制效用的理论认定。

第二节 环境规制的传导原理分析

第八章就环境规制对海洋经济的动态影响进行分析，属环境规制的直接效应。值得注意的是，在分步引入控制变量以后，环境规制的系数产生了明显变化，证明环境规制在动态影响海洋经济时，更多的是通过不同间接途径发生作用。这既是综合影响不断变化的根源，也是环境规制出现非线性作用的重要原因。只有寻找出环境规制与海洋经济增长间不同的连接方式，才能制定与经济环境协调目标相对应的环境管理策略。因此，本节重点分析环境规制影响海洋经济增长的具体机制和途径。

传导机制是指从环境规制实施，到微观经济主体选择经济行为，再到区域整体经济走向的过程。环境规制对于海洋经济的影响方向和程度取决于不同经济目标的主体生产选择的综合效用。环境规制只有通过不同传导机制刺激微观主体提高生产效率和优化资源使用配比，才能实现区域经济综合效用最大化的目标。现有研究从不同视角对环境规制影响经济增长的传导机制进行了分析，但尚未达成统一结论。尤其是在不同的环境政策强度下，不同生产方式及不同生产力的企业会基于预期效用，选择不同甚至完全相反的决策方式。因此，找出不同机制下环境规制效应的矛盾点是解释综合效应的核心。

本章研究环境规制下的传导途径，主要根据现有关于海洋经济增长影响因素和环境规制作用机制的研究成果，充分考虑海洋经济增长特点及相关数据的可获取性。通过梳理现有文献发现，环境规制对于经济增长的传导途径较多，在对其传导机制进行总结时难免有所遗漏，但可以从主要途径进行分析。格罗斯曼和克鲁格[①]从经济增长对环境质量影响的角度设定了三种主要途径：结构效应、技术效应和规模效应。其中技术进步与结构升级是实现规模持续扩张的前提，而转型经济地理理论将国际化中的资本积累视为我国资源约束下经济增长的重要手段。因此可以从中选取相应传导视角。而对于海洋经济而言，学者主要针对如何提高经济效益进行研究，其中资金投入、产业升级和创新绩效是最为重要的视角，姜旭朝等[②]发现海洋经济作为国际参与度更高的经济形态，更有可能出现"污染避难所"问题。而经济增长阶段理论在对经济发展规律进行划分时，普遍将技术进步、主导产业和资本积累作为判定依据。因此通过现有文献，可以将环境规制对经济增长作用机制的争议从三个方面进行总结：创新效应、结构效应和开放效应。其中创新效应主要反映环境规制能否刺激不同生产主体的创新水平提升，结构效应反映环境规制能否改变区域产业结构发展路径，而开放效应反映不同强度的环境管制措施对外资投入质量和数量的影响。在不同传导机制下，环境规制的作用机理如下（传导机理如图 8 - 1 所示）：

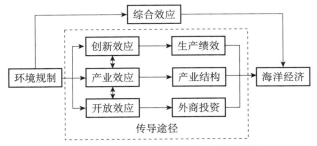

图 8 - 1 环境规制影响海洋经济增长传导机理

① Gene M. Grossman, Alan B. Krueger. Economic Growth and the Environment [J]. Quarterly Journal of Economics, 1995, 110 (2): 353 - 377.

② 姜旭朝，赵玉杰. 环境规制与海洋经济增长空间效应实证分析 [J]. 中国渔业经济，2017, 35 (05): 68 - 75.

环境规制对于海洋经济增长的传导效果，是基于政府在环境与经济协调中所发挥的作用而言的。其中，政府的权威和灵活优势是达成环境规制正向效果的前提。具体而言，主要包括四个方面：一是具有强制指导性。政府自身属于强制型管制主体，具有一定权威优势，可以在既定环境目标下，强制要求企业和组织执行环境保护各类法律法规和政策标准，并对拒不执行或执行力较弱的组织实施相应处罚。二是具有组织优势。政府作为社会经济管理的主体，自身就具有一定社会秩序和经济规则的组织功能，可以通过各类方式和途径提高各社会要素和经济要素的环保自觉性。三是具有市场调配优势。因为政府最重要的一项功能是能够赋予市场在资源配置中的决定性地位，通过市场机制倒逼企业从事资源环境效率较高的生产活动。四是具有资源优势。政府可以以更少的投入让更多的经济主体获取关于环保的信息，使各行业、各部门自发形成环境保护意识。从政府的优势来讲，环境规制理应通过各类渠道发挥经济效应的功能。

一、环境规制影响产业结构的传导机制

产业结构作为协调经济增长与环境保护的核心因素，是政府环境规制目标任务的重点。一方面，产业结构可以控制资源使用结构和污染物排放能力，决定了有限资源投入和环境容量能够产生多少收益，也能控制固定产出的污染排放种类和规模；另一方面，环境规制的变动能够调整不同资源环境效率生产部门的生产成本，通过刺激资源在各项产业的再分配淘汰落后产能，实现产业结构的有序更新。其传导机理如图8-2所示。

为更加明晰反映出产业结构的传导特征，我们以海洋渔业为例进行解释。环境规制能对产业结构构成影响主要归因于不同环节产业部门对于海洋环境的使用效率和产出收益不同，如渔业养殖与捕捞等初级生产部门可直接将环境作为生产资料以获取收益，但低效开发致使

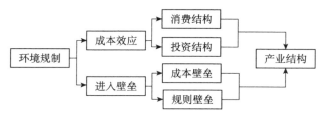

图 8 - 2　环境规制影响产业结构的传导机理

单位环境的开发利润有限。而水产品加工、渔业机械制造及渔业饲料业等渔业第二产业一方面能够通过规模化养殖提高对于海洋环境的开发能力，另一方面也可通过资源整合提升渔业产品的附加利润，在供需调节中对于海洋环境的侵害也随之增大。而以休闲渔业和水产品流通为代表的渔业第三产业则进一步扭转了渔业开发的环境使用方式，极大降低了对于海洋环境的侵蚀。可见，环境规制对于渔业第二产业的影响最为明显。

（一）环境规制对产业结构的正向传导

环境规制的实施抬高了企业的环境使用成本，为了获取更高的边际收益，企业主要选择三种行为：一是提高产品价格，将环境消耗成本转移给消费者，在效用判定下消费者会在短期内通过消费替代、需求升级等方式，刺激企业转变生产结构。二是通过区位转移、技术提升、组织重组等方式提高环境开发效率，进而推动产业的有序更新。如通过寻求比较优势，引进蓝色牧场、智能网箱等新设备、新工艺及新材料，并减少对既有产能的投资，在市场引导下产业结构随之发生改变。三是直接破产或倒闭。为了规避环境成本造成的损失，对于高生产规模和高污染性的企业和养殖户而言，会选择退渔还海等更为直接的方式退出行业生产①。

---

① CUI J B. MOSCHINI G C. Firm Internal Network，Environmental Regulation，and Plant Death［J］. SSRN Electronic Journal，2018，101（12）：1 - 39.

（二）环境规制对产业结构的负向传导

环境规制的手段千差万别，且影响产业结构的因素也较为复杂。因此，单从本地产业反映环境规制的调节作用仍不准确。从"进入壁垒"角度讲，新进入某一生产领域的企业或潜在进入企业往往面临进入壁垒的困境。弗格森认为，现有企业可以通过设定与自身边际成本相匹配的产品价格，给进入或潜在进入企业设定门槛，这类壁垒需要满足一定的生产规模、绝对成本优势、核心资本需求和差异化产品等要求。如传统养殖模式通过合作承包将有限岸线资源分配给既有企业或养殖户，新企业很难参与技术投资与开发。在一系列进入劣势限制下，新企业不仅要面临严苛的进入竞争，而且要承担更严格的环境标准要求。如"祖父"规则，政府为了限制环境恶化，对新老企业施行差异化的技术规范，使既有传统企业具有更加宽松的生产条件，一定程度制约了产业结构更新。

发展经济学和结构主义学派对于产业结构升级的积极效应已经达成理论共识，大量实证文献也对不同情形下产业结构的作用进行了验证。因此，基于产业结构发挥环境规制对海洋经济增长积极影响的重点在于，如何通过规范措施，使环境效应更好的产业占据主导。其中既包括优化传统工业和农业体系的产业结构，提升低耗生产比例，也包括提高整体经济体系中的第三产业部门比例，通过政府措施，实现产业升级与环境保护的双赢局面。

二、环境规制影响科技创新的传导机制

环境规制对于区域科技创新水平的影响是全方位的，其中既包括改进海洋产品加工技术、提高海洋装备制造能力；也包括提升涉海从业人员综合素质、优化涉海企业经济管理与决策能力，最终通过技术应用，提高海洋经济系统整体生产效率并促进海洋经济的提升。虽然

技术进步作为提升区域经济的主要内生因素已经在业界成为共识，政府也希望通过环保管理行为，倒逼各类企业提高创新水平。但在不同环境规制制约下，各生产单元的创新意识和创新选择将发生较大差异，对于海洋生产效率及海洋产品质量的作用方向也截然相反。其传导机理如图8-3所示。

图8-3　环境规制影响科技创新的传导机制

（一）环境规制对科技创新的正向传导

最为经典的"波特假说"为环境规制的创新效应提供了有力支撑。假说认为，企业在资源开发和生产过程中理应承担一定的环境和资源成本，由此带来的生产要素价格提升也应该由企业自身承担。因此，在不断降低的预期收益刺激下，企业为了达到效益最大化，会选择提前投入创新资本以不断提高自身效率：一是对生产工艺进行创新，以提高单位投入的产出规模；二是对环保技术进行创新，以降低单位产出的负外部成本。在一定资金基础上，企业往往选择对两者共同投资以达到相互促进、相对均衡的目的，并在耦合促进下提升企业产品质量和竞争力，直至拉动区域经济质量的提高。

（二）环境规制对科技创新的负向传导

虽然技术创新能够提高企业的生产效率，但这是在能够保证长期基础研发及技术转化基础上完成的。技术经济效益的作用往往是以长期高强度的投资为基础，而对于生产企业尤其是中小企业而言，技术创新投资会较大程度挤占企业短期治污资金。综合考量下，企业会选择放弃创新投资，通过高投入高产出的形式获取规模收益。虽然短期内会保证经济稳定增长，但在不断提升的治污成本限制下，企业的远期收益会逐渐被挤占，最终陷于停滞，即所谓的"成本假说"。

环境规制对于区域创新的最终效果，是由正反两种企业选择综合作用决定的。虽然企业创新选择属市场行为，但其决策结果是在政府刺激下完成的。不同形式的环境规制会形成不同的创新结果，如排污费征收是从事后治理角度限制污染排放总量，并未设定严格企业准入门槛，在征收标准过低时，极易导致资源环境被恶性开发。而合理的海域使用金设定，可以从源头控制进入企业的技术标准，使预期收益较少的企业不参与开发竞争。

三、环境规制影响外资进入的传导机制

随着社会分化与经济分工向精细化和高级化转变，传统地域组织形式已不足以满足经济整合需求。因此，在比较优势驱动下，传统集聚发展的空间经济形态逐渐嵌于更广尺度的经济合作中，从而产生了不同地区间、不同国家间的经济往来。其中最直接的形式即跨界投资和区际贸易。而环境作为各国寻求投资的重点，将在区域间不同环境规制的控制下影响要素配置方向。环境规制对于外资流入的影响更主要体现在调整外资流入结构上。其传导机理如图 8 - 4 所示。

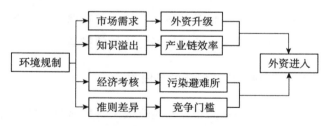

图 8 - 4　环境规制影响外资流入的传导机理

（一）环境规制对外资进入的正向传导

环境规制对于外资流入的正向效应，主要是通过市场需求和技术溢出等方面得以体现。对于东道国而言，国际普遍提升的环境规制强度会加大污染密集型产品的市场流通难度，市场容量紧缩将刺激企业减少低端产能在全球布局，进而降低产业链整体的环境损害能力。而对于投资企业而言，在消费国纷纷提高环保进入门槛的情况下，企业存在提高生产技艺和产品质量的动力。与此同时，不断丰富的产品体系及更加合理的组织框架会通过自身产业链形成知识溢出，进而带动不同区域和不同节点部门的环境效率提升。

（二）环境规制对外资进入的负向传导

环境规制正向引导外资投入的前提是能够充分发挥环境与高端资本的整合效果，相较于普通产业要素，人才、技术、先进设备等高端资本均倾向于在环境服务质量较高的地区布局。这不仅需要提供大量的服务型补贴，而且要发挥环境规制的长期稳定效果。而对于发展中国家而言，各地政府为了迎合经济考核评价机制和激烈的区域竞争形式，更加倾向于选择短期收益更大的低端外向资本投资，不仅能够消化本地低廉劳动力和初级资源，而且能够快速提升产出水平，与发达地区"污染避难所"动机相拟合。与此同时，为了吸引更多外资进入，地方政府会提供相对于本地企业更为宽泛的排污规则，使得环境使用价格向少数企业转移，进而造成竞争对手不断减少，进一步拉低环境预期收益，不利于高效率投资的布局。

在不同性质的环境规制区域内，外资进入均会明显地改变区域经济增长模式，而改变方向与资金的环境使用目标密切相关。若以低廉环境成本作为投资目标，便会一定程度上限制高端要素的扩张和流动。若外资进入更加注重环境效率，将更有利于区域投资结构由资源密集型向环境友好型转变，对于区域海洋经济增长的影响更为持续。主要表现为：一是建立更高水平的劳动力比较优势，消化东道国剩余劳动力。二是增加东道国资本积累，营造全新产业链，为相关产业投资和扩大再生产提供资金保障。三是国际投资引领的知识和技术溢出能够增强东道国管理与生产效率，进一步提升产品在国际市场上的竞争力。

第三节 环境规制传导机制的实证分析

根据理论总结可以发现，环境规制对于海洋经济增长的影响，主要是基于生产率和竞争力产生作用，但环境规制仅是生产率和竞争力变化的一个原因，并不能通过单一途径进行传导，而是通过多重渠道共同产生作用。这也导致环境规制综合效用存在更加复杂的非线性关系。因此需要结合各传导路径，将环境规制的综合效用进行分解，并且对环境规制的动态效果进行更翔实的考察和解释。

一、模型构建与指标设定

现有关于传导机制的研究，大多通过构建联立方程组或使用线性回归的方法引入中介变量。其中联立方程组能够通过建立包含参数关系的方程组，对所有参与的参数进行集中估计。由于联立方程组需要将经济关系中各变量的相互作用纳入同一系统，其估计结果的准确性对参与各方程的结构性要求较高。考虑到本书重点是考虑环境规制对三大中介变量的传导作用，因此采用更为常见的面板回归模型，并引入相应控制变量进行估计。

根据既有机理总结，通过借鉴机制研究相关文献，可以构建中介模型研究各类传导机制的作用：

$$E_{ij} = \beta_0 + \beta_1 ER_{it} + \beta_2 PGMP_{it} + \beta_j X_{it} + \varepsilon_{it} \qquad (8-3)$$

式中：E_{ij}表示环境规制影响海洋经济的各项中介变量，在此分别表示产业结构水平、科技创新水平和外资进入水平，ER 仍表示两类环境规制强度，并作为核心解释变量。$PGMP$ 表示人均海洋经济产值，作为影响各中介变量的公共控制变量。X_{it}表示其余影响各中介变量的控制变量，用以控制其他潜在因素对于传导机制的影响。张爱华[①]认为，对于中介模型，虽然中介变量的影响因素较多，但主要议题是研究核心自变量通过中介变量造成的影响，因此控制变量不会造成回归模型的科学性。通过理论总结和机制论证，本书分别选取资源消耗强度、科技研发投入和污染排放强度作为控制变量。选取依据和说明如下：

资源消耗强度（RU）：产业结构的更替均伴随着资源使用方式的转变，从农耕生产到工业集成化加工，再到技术改造与应用，每次生产方式的改进均与当期资源消耗约束密不可分[②]。因此，现有研究普遍将资源消耗强度作为影响产业结构的重要影响因素。其中，使用最多的指标是单位产出的资源消耗量，即将地区生产活动消耗的天然气、石油和煤炭通过转换系数折算成标准煤，并计算与当地经济产出的比值。此类方法适合计算区域内部资源消耗总量。考虑到本书是针对海洋资源进行计算，因此选取海洋生产总值与海洋养殖面积的比值作为替代指标，其值越大，说明海洋经济对于初级产品的依赖性越少，资源消耗更加向中高端偏移；反之，说明资源更多参与高附加值生产，整体消耗强度较低。

科技投入水平（ST）：科技投入对于区域创新水平的提高是显而易见的，但需要足够规模的创新投入才能实现创新绩效明显提升，且单纯依靠政府扶持也无法达到理想技术结果[③]。只有通过研究经费和高端人才两大关键要素的规模投入才能保证技术进步的经济效果。现有研究主要从研发经费投入和研发人员比重反映科技投入能力。考虑到现阶段我国海洋人才较为短缺，各地虽然不断加大在海洋技术开发与应用的投资力度，但高端人力资本是阻碍技术转化应用的核心阻力。因此，本书选取海洋科研机构科技活动人员与涉海就业人员的比

---

① 张爱华. 环境规制对经济增长影响的区域差异研究［D］. 兰州：兰州大学，2014.

② 刘铁芳，刘彦兵，黄珊珊. 产业结构与水资源消耗结构的关联关系研究［J］. 数量经济技术经济研究，2012，29（4）：19 - 32.

③ 鄢波，杜军，冯瑞敏. 沿海省份海洋科技投入产出效率及其影响因素实证研究［J］. 生态经济，2018，34（1）：112 - 117.

值作为代理变量。

污染排放强度（PD）：现有研究发现，对于发展中国家而言，外资投入的最初动机往往是看中当地廉价的生产资本及相对宽松的环境排放标准，即所谓的"污染避难所"假说。在此背景下，薄文广等[①]通过理论推导发现，FDI进入决策除受环境成本影响以外，还与企业污染物排放强度差异有关。由此可知，污染排放管制更加宽松的地区更有助于外商资金流入。而对于国际高端资本而言，区域污染程度也是限制其空间流动的主要因素。因此，本书选取区域海洋污染排放强度作为全球化水平的控制变量。现有研究以污染物总体排放量作为评判指标，这类指标能够反映出陆域经济的海向侵蚀能力，但未将经济体量作为排污强度的依据。针对海洋污染特征，本书更具针对性地将单位海洋产出的污水直接入海量作为判定指标。

根据选取的变量，可以分别构建三个中介变量的回归方程：

$$IS_{ij} = \beta_0 + \beta_1 ER_{it} + \beta_2 PGMP_{it} + \beta_j RU_{it} + \varepsilon_{it} \qquad (8-4)$$

$$INV_{ij} = \beta_0 + \beta_1 ER_{it} + \beta_2 PGMP_{it} + \beta_j ST_{it} + \varepsilon_{it} \qquad (8-5)$$

$$IDU_{ij} = \beta_0 + \beta_1 ER_{it} + \beta_2 PGMP_{it} + \beta_j PD_{it} + \varepsilon_{it} \qquad (8-6)$$

中介变量模型的构建是为了研究环境规制如何通过各种途径影响海洋经济增长，其重点是考察核心变量间的制约方向。因此，为突出研究重点，本书在模型构建中并未将中介变量的诸多影响因素纳入模型中，而是在不影响实证分析主要结论的基础上，选取核心变量和目标控制性变量，并统一引入人均海洋生产总值的自然对数，作为控制其他潜在因素的控制变量（具体控制变量说明如表8-6所示）。

表8-6　　　　　　　　　新增变量及解释

新增控制变量	对应缩写	计算方法	单位	对应中介变量	预期符号
资源消耗强度	RU	海洋生产总值/海洋养殖面积	万元/公顷	IS	负向

① 薄文广，徐玮，王军锋. 地方政府竞争与环境规制异质性：逐底竞争还是逐顶竞争？[J]. 中国软科学，2018（11）：76-93.

续表

新增控制变量	对应缩写	计算方法	单位	对应中介变量	预期符号
科技投入水平	ST	海洋科研机构科技活动人员/涉海就业人员	%	INV	正向
污染排放强度	PD	污水直接入海量/海洋生产总值	吨/万元	IDU	负向
人均海洋生产总值	PGMP	海洋生产总值/年末总人口	万元/人	所有变量	正向

二、数据来源与统计分析

与前文分析相一致，本节选取 2006—2017 年我国沿海 11 个省（市、自治区）相应面板数据，数据来源主要为 2007—2018 年的《中国海洋统计年鉴》《中国统计年鉴》及各省统计公报。表 8-7 列出了新增变量的各项统计性指标，从中可以看出，各控制变量不仅在区域间存在明显的分布差异，而且变量间的取值差异也较为明显。其中资源消耗强度最大的是上海，表示出海洋经济增长对于传统资源的依赖性最弱，而取值最低的是辽宁，对于资源环境的再生产能力最弱。科技投入水平最高的是上海，最低的是海南。污染排放强度的区域间差距最大，其中最高的是广西，海洋经济增长的环境损害能力最强，而上海已经实现污水直接入海的零排放。人均海洋生产总值的区间差异也较大，取对数后的上海产值密度已经达到 34.064，而最低的海南仅为 2.753，两者相差超过 12 倍。

表 8-7　　　　　　　　　新增变量描述性统计

	最大值	最小值	中位数	平均值	标准差	样本量
RU	5.946	0.003	0.028	0.383	1.037	132
ST	1.807	0.003	0.213	0.399	0.428	132
PD	61.230	0.000	1.468	4.421	8.015	132
PGMP	34.064	2.753	11.623	13.725	7.783	132

在对选取变量进行回归估计之前，分别绘制中介变量与环境规制间的散点拟合图8-5，据此可以对数据的可行性和科学性进行检验。据图可以基本看出不同环境规制强度下各中介变量的响应关系，结果显示，各指标的离群值较少。命令控制型环境规制（ER1）与三种中介变量均呈现负向关系；而市场激励型环境规制（ER2）与中介变量均呈现正向作用。其中ER2与IS，ER1与INV的线性关系明显，且拟合优度较高。其余变量间拟合线虽然拟合优度较小，但能够看出具有一定分布关系，可以进一步排除干扰项并进行详细分析。

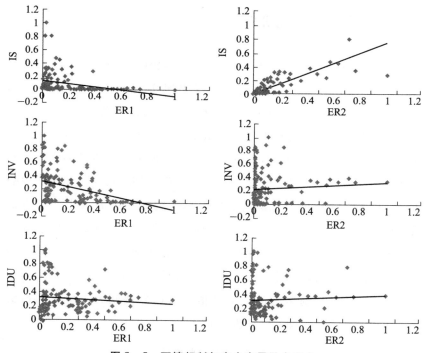

图8-5　环境规制与中介变量散点拟合

在模型构建和数据选取基础上，需选取合适的方法对参数进行估计。考虑到本节的重点是解决核心变量与中介变量的线性关系。因此，本节选择线性回归对面板数据进行分析，并借助两阶段最小二乘方法计算得出无偏估计值。与前文动态面板数据模型不同的是，本节要重点避免因模型构建和变量选取出现的内生性问题。因此在参数估计的同时选取 Hausman 检验对模型中可能出现的内生性问题和随机性问题进行检验，其中 Hausman1 检验主要用于判断参数估计中固定效应模型和随机效应模型的选择问题，而 Hausman2 检验主要检验模型是否存在内生性。

三、实证结果及解释

根据构建的中介变量，我们对 2006—2017 年沿海省（市、自治区）相关面板数据分别进行分析，得出环境规制影响海洋经济增长的诸多潜在传导路径，结果如表 8 - 8 所示。为了消除因个体差异导致的估计结果偏误问题，在实际估计前借助 Hausman1 进行检验，结果发现，多数方程的检验值均拒绝了存在固定效应的原假设，即个体效应与解释变量不存在相关性，因此，使用随机效应模型进行估计。而关于是否有内生性问题的 Hausman2 检验均未通过显著性检验，因此，可以避免因内生因素导致的估计偏误。

表 8 - 8　　　　　　　　　中介机制回归结果

解释变量	被解释变量					
	IS		INV		IDU	
ER1	- 0. 228 ***		- 0. 294 ***		- 0. 234 ***	
	(- 2. 704)		(- 5. 575)		(- 3. 068)	
ER2		0. 286 ***		- 0. 125 **		- 0. 130 *
		(3. 331)		(- 2. 105)		(- 1. 791)
RU	- 0. 303 ***	- 0. 295 ***				
	(- 3. 273)	(- 3. 239)				
ST			0. 549 ***	0. 656 ***		
			(5. 638)	(6. 177)		
PD					0. 019 *	0. 029
					(1. 243)	(0. 358)

续表

解释变量	被解释变量					
	IS		INV		IDU	
PGMP	0. 325 ***	0. 248 **	0. 225 **	0. 171	0. 508 ***	0. 542 ***
	(3. 517)	(2. 635)	(2. 325)	(1. 612)	(6. 494)	(6. 600)
constant	0. 660 ***	0. 745 ***	0. 481 ***	0. 170	0. 636 ***	0. 412 **
	(8. 568)	(11. 212)	(3. 240)	(1. 137)	(3. 524)	(2. 499)
Hausman1 (P > Chi2)	12. 41	6. 69	1. 46	0. 54	39. 42	15. 96
	(0. 113)	(0. 003)	(0. 837)	(0. 914)	(0. 420)	(0. 016)
Hausman2 (P > Chi2)	1. 56	3. 12	1. 98	0. 12	11. 37	0. 79
	(0. 597)	(0. 338)	(0. 493)	(0. 747)	(0. 396)	(0. 843)
R^2	0. 417	0. 446	0. 685	0. 616	0. 568	0. 532
是否固定	否	否	否	否	否	否
样本数量	132	132	132	132	132	132

根据两种环境规制与各中介变量的回归结果可以看出，环境规制在三种因素下均具有明显的传导作用。其中命令控制型环境规制对以第二产业和第三产业相对比值代理的产业结构产生负向影响；市场激励性环境规制则表现出正向影响，且均通过了1%的显著性检验。两类环境规制与技术创新水平均具有负相关关系，显著性水平分别为1%和5%。两类环境规制对于外资进入水平也产生负向影响，显著性水平分别为1%和10%。由此可见命令控制型环境规制提升了第三产业在海洋产业结构中的比重，抑制了技术创新水平的提高，并且阻碍了外资流入进程，证明政府强制性措施更多的是形成成本挤占效应，对于传统产业绩效并未产生实质性影响。而市场激励型环境规制提高了产业结构中第二产业比重，同样抑制了科技创新水平的提高，阻碍了外资进入进程，说明市场手段虽然能够形成一定的直接经济效应，但在效率激励方面仍存在一定提升空间。具体分析如下：

（一）产业结构水平

考虑到环境规制对于海洋第二产业的影响更为突出，命令控制型环境规制对产业结构回归系数显著为负。这在一定程度上说明在环境成本普遍较高的情况下，此类环境管理政策和管理措施不利于海洋第二产业的发展，即处罚、约束等强制性手段对于环境消耗强度较高的产业产生更多影响，以此促进了海洋产业结构的转化；而市场激励型环境规制的回归系数显著为正，说明对于海洋第二产业比重的提升更具积极作用，对于海洋第三产业的拉动作用较弱。人均海洋生产总值的系数分别为 0.325 和 0.248，均通过了 1% 的显著性检验，说明区域海洋经济基础的提升更有利于第二产业的增长，主要是通过产业升级完成。能源消耗强度的系数分别为 − 0.303 和 − 0.295，并且显著性水平均达到 1%，结合前文分析结果，说明沿海地区海洋产业，尤其是第二产业的增长对于海洋基础资源的依赖性降低，资源的再加工能力有所提升。根据结果可以对我国环境规制传导海洋产业结构做出进一步解释。

　　大力发展海洋经济，建设"海洋强国"是我国今后一段时期最为紧迫的任务之一。我国现有促进海洋经济增长的有关政策部署，主要是新兴战略产业提升与传统制造业改造升级并举的经济转型策略。与其他产业体系不同的是，虽然我国海洋资源丰富，但以海洋资源环境消费为基础的海洋第三产业主要集中于海洋交通运输和滨海旅游等部门，生产形式较为单一，与第二产业的联系也较为紧密。再加上海洋产业结构与产业布局主要依赖于传统发展模式，使得海洋第二产业仍是环境规制产生作用的目标性产业，因此对于产业结构的影响更为明显。命令控制型环境规制通过管理加压直接提高了企业污染排放的成本，使现有资源环境密集型产能没有充分窗口期调整应对措施，一定程度上抑制了第二产业相关企业的扩大再生产能力。对于产业结构的负向作用，主要归因于抑制了海洋第二产业的规模扩张，因此潜在的结构效应并未对海洋经济增长造成积极作用。而市场激励型环境规制是从市场准入角度，为从事资源环境开发的企业设定进入门槛。与发达国家相比，我国在海洋资源环境应用的初始设定标准方面还有较大差距，一方面成本优势能够保证资源环境的使用需求相对充足，另一方面在开发容量不减的前提下，效率高的企业可以通过竞争优势获取更多开发权限，进而形成第二产业产能的有机更新，此结果与钟茂初等[①]的结论较为一致。本书选取的能源消耗强度指标是以养殖业资源为参考，其回归结果为负，进一步说明，以传统低效开发为主导的经济发展方式已不利于区域海洋经济扩张，需要通过增加产品附加值的内涵发展来实现海洋经济转型提升。总体而言，我国海洋经济增长并未脱离先污染后治理的老路，传统行业的转型升级理应是今后一段时期实现海洋经济可持续增长的重点任务。

（二）技术创新水平

根据表 8 – 8 中结果可以看出，在两种环境规制与科技创新水平的中介模型中，科技投入水平的回归系数均为正数，分别为 0.549 和 0.656，且均通过了 1% 的显著性检验。而人均海洋生产总值的系数分别为 0.225 和 0.171，但仅在命令控制型模型中通过了 1% 水平的显著性检验，代表海洋经济基础对于海洋技术创新水平的支撑能力尚不稳定。相较于其他产业形势，我国海洋经济发展中的技术贡献能力尚处于起步阶段，从海洋经济规模演化来看，虽然各生产环节均取得了较为明显的增长，但是资源密集型产业及资源型机构对于技术进步的需求缺口较大，相对效率优势导致技术投入对于海洋创新水平的提升作用较为明显，亟待使高水平的研究与开发机构参与到海洋装备、海洋生物开发、海洋石化等领域中。而从海洋经济发展基础上看，虽然在部分领域和部分区域已经形成了类似海洋科创中心的创新集聚地，但总体而言区域海洋经济的资源环境依赖性并未从根本上改变，致使即便海洋经济增长稳定，但科技创新的"弱化效应"仍较为突出。因此，单纯通过科技研发经费投入尚不足以发挥技术红利，需要

---

① 钟茂初，李梦洁，杜威剑. 环境规制能否倒逼产业结构调整——基于中国省际面板数据的实证检验 [J]. 中国人口·资源与环境，2015，25（08）：107 – 115.

从更为根本的经济驱动模式角度增加技术贡献能力，通过构建涵盖从基础研发到中试应用的全周期研发体系，并与海洋产业链形成有序衔接，来增强技术创新在经济增长中的驱动能力。

从环境规制通过技术创新的传导机理来看，环境规制在提升微观企业和区域整体创新水平中的作用，可以包含正反两种结果。而产生差异性结果的原因是，在环境规制刺激下，企业创新的预期收益是否高于当期科技成本和沉没收益。若企业有足够动力加大创新投入，将体现环境规制的创新补偿效应，否则将体现环境规制的创新抑制作用。从结果看，两种环境规制的系数均为显著负值，说明我国海洋环境规制并未形成"波特假说"理论中的创新补偿效应，而是降低了涉海企业创新的集约边际。其原因主要在两个方面：一方面，我国海洋环境管理的政策结构尚不完善。长期以来，以"事后治理"为主要模式的环境管理措施，使得排污企业具有较低的生产准入门槛。近些年虽然我国在海洋环境治污压力增大的背景下不断调整规制手段和方法，但环境策略的政府主导性仍较明显，市场机制对于技术创新的"激励效应"尚未显现。另一方面，环境规制实施强度有待提升。虽然我国对于海洋环境的重视程度不断提高，环保职能部门的管理权限也在增强和完善。但是，海洋环境政策的执行力与预期间存在明显差距。尤其是地方环保部门为了保护本地经济，有充分动机放松监管与惩罚力度，或与当地排污技术不达标的企业达成寻租协议，直接降低企业排污成本。

（三）外资进入水平

两种环境规制与外资进入水平均呈现显著的负向关系，从侧面说明了环境规制的强度提高对于相关外资进入表现出抑制作用。根据外资进入的经济负向效应，说明环境规制能够一定程度抑制低端外来资本对于我国海洋经济的负向影响，但尚未发挥通过国际化促进海洋经济可持续增长的积极作用。环境排放强度在两个回归方程中的系数分别为 0.019 和 0.029，前者通过了水平为 10% 的显著性检验，进一步说明外资进入仍然较为重视我国区域环境排污许可，环境规制越弱、污染排放强度越高的地区更易吸引外资进入，研发创新等高附加值生产部门仍保留在东道国。而人均海洋生产总值的系数分别为 0.508 和 0.542，显著性水平均为 1%，表明海洋经济基础对于吸引外资具有正向作用，也验证了外商投资更多呈现广延集约边际。对结果的解释如下：

国际投资首先以国家间比较优势作为参考标准，然后综合考量目标国内部各区域的市场便利性和配套资源成熟度。相较于发达国家，我国环境政策始终较为宽松，使得沿海地区成为外资的理想目标地。而在区域性生产效率普遍较低的情况下，跨国投资企业为寻求最小化运输和交易成本，兼顾更加看重经济基础反映的生产配套能力及要素集聚能力。这就导致在核心城市周边、市场可达性和要素集聚性较高地区能发展成为世界工厂。这种方式虽然能够实现短期规模收益，但企业的遵循成本始终低于其他生产要素投入成本，使其更倾向于通过增加既有规模要素而非调整投资结构以获取更多收益，使得海洋经济在长期转型增长的压力变大，这一结果与周杰琦等[1]的研究类似。

随着各类环境保护法规得以实施，不仅提高了"污染避难所"式投资的准入标准，而且直接增加了投资目标地上下游配套产业的产品价格。投资企业经过综合考量，发现资源环境成本已不具有比较优势，便会将原有产业向环境成本更低的国家转移。因此环境规制的普遍提升降低了流入境内的投资比例。对于高端外资而言，由于多数区域的服务体系和配套基础尚不足以支撑其集聚收益，因此环境规制对于外资优化产品结构的激励作用较小。需要注意的是，我国外资进入仍表现出较强的环境指向性，说明区域在吸引外资时仍可能存在竞争性规制行为，需要避免地区间环境规制空间逐底溢出的发生。

---

① 周杰琦，梁文光，张莹，等. 外商直接投资、环境规制与雾霾污染——理论分析与来自中国的经验 [J]. 北京理工大学学报（社会科学版），2019，21（1）：37－49.

第四节　本章小结

本章通过甄选海洋环境规制与海洋经济相关指标，运用动态面板数据模型研究环境规制与海洋经济增长的关系。主要包括两方面内容：一是从整体角度，实证研究命令控制型环境规制与海洋经济增长间的动态关系；二是实证测算我国环境规制对海洋经济增长的传导机制。通过研究，可以得出以下结论：

两类环境规制对于海洋经济增长的影响差异较大。命令控制型环境规制与海洋经济增长呈现出"U"型关系，且在分步引入控制变量之后，二者的非线性关系仍然稳定；市场激励型环境规制与海洋经济增长间存在单纯的正向线性关系，但控制变量对二者结果的影响较为明显，作用过程表现出较强的间接影响。在选取的控制变量中，人力资本水平、技术创新水平和人口密度能够正向影响海洋经济增长，全球化水平和产业结构水平则会反向抑制海洋经济的增长。

本章选取的产业结构水平、技术创新水平和外资进入水平共同构成了我国环境规制影响海洋经济增长的传导因素。命令控制型环境规制通过降低第二产业份额、抑制技术创新以及阻碍外资进入来影响区域海洋经济增长，而市场激励型环境规制则通过激励第二产业发展、抑制技术创新以及阻碍外资进入影响海洋经济增长。区域间海洋经济对于海洋资源的依赖性也不尽相同，技术创新对于海洋经济的支撑性明显不足，区域性外商投资仍具有环境指向性，不利于海洋经济可持续提升。

通过以上研究总结如下：我国海洋经济发展仍未脱离"先污染，后治理"的传统路径，近年来经过不断优化环境管理模式，使得环境规制的综合经济效应向更加积极的方向转变。但受各地经济发展阶段及发展方式不同的影响，环境规制与海洋经济的关系难免存在区域差异性，在各传导机制中也未充分发挥积极作用。这主要归结于不同地区为达成自身经济目标，会依据自身经济增长动机制定相应环境管理方式。而在一系列经济考核目标下，各地为达成经济比较优势，在制定环境政策时，会充分考虑周边地区环境规制执行情况的影响，并以周边区域作为执行规制的参考依据。因此，在接下来的研究中，本书将运用空间计量分析方法，从政府动态竞争的角度对环境规制的空间效应进行研究，以期从更深层次揭示环境规制与区域海洋经济增长的关系。

第九章　环境规制与海洋经济增长
的空间匹配

环境规制作为政府动态权衡经济增长与环境保护协调关系的主要手段，在实施过程中受到政府治理意愿和治理目标的影响，这在文献总结和实证分析中已被多次验证。从我国环境管理实际出发，地方政府不仅是环境经济效益与社会效益的直接受益者，也是海洋环境保护责任的直接承担者。我国自 1989 年实施《环境保护法》以来，积极实行一系列自上而下的环境管理措施，但效果仍不尽如人意。部分学者认为，导致我国环境规制失效问题的根源在于"分权化"制度背后的经济激励措施。在环境政策顶层设计与底层执行相分离的情况下，各区域为达成与自身经济目标相适应的结果，会通过环境竞争的方式转变产业结构、外资引进及科技创新的传导能力，从而改变环境规制的空间经济效果。因此，在研究环境规制与区域海洋经济增长的动态关系时，离不开从环境空间竞争视角加以分析。本章主要回答两个问题：环境规制对于海洋经济增长是否具有空间溢出效应？地方政府环境竞争下环境规制的海洋经济效应是否发生改变？

第一节　制度环境、环境规制与海洋经济增长的匹配机理

随着国际产业分工和技术应用产生重大变革，海洋凭借环境和资源承载优势逐渐成为各地抢占新一轮市场的重点。但受海洋资源公共性与污染外部性的影响，传统竞争性环境管制方法及排他式环境使用模式不仅造成了海洋生态环境问题愈加明显，而且对海洋经济可持续增长也造成了巨大压力。

中国在加快建设"海洋强国"过程中，建立起海洋经济发展示范区等一系列规制试点，并将环境规制作为调控海洋经济绩效的重要手段。其目标是通过环境约束提升因低效资源造成的成本增加，并刺

激企业以创新降低单位产出的排污许可税费，建立起区域内部产业更新机制，并以此刺激海洋经济增长，其目的符合"波特假说"一般规律，也在部分地区形成良好成效。但从近些年频发的海洋环境突发事件看，环境规制的可持续性效果特别是对海洋经济增长的影响尚不明晰。

由于中国实行政治垂直化管理与经济分权并存的财税体制，一系列政治激励机制和经济考核体系导致了环境规制的财权与事权、投入与产出不尽匹配，迫使地方政府执行具有地方保护主义倾向的策略性规制方式。而从海洋资源环境使用的非排他性和非竞争性角度考虑，地方政府可能会寻求内生污染外部化的"以邻为壑"行为，最终导致区域间经济策略的竞争向下①。也可能为了抢占优势海洋资源、提高经济竞争力而制定更加严格的规制措施。因此，海洋经济增长在分权体制下会受到中央与地方以及区域间资源环境约束方式的影响②。总体而言，政府竞争能够改变各地环境规制策略动机，并进一步造成自身和周边区域海洋经济发展方向发生改变。

一、环境规制与经济增长

学者对环境规制与经济增长的影响效应进行了大量研究，本书文献综述部分已做详细论述，在此仅做简单总结：不变技术和需求假设下的古典经济学理论从企业成本和产业效益角度对其持消极态度。其中"成本假说"认为，过高的环境规制只会增加企业的污染治理负担，致使企业高端资本的投入放缓，不利于区域经济质量和规模的长久提升。随后的研究在这一理论基础上进行了大量实证检验，其中既

---

① 李涛，刘会. 财政－环境联邦主义与雾霾污染管制——基于固定效应与门槛效应的实证分析［J］. 现代经济探索，2018（3）：34－43.

② JALIL A，FERIDUM M. The Impact of Growth，Energy and Financial Development on the Environment in China：A Co integration Analysis［J］. Energy economics，2011，33（2）：284－291.

有对特定产业或特定行业①的要素生产效率变化进行分析，也有从受规制企业或部门的相对成本和创新竞争力角度进行比较，进一步验证了环境规制对于经济增长的消极影响。此类方法将环境规制作为外生因素加以静态分析，并未考虑规制作用下的企业行为和产业演替在经济发展中的作用②。因此，以"波特假说"为代表的动态研究思路逐渐得到重视，这类思想将重点放在环境规制作用下企业的增长方式选择上，认为适当的管制强度能够倒逼企业通过创新的方式规避污染治理投入。同时产业要素生产率的提升能够补偿因技术投入造成的边际成本增加③。由于资源和环境对于不同产业的约束性受到技术创新、资源禀赋、市场程度等因素影响，因此环境规制在经济发展中的补偿或替代能力不尽明确④。且正如传导机制分析结果所示，不同环境管制措施的传导机制也存在差异。对于海洋经济而言，环境规制的影响是非独立的，其在经济发展中的作用受到诸多门槛限制，表现出非线性关系⑤。

二、政府竞争与经济增长

关于政府间环境规制的竞争行为，学界主要有三种观点：第一种是标尺竞争，即如果对地方官员的晋升考核着重于从环境质量的角度

① SHADBEGIAN R J, GRAY W B. Pollution Abatement Expenditures and Plant – Level Productivity: A Production Function Approach [J]. Ecological Economics. 2005, 54 (2 – 3): 196 – 208.

② TEST F. IRALDO F, FREY M. The Effect of Environmental Regulation on Firms' Competitive Performance: The Case of The Building & Construction Sector in Some EU Regions [J]. Journal of Environmental Management, 2011, 92 (9): 2136 – 2144.

③ 王娟茹，张渝. 环境规制、绿色技术创新意愿与绿色技术创新行为 [J]. 科学学研究，2018, 36 (2): 352 – 360.

④ 罗能生，王玉泽. 财政分权环境规制与区域生态效率——基于动态空间杜宾模型的实证研究 [J]. 中国人口、资源与环境，2017, 27 (4): 110 – 118.

⑤ 孙康，付敏，刘峻峰. 环境规制视角下中国海洋产业转型研究 [J]. 资源开发与市场，2018, 34 (9): 1290 – 1295.

加以评价，或者重点关注居民的环境获得感，那么地方政府将竞相提升产业准入标准，对高污染企业或其他部门实行限制措施，这样才能吸引民众"用脚投票"，达到"竞争向上"的结果①。第二种与此相反，若对于地方政府的考核体系过多注重经济指标的增长，则地方政府为了保持自身产业优势，避免自身高产值高耗能产业流向外地，会选择放任污染的方式为其节省成本，此时各地间竞争的方式变成了"竞次向下"②。第三种则为差别化竞争。由于不同发展阶段的地区对于环境价值的认知能力存在差异，发达地区为了保持对于高端要素的向心力，会拟合其环境期望选择相对较严格的环境规制，与此同时欠发达地区会借机执行低强度环境规制，目的是能够吸引发达地区淘汰产能以提升自身产出。国内研究通过实证发现，地方政府间可能存在"逐底竞争"的环境规制标准③，也可能根据所处的发展阶段和周边环境制定"差异化策略"④。

政府竞争与区域经济的关系主要集中于分权程度较高的发展中国家。其在权利分配、市场强化和企业激励等方面能够产生更为明显的影响。研究发现，分权化会通过政府竞争水平、政策执行精准度以及公共物品配置效率等方面影响区域经济。其中以财政联邦主义最具代表性。该理论认为，中央政府通过下放资源配置权并引入市场竞争机制，能够形成区域间要素分配的帕累托最优，从而提升整体经济质量⑤。关于中国政府竞争经济效应的文献较为丰富。朱军和徐志伟通

①　Frednksson P G, Millimet D L. Strategic interaction and the determination of Environmental Policy across U. S. States [J]. Journal of Urban Economics. 2002 (1)：101 - 122.

②　Barret S. Strategic environmental policy and international trade [J]. Journal of Public Economics，1994 (3)：325 - 338.

③　张华. "绿色悖论"之谜：地方政府竞争视角的解读 [J]. 财经研究，2014 (12)：114 - 127.

④　张文彬，张理芃，张可云. 中国环境规制强度省级竞争形态及其演变——基于两区制空间 Durbin 固定效应模型的分析 [J]. 管理世界，2010 (12)：34 - 44.

⑤　TULCHINSKY T H, VARAVIKOVA E A. Chapter 10-Organization of Public Health Systems [J]. New Public Health，2014，18 (3)：535 - 573.

过构建多级政府财政政策行为的动态随机一般均衡模型（DSGE）模拟出分权下的地方政策会对本地及其周边区域的经济产生促进作用[①]。有学者认为中国的分权体制将国家行政管理与区域经济建设纳入统一权责架构中，能在资金和物质资源效率方面影响经济发展。钱文强等则从地方福利的视角发现，适当的政府竞争更有利于经济可持续性[②]。但有部分理论和研究均发现，对于资源公共性和流动性较强的行业来讲，分权化会导致空间分化过程中的负外部性加剧，并放大制度差异和禀赋差距造成的资源错配水平，从而降低区域经济的运行速度。此外，另有学者认为，从不同管制动机出发，二者关系可能存在差异。

三、政府竞争、环境规制与海洋经济增长

毫无疑问，环境规制的诸多传导作用是政府热衷于使用其达成经济目标的原因，而政府在环境竞争中的政策非均衡配置会进一步影响区域海洋经济增长路径。其中环境作为经济活动的公共承载平台，难免会在政府竞争中表现出空间效应。部分理论认为政府竞争能够通过改善生态环境来支撑经济增长："用脚投票"理论认为地方政府为了吸引人口和资源流入辖区，倾向于优先满足包括生态质量在内的居民公共品需求和服务，地方经济也在高端要素堆积中形成经济可持续提升。有学者在对美国等典型地区进行实证研究后发现，分权化确实能刺激地方政府的争上游和邻避效应[③]。这类观点主要是建立在地方政

① 朱军，许志伟. 财政分权、地区间竞争与中国经济波动 [J]. 经济研究，2018，53（1）：21-34.

② QIAN W Q, CHENG X Y, LU G Y, et al. Fiscal Decentralization, Local Competitions and Sustainability of Medical Insurance Funds: Evidence from China [J]. sustainability. 2019, 11（8）：24-37.

③ MILLINET D. Assessing the Empirical Impact of Environmental Federalism [J]. Journal of Regional Science, 2003, 43（4）：711-733.

府以满足居民福利最大化为基础假设上。但随着理论假设和实证验证不断丰富，学者对早期的研究观点提出诸多质疑，认为在现实实践中，完备市场和公共政策再分配的条件很容易受到地方政府利益考量的影响，地方政府围绕自身经济增长，难免会采取破坏性竞争。

在新的理论框架下，诸多学者主要从公共服务、环境治理、技术创新、资源效率等角度，重新定义政府竞争对环境规制经济效应的影响。具体可归为三个方面：一是在排污动机选择方面，环境溢出效应导致区域经济利润与污染成本不匹配。在缺乏有效环境监测和补偿效应的情况下，地方政府在零和博弈中会将污染严重的企业建立在边界区域，这种行为将演化成更为普遍的"搭便车"现象①。二是在产业环境塑造方面，中国沿海区域经济增长长期依赖于国际投资和外部市场，地方政府为了短期内吸引足够外资以创造更多就业机会，会实施"竞次"环境规制，这将激发外资"污染避难所"的投资动机。且从要素趋利的角度看，当环境治理带来的收益不足以弥补资源流失的损失时，地方政府为追求更低生产交易成本，会通过降低生态损失成本来增强资金、劳动和技术的流入向心力，并对外来竞争和后来优势形成排他性制度障碍，影响区域间资源配置效率和生态资本贡献率。三是在政府投资取向方面，中国环境问题主要归因于分权体制将经济发展与环境保护等民生支出置于对立面，在财政资金缺口不断扩张的情况下，资金配置会向短期收益更高的生产性公共服务倾斜，而海洋环境补偿效果需要大规模长时间的资金和人力投入。在官员升迁考核体系更加注重经济收益和社会福利感知的分权体制下，地方官员在环境治理、研发转化方面具有更高的机会主义倾向②。根据总结可以绘制如下作用机制图（见图 9-1）。

---

① SIGMAN H. Decentralization and Environmental Quality: An International Analysis of Water Pollution Levels and Variation [J]. Land Economics. 2014, 90: 114-130.

② 伍格致，游达明. 财政分权视角下环境规制对技术引进的影响机制 [J]. 经济地理，2018, 38 (8): 37-46.

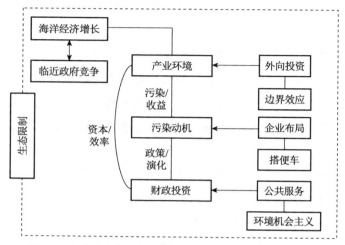

图 9 - 1　政府竞争下环境规制影响海洋经济增长的机理

在关于环境规制与海洋经济增长关系的研究中，极少将政府竞争作为考量因素。有学者认为，地方分权下的环境"碎片化"治理模式使制度成为微观主体资源开发和经营的决定因素，这种效果对于海洋经济更为明显①。这主要是由于海洋资源与环境的空间流动性和不可分性更有利于地方政府采取搭便车的治理措施。不同参与主体间利益分配和管制方式的转化将会使海洋经济的增长取向产生偏差②。因此，我国海洋环境规制具有典型的空间经济效应。

结合以上分析，本章主要在以下两个方面进行实证研究：①现有研究多关注代表性中央政府的环境管理效果，但海洋公共池塘性和政府政策执行的自主性决定了环境规制的空间溢出效应同样会影响海洋经济的发展路径。因此，本书引入空间计量方法定量讨论区域间溢出能力。②我国特殊的分权体制会影响地方政府间环境治理的锦标赛竞争，在此过程中的环境规制的经济效果同样受到影响。因此本书重点

① 王泽宇，崔正丹，孙才志，等. 中国海洋经济转型成效时空格局演变研究 [J].
地理研究，2015，34（12）：2295 - 2308.

② KONISKY D M，WOODS N D. Environmental Policy，Federalism，and the Obama Presidency [J]. Publius：the journal of federalism，2016，46（3）：366 - 391.

测算其对于环境规制空间经济效应的调节机制。研究框架如图 9 - 2 所示。

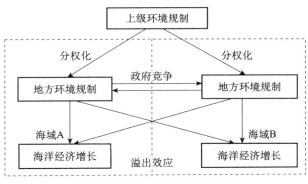

图 9 - 2　本章研究框架

第二节　模型构建与数据说明

一、空间计量分析方法

空间计量分析的基础思想是地理学第一定律，即地理事物均会与周边其他事情存在一定的因果联系，人类经济活动也是如此。在某一空间单元内出现的某一经济现象或某些属性不仅取决于当地环境，而且与相邻空间单元的属性或事件相关。因此，考量区域经济数据的演化因素，离不开从空间效应加以分析。空间效应包括空间异质性和空间相关性，二者相互影响，共同构成了空间计量分析的理论基础。长久以来，古典经济学、新古典经济学及新经济增长等主流经济学理论的推论，均建立在空间经济现象均质化发展假设的基础之上，造成了其结论对于不同空间经济属性相关性的忽视。很显然脱离了空间因素讨论经济现象的因果关系，往往会造成与现实经济现象出入较大的结果。因此，需要将经济分析中的空间效应纳入分析框架中。

　　自 20 世纪 70 年代空间计量经济学兴起以来，学界对于空间经济模型的应用经历了从起步期到发展期再到稳定期的过程。1974 年，帕伦克（Paelinek）首次在荷兰统计协会年会中提到空间计量经济学的概念，用以描述经济数据的跨区域影响及空间依赖性。其主要思想是将传统计量和统计学方法，运用在与地理区位及空间相互影响有关的地理性数据上，将地理区位与空间关联纳入统一的计量和统计模型中，用以识别和测量空间数据互动规律及发展模式的空间因素。在此基础上，克利夫和福德（Cliff and Ord）[①] 等进一步对经典空间自回归模型进行扩展与应用，并建立了涵盖模型构建、参数估计和经验检测等多环节的模型构建体系，使得空间计量经济学能够更好地反映出空间因素的影响。随后著名经济学家安瑟兰（Anselin）对空间计量经济学做出更大贡献，其在 1988 年发表的《空间经济学：方法和模型》（*Spatial Economies：Methods and Models*）一书对空间计量经济学进行了较为系统的论述，并对空间计量经济学的概念与特征进行了丰富和完善。安瑟林认为空间计量经济学是在一系列区域科学模型的统计思想基础上，用以研究空间因素引发的经济特征的各类方法。空间计量经济学研究使用最多也是最为基础的理论方法是探索性空间数据分析（Exploratory Spatial Data Analysis，ESDA）。进入 21 世纪，各领域学者迎合各自关心的议题，在区域经济集聚、区域环境治理、人口迁移、区域产业合作、外商投资进入、区域创新提升等领域做了应用研究。

　　现有空间计量经济学已经形成较为完备的模型构建体系。依据空间计量经济学的基本思想，可以将其分析过程大致分为三个阶段：一是依据研究经济现象，构建符合空间响应程度的空间权重矩阵，并运用矩阵关系监测经济属性是否存在空间自相关性。二是若检测结果验证了空间相应关系，则需构建空间计量模型引入周边区域的影响。三

---

① CLIFF A D，ORD J K. Spatial Processes Models and Application ［M］. London：pion，1981.

是根据参数对不同空间计量模型下各参数的真实性进行比较，并选取最为合适的模型对实证数据进行分析。具体如下。

（一）空间相关性检验

依据空间计量经济学经典思想，主要有两种参数可以对空间自相关性进行检验：一是 Moran's I 参数，这是当今学术界普遍使用的判定方法；二是 Geary's 比率检验。虽然两种参数均能够判定空间属性是否存在空间自相关现象，且二者能够在一定程度上替代彼此的判定结果，但二者对于数据分布的要求仍有不同。相较而言，Moran's I 对于数据正态分布的要求更为宽松。因此，本书使用 Moran's I 对空间自相关性进行检验。

从前文研究机理和理论框架可以看出，环境规制在海洋经济增长中的空间作用，主要是通过在分权化激励下，本地政府经济理性和政府间模仿竞争引起的。因此，在选择建立面板数据模型前，应对主要变量进行空间相关性检验。公式为：

$$GlobalMoran'sI = \frac{\sum_{i=1}^{n} \sum_{j=1}^{n} W_{ij}(X_i - \overline{X})(X_j - \overline{X})}{S^2 \sum_{i=1}^{n} \sum_{j=1}^{n} W_{ij}}$$

$$S^2 = \frac{1}{n} \sum_{i=1}^{n} (X_i - \overline{X})^2, \quad \overline{X} = \frac{1}{n} \sum_{i=1}^{n} X_i \qquad (9-1)$$

式中：X_i 和 X_j 表示城市 i 和城市 j 的观测值，W_{ij} 表示空间权重矩阵。I 取值介于 -1 和 1 之间，I 显著大于 0 表示样本观测值在空间分布上存在正相关，即相近观测值更趋于集中分布；I 显著小于 0 则表示空间分布存在负相关，即差距较大的观测值趋于集中分布。

在测算 Moran's I 之前，需要对各研究单元的空间关系进行界定，由于空间权重矩阵直接决定了地理空间单元间的复杂互动关系，因此既有研究结合自身特点衍生出邻接、地理反距离、经济距离等诸多界定方法。鉴于沿海省（市、自治区）空间分布的链式特征以及海洋环境治理"以邻为壑"的传导能力，因此，本书选取地理距离权重矩阵反映不同省（市、自治区）间环境治理的交互影响：

$$w_{ij} = \begin{cases} 1 \cdots if d_{ij} \leqslant d_{ik} \\ 0 \cdots if d_{ij} > d_{ik} \end{cases} \quad\quad (9-2)$$

式中：d_{ij} 表示省（市、自治区）i 与 j 的空间距离，d_{ik} 表示距离临界值，代表了距离 i 空间最近的第 k 个省（市、自治区）的距离。

（二）空间计量模型构建及比较

在检测出空间属性数据具有明显的空间自相关性之后，说明各地区经济现象不仅与自身内外生环境因素有关，也受到周边地区受检测经济行为的影响。于是，需要构建空间计量模型，对经济现象的跨界因果关系进行检验。根据 Anselin 的模型构建思想，首先选取空间计量模型的通用公式：

$$y = \rho W_1 y + X\beta + \varepsilon \quad\quad (9-3)$$

$$\varepsilon = \lambda W_2 \varepsilon + u \qu\quad\quad (9-4)$$

式中：y 表示被解释变量，X 表示选取的 n 个外生解释变量组成的矩阵，β 表示各外生变量回归系数矩阵，$W_1 y$ 作为被解释变量与空间权重矩阵的交乘项，表示空间滞后的属性，ρ 表示空间滞后项 $W_1 y$ 的空间回归系数，为 n 阶数列，$W_2 \varepsilon$ 表示干扰项的空间滞后矩阵，其系数 λ 也是 n 阶数列，W_1 和 W_2 分别表示被解释变量 y 与干扰项 ε 在空间自回归过程中所构成的 $n \times n$ 空间权重矩阵，方程误差项满足条件 $u \sim N(0,1)$，该模型是空间计量模型的一般形式，可以根据参数取值进行分析。

一是当 ρ、α 和 λ 均等于 0 时（P+2 个约束），则模型转化为经典回归方程式（OLS），为：

$$y = X\beta + \varepsilon \qu\quad\quad (9-5)$$

二是当 α 和 λ 取值为 0 时（P+1 个约束），即仅考虑被解释变量的空间影响，则模型转化为空间滞后模型（SLM）。空间滞后模型通常用以解释被观测对象之间存在的空间相互影响能力，以及相关实质性空间作用，其方程式为：

$$y = \rho W_1 y + X\beta + \varepsilon \tag{9-6}$$

式中：y 表示被解释变量，Wy 表示因变量 y 的空间滞后项，ρ 表示空间滞后项 Wy 的空间回归系数，为 n 阶数列，X 表示选取的 n 个外生解释变量组成的 $n \times k$ 矩阵，β 是由各个 X 的回归系数组成的 n 维数列，此模型的主要参数为 ρ，用以表示在经济属性集聚发展状态下，区域间的空间影响能力。

三是当 α 和 ρ 取值为 0 时（P+1 个约束），即仅考虑干扰项的空间效应，则模型转化为空间误差模型（SEM），其主要反映出各观测对象在相互作用过程中，多余干扰项的空间效应，方程式为：

$$y = X\beta + \varepsilon \tag{9-7}$$

$$\varepsilon = \lambda W\varepsilon + \mu \tag{9-8}$$

可以进一步推导得出：

$$y = X\beta + (I - \lambda W)^{-1}\mu \tag{9-9}$$

式中：I 表示单位矩阵，随机误差项 ε 和 μ 均服从正态分布 $N(0, \sigma 2I)$，$W\varepsilon$ 表示干扰项的空间滞后项，其余变量同上。在空间误差模型中，λ 是主要考量的指标，用以体现在空间相互影响下，相邻区域自变量的误差变化对观测区域因变量造成的影响能力。

此外，根据引入的空间滞后项不同，空间计量模型还包括空间杜宾模型（SDM）、一阶空间自回归模型（FAR）、空间误差分量模型（SEC）、空间杜敏误差模型（SDEM）等。其中，空间杜宾模型最为常见。当某一经济现象自身属性和影响因素均存在空间自相关现象时，其可以将被解释变量和核心解释变量的空间滞后项纳入统一的回归方程中，用以反映出相邻区域外生变量改变和被解释变量变动如何影响被研究区域的被解释变量，具体计算方程为：

$$y = \rho Wy + X\beta + WX\theta + \varepsilon \tag{9-10}$$

式中：WX 表示由空间关系矩阵与空间数据的核心变量组成的解释变量空间滞后项，随机误差项满足分布条件 $\varepsilon \sim N(0, \sigma 2I)$，除 ρ 以外，θ 也是模型关注的重点，用以体现在复杂空间关系中，相邻区域外生变量的变化对于研究单元因变量的影响。

（三）空间计量模型的选择

由于各类空间计量模型所要反映的问题不同，因此，在不能依据先验性结论判定最为合适的模型时，需要借助一系列参数进行综合判断。其中最为基础的是对 SLM 模型和 SEM 模型的适用性进行比较。常用的方法是极大似然 LM-Error 和极大似然 LM-Lag 检验，公式为：

$$LM - Error = [e'We/(e'e/N)]^2/[tr(W^2 + W'W)] \quad (9-11)$$

$$LM - Lag = [e'We/(e'e/N)]^2/D$$

$$D = [(WX\beta)'M(WX\beta)/\sigma^2] + tr(W^2 + W'W) \quad (9-12)$$

式中：tr 为矩阵的迹算子，N 为研究区域数量，本书为 11，e 表示 OLS 回归算得的残差向量，W 表示空间权重矩阵，LM 两项判定值均服从 $\chi^2(1)$ 分布。如果 LM-Error 参数与 LM-Lag 参数均不显著，则选择原始 OLS 方法得出的结果。此种情况说明了空间自相关检验与 LM 检验结果存在冲突，一般是由于观测数据存在异方差或偏离正态分布等引起的计算结果偏误。在其中一项统计量显著的情况下，若 LM-Error 显著，则选取 SEM 模型；若 LM-Lag 显著，则选取 SLM 模型；若两项统计量均显著，则需要进一步借助稳健 LM 检验工具，通过计算 Robust LM-Error 和 Robust LM-Lag 进行判定，若 Robust LM-Error 显著，则选取 SEM 模型，反之选取 SLM 模型。显然，LM 检验仅针对空间误差模型和空间滞后模型的判定，无法反映出其他模型的选取是否合适，因此需进一步借助其他估计参数进行判定，如似然比率（Likelihood Ratio，LR）、赤池信息准则（Akaike information criterion，AIC）、施瓦茨准则（Schwartz criterion，SC）等。一般 LR 值越大、AIC 和 SC 值越小的回归模型，其对于原始数据的拟合优度越高，可以作为模型选择的依据。

二、空间计量模型构建

与第五章模型构建相类似，考虑到海洋经济在政府环境政策干预下，会存在"波特假说"和"成本假说"的综合效用，且不同的环境管制策略可能会对海洋经济增长产生截然相反的约束或激励效果。并且，在微观主体决策共同作用下，二者在区域内部可能存在非线性关系。因此，在对环境规制的综合效应进行判断时，需引入一次项和二次项。考虑到政府竞争可能直接作用于海洋经济发展方向，遂在回归方程中加入反映政府竞争的指标，模型公式为：

$$GMP_{it} = \alpha_0 + \alpha_1 ER_{it} + \alpha_2 ER_{it}^2 + \rho GMP_{it-1} + \alpha_3 FD_{it}$$
$$+ \alpha_j X_{it} + \mu_i + \xi_t + u_{it} \qquad (9-13)$$

在基础模型基础上，引入核心变量的空间滞后项，以反映周边地区环境规制对本地海洋经济增长的影响。常用的空间模型有空间滞后模型、空间误差模型和空间杜宾模型。前两者分别考虑了模型自变量和误差项的空间效应，而杜宾模型则将二者统一化。为更加详细地反映海洋经济的空间溢出效应，本书首先引入含有海洋经济增速和环境规制的空间滞后项，构建空间滞后模型、空间误差模型和空间杜宾模型。

$$GMP_{it} = \alpha_0 + \alpha_1 ER_{it} + \alpha_2 ER_{it}^2 + \rho GMP_{it-1} + \beta_1 (WGMP_{it})$$
$$+ \alpha_3 FD_{it} + \alpha_i X_{it} + \mu_i + \xi_t + u_{it} \qquad (9-14)$$

$$GMP_{it} = \alpha_0 + \alpha_1 ER_{it} + \alpha_2 ER_{it}^2 + \rho GMP_{it-1} + \alpha_3 FD_{it} + \alpha_i X_{it}$$
$$+ \mu_i + \xi_t + (I - \lambda W)^{-1} \mu \qquad (9-15)$$

$$GMP_{it} = \alpha_0 + \alpha_1 ER_{it} + \alpha_2 ER_{it}^2 + \rho GMP_{it-1} + \beta_1 (WGMP_{it})$$
$$+ \beta_2 (WER_{it}) + \alpha_3 FD_{it} + \alpha_i X_{it} + \mu_i + \xi_t + u_{it} \qquad (9-16)$$

式中：UPG_{it}为沿海省（市、自治区）i第j年的海洋经济增速；ER_{it}为省（市、自治区）i在时间t所采取的环境规制强度；FD_{it}为t时期省（市、自治区）i的政府竞争水平；X_{it}为控制变量；W为空间权重矩阵；μ_i 和 ξ_t 为空间固定项和时间固定项，用以控制样本空间差异和时间差异，υ_{it} 为误差项，下同。在模型中，α_1、α_2 和 β_2 为本书重点关注的估计参数，反映出环境规制对海洋经济增长的本地效应和空间溢出效应。

在空间计量模型的基础上，为分析地方政府竞争下，各地环境规制的响应对海洋经济增长的空间影响，本节主要通过引入环境规制与政府竞争的交互项，得出模型（9 - 17）：

$$GMP_{it} = \alpha_0 + \alpha_1 ER_{it} + \alpha_2 ER_{it}^2 + \rho UPG_{it-1} + \beta_1 (WGMP_{it})$$
$$+ \beta_2 (WER_{it}) + \alpha_3 FD_{it} + \theta_1 FD_{it} \cdot ER_{it}$$
$$+ \theta_2 WER_{it} \cdot FD_{it} + \alpha_i X_{it} + \mu_i + \xi_t + u_{it} \qquad (9 - 17)$$

三、变量选择和数据来源

本章是在第五章基础上进行更加深入地分析环境规制与海洋经济增长的关系。因此，核心数据选取与前文相一致，且控制变量仍选取人力资源水平、物质资源水平、技术创新水平、全球化水平、产业结构水平、基础设施水平和人口密度等八项指标，具体选取标准不再赘述。

本章主要增加的变量是政府竞争水平（FD）。早期学者从成果性指标入手选取代表性指标，如张彩云和陈岑[1]选取各地人均实际使用外商直接投资反映各地经济竞争力，或使用区域财政相关数据替代表征政府竞争强度[2]。但随着环境污染的负外部性不断加剧，学者逐渐细化了对环境管理中事权划分的评判[3]。由于财政分权是导致其他权

---

① 张彩云，陈岑. 地方政府竞争对环境规制影响的动态研究——基于中国式分权视角 [J]. 南开经济研究，2018（4）：137 - 157.

② 张克中，王娟，崔小勇. 财政分权与环境污染：碳排放的视角 [J]. 中国工业经济，2011（10）：65 - 75.

③ JACOBSEN G D，KOTCHEN M J，VAN D. The Behavioral Response to Voluntary Provence of An Environmental Public Good：Evidence from Residential Electricity Demand [J]. European Economic Review，2012，56（5）：946 - 960.

利分配的基础，也是决定政府参与竞争的制度保障，只有拥有充分的财政组织权利，才有能力行使自身资源配置意愿，也才有充分动机激发政府参与经济竞争。而本书的政府竞争的评价目标是政府执行环境规制的自主性。因此，本书选取分权自由度作为政府竞争的评价指标。现有定性研究从现行政府行为角度，对地区分权进行先验性评判[①]，其中，以地方财政自主收入和财政自主支出最具代表性。本书在借鉴前人研究的基础上，认为收入和支出等狭义财政指标无法直接反应分权化的结构性实质[②]。因此，选取分权自由度指标，反映政府自有收入对于财政需求的供给能力。

$$FD_{it} = FR_{it}/FE_{it} \qquad\qquad (9-18)$$

式中：FD_{it} 表示地区 i 在第 t 年的政府竞争水平，数值越高说明地方对于财政资金的使用拥有更多自主选择权，也具有更多权利调整环境规制执行强度，并以此作为参与竞争的基础。FR_{it} 和 FE_{it} 分别表示省（市、自治区）本级预算内财政收入和省（市、自治区）本级预算内财政总支出。

本书相关数据来源于 2007—2018 年的《中国城市统计年鉴》《中国环境统计年鉴》《中国金融年鉴》和《中国人口和就业年鉴》，以及 2007—2017 年的《中国海洋统计年鉴》。由于 2017 年部分数据尤其是海洋相关数据尚未出版，因此，本书主要从三方面补充并验证：一是查阅原国家海洋局和各省（市、自治区）发布的海域使用管理公报，二是查阅相应省（市、自治区）海洋与渔业厅（局）官网公布的海域挂牌出让公示，三是参考本领域专家实证整理的数据。为了检测增加变量是否会造成指标数据间的多重共线性，通过测算，

---

① DENG H H, ZHENG X Y, HUANG N, et al. Strategic Interaction in Spending on Environmental Protection：Spatial Evidence from Chinese Cities [J]. China & World Economy. 2012, 20 (5)：103 – 120.

② AKAI N. SAKATA M. Fiscal Decentralization Contributes to Economic Growth：Evidence from State-Level Cross-Section Data for the United States [J]. Journal of Urban Economics. 2002, 52：93 – 108.

政府竞争方差膨胀因子为5.27，总样本的平均方差膨胀因子是4.58，小于10。结合前文计算，说明总体和个别变量并未存在严重多重共线性问题，因此选取相关数据。

第三节　空间匹配结果分析

一、空间相关性检验

根据海洋经济增速、命令控制型和市场激励型环境规制强度，借助 Geoda 软件，通过设定的空间关系矩阵，计算得出全局 Moran's I 值。通过测算发现，三个变量均存在显著的空间自相关现象。其中，海洋经济增速的 Moran's I 为负数，2006—2017 年指数在 -0.2539 和 -0.1083 之间波动，且随着时间推进，在后五年的显著性趋于平稳，Z 值均保持在 -2.3214 以上，说明相邻区域间存在更为明显的负相关关系。命令控制型环境规制的全局 Moran's I 值在 2006—2012 年均保持显著正相关，取值在 0.2982 和 0.4404 之间，在显著性年份均为空间正相关现象，但在研究区间后五年的显著性均不再稳定，取值也介于正值与负值之间，说明空间自相关现象逐渐消失。而市场激励型环境规制的全局 Moran's I 在 2009 年以后也为显著负值，取值在 -0.6273 和 -0.3262 之间，说明政府在主导治理方面，由于存在宏观政策的引导，政府间的模仿行为更加明显。但在市场配置角度，发达地区政府在海洋产业选择时，会通过资源向心优势吸引周边地区先进产能，并通过市场约束倒逼低效产能向周边地区转移，由此自发形成中心—外围式经济分工，对周边地区海洋生产能力造成一定虹吸效应。基于对核心变量和被解释变量的空间自相关检验可以对空间计量模型做出基本判断。因此，本书分别选取空间滞后模型、空间误差模型和空间杜宾模型进行试验回归，并结合统计结果判定合适的回归方法。为了检测模型是属于内生性空间滞后还是属于误差项引起的空间自相关，本书选用拉格朗日乘子误差和滞后进行判定（见表9-1）。通过空间依赖性检验结果可以看出，LM（lag）的显著性水平为0.29%，比LM（err）更为显著。虽然Robust LM（lag）的显著性水平较低且比Robust LM（err）更不显著，但仍可以判定SLM模型相对更为合适。而根据极大似然值（LR），SDM模型取值为98.76，高于SEM与SLM的86.76和94.75，AIC值和SC值分别为-181.73和-176.47，也分别小于另外两模型的取值。因此，兼顾到本章要研究的目标，本书使用空间杜宾模型（9-14）。

表9-1　　　　　　　　　空间计量模型选择检验

检验	自由度	统计值	P值
LM-Lag	1	8.8371	0.0029
Robust LM-Lag	1	0.4753	0.4827
LM-Error	1	4.3530	0.0103
Robust LM-Error	1	4.1202	0.0437

二、环境规制与海洋经济增长的空间计量分析

为了检验面板数据回归是否存在因个体差异或时间差异造成的估计偏误，在做空间计量分析之前，需对模型的固定效应和随机效应进行判断。本书采用Hausman方法对包括所有变量的空间杜宾模型进行检验，引入命令控制型ER1和市场激励型ER2的Hausman统计量分别是34.4574和18.3207，且P值均拒绝了随机效应原假设的显著性检验，因此，使用时间空间双固定空间杜宾模型，计量结果见表9-2。

表9-2　　　　　环境规制与海洋经济增长空间计量结果

规制类型	命令控制型	市场激励型
ER	0.261 ***	0.039 ***
	(5.031)	(2.754)

续表

规制类型	命令控制型	市场激励型
ER^2	-0.035^{***}	-0.002
	(-5.437)	(-0.143)
W×ER	0.019^{***}	-0.027^{***}
	(3.804)	(-3.834)
Spatial rho	-0.026^{***}	-0.091^{***}
	(-3.320)	(-4.572)
控制变量	YES	YES
固定效应	YES	YES
样本数量	132	132
R^2	0.6437	0.3256

注：*，**，***分别表示通过了10%、5%和1%的显著性检验，括号内为 t 统计量，下同。

由于本书是在前两章的基础上进一步深入分析，因此，重点对空间溢出效应的结果进行解释，不论是线性模型还是非线性模型，将环境规制的空间溢出效应纳入模型后，命令控制型环境规制和市场激励型环境规制的空间滞后项（W×ER）系数均通过了1%的显著性检验，显示出不同的区域性环境管制措施均会对周边区域的海洋经济增长产生溢出影响。

命令控制型环境规制空间滞后项的系数为正值，达到0.019，且通过了1%的显著性检验。说明当周边地区实行更为严格的此类环境规制时，会进一步促进本地区海洋经济提升。结合环境规制溢出机理可以对结果进行解释：命令控制型环境规制属政府主导性规制行为，实施进程具有自主性和强制性，能够在较短时间内提高企业环境成本，但很难从企业内生角度帮助其调整生产方式。当企业污染治理花费高出迁建成本和本地市场成本时，将刺激其向周边地区转移。而作为产业转移腹地的周边地区，为了维护全局经济稳定，也为了吸引更多生产部门集聚，将通过竞争向下的方式降低环境措施，从而增加海洋产业生产密度。另外，在海洋公共池塘资源使用方面，局部性治理行为同样会改善整体区域经济质量，一定程度上削减了周边地区环境压力，并提高了其扩大再生产的可能。从这个角度来讲，政府的动态竞争与分工有助于区域海洋经济的增长，但是在产业空间的"核心—边缘"结构中，周边区域面临成为国内新的"污染避难所"的风险，不利于海洋经济的长久提升。

市场激励型环境规制的空间滞后项回归系数为 -0.027，且均通过了显著性为1%的检验，符号为负，说明周边地区在环境管理时，若执行更加严格的市场性约束措施，将对本地海洋经济增长造成明显的抑制作用，其结果方向与命令控制型相反。结合作用机理可以做出进一步解释：中国沿海区域属于经济转型和产业结构调整的先行区。从结论中发现，此类环境规制可以通过调节第二产业发展模式对海洋经济造成影响，部分地区在实施严格市场手段的环境规制的同时，将提高优势资源在本地区的配置效率。不断提高的边际收益能够扩大对周边地区高端资本的向心力，并使落后产能转移，从而抑制周边地区的海洋经济增长动力。

因变量空间滞后项的回归系数在两个方程中均为负值，且通过了不同程度的显著性检验，这与前文空间相关性检验结果相一致，说明整体海洋经济仍存在空间负相关增长模式。其中，地方政府间环境规制动态调整措施是导致区域间海洋经济差异化路径的重要因素，进一步说明，仅从区域内部制定与海洋经济相匹配的环境规制具有一定局限性，需从地域分工和协作角度制定更为科学的规制措施。政府竞争的回归结果虽为负值，但均不显著，说明其并未对区域海洋经济产生直接影响，而是通过调节作用影响海洋经济的发展进程。

三、政府竞争对环境规制效应的调节作用分析

以政府竞争为代表的中国分权化管理体制增强了区域性经济动机，尤其对于海洋经济这类外部性较强的经济系统的区域内部和区域

间经济策略会产生深远影响。区域环境规制在政府管理目标调节下进一步影响海洋经济发展。因此，本书通过加入政府竞争与环境规制交乘项的方式，研究其影响方式究竟如何，结果见表9-3。

表9-3 政府竞争调节作用空间计量结果

模型	命令控制型	市场激励型
ER	0.185	0.493 **
	(1.204)	(2.383)
ER²	0.024 ***	-0.009 ***
	(5.265)	(-3.784)
W × ER	0.089	-0.212
	(1.372)	(-2.313)
FD × ER	-0.108 ***	0.129 ***
	(-3.747)	(3.831)
W × FD × ER	-0.021	0.046 ***
	(-1.543)	(5.143)
FD	0.113	0.317 *
	(0.564)	(1.632)
Spatial rho	-0.133 ***	-0.212 ***
	(-3.576)	(-4.421)
控制变量	YES	YES
固定效应	YES	YES
Obs	132	132
R²	0.3864	0.7142
log-L	152.657	112.654

表中反映了将直接调节与间接调节分解后得到的政府竞争的空间调节作用。直接调节效应方面，政府竞争在调节命令控制型环境规制影响本地海洋经济增长的系数为-0.108，在1%的置信水平上显著为负。政府命令式环境规制本身属于主动强制型管制措施。当地政府竞争水平越高标志着其具有更多的治理权限，能够进一步放大地方治理在海洋经济增长中的作用。当前此类规制强度与海洋经济增长间仍

处于负向关系，地方政府若增加海洋环境强制治理费征收和投入，反而拖累了海洋经济增长步伐，并以此加重环境规制的负面影响。由于我国现行命令控制型环境规制仍以抑制作用为主，因此过高的政府竞争反而会将这种抑制作用扩大。本地政府竞争调节本地市场激励型环境规制（FD×ER2）的系数是 0.129，在 1% 的置信水平上显著为正，说明政府竞争强度的提升会进一步增强市场激励型环境规制的本地经济效应。通过第三章动态响应分析发现，海洋经济基础的提高会刺激地方政府增加市场型环境措施的比重，此阶段，分权体制在既定的经济考核体系下，会刺激地方政府加强行使市场化环境管理手段，并以此进一步提升对于本地海洋经济的积极效果。

结果同样可以反映政府竞争对环境规制空间溢出效应的调节作用。其对市场激励型环境规制空间溢出效应的调节系数为 0.046，在 1% 的显著性水平下存在正向调节作用。即当周边地区政府竞争权利增加时，会在一定程度上削减周边地区市场激励型环境规制对本地海洋经济的负向影响。可能原因是周边地区不断提高的政府财权会赋予其参与区域性经济合作，不仅能够使本地海洋经济质量更趋稳定，而且为本地区以搭便车的方式吸收先进技术提供了可能，进而缩减了因环境规制自身原因导致的区域间产出差异增加。政府竞争对命令控制型环境规制空间溢出效应的调节作用虽为负值，但未通过显著性检验，其调节效果并不明显。

第四节　本章小结

本书借助 2008—2017 年中国沿海 11 个省（市、自治区）相关数据，借助 ArcGIS 10.2、Geoda 和 stata 13 等软件，运用空间探索性分析、空间计量模型等方法，对中国地方政府竞争下环境规制对海洋经济增长的空间影响进行分析，得出以下结论：

　　海洋经济增速、市场激励型环境规制表现出负向空间自相关性，而命令控制型环境规制的相关系数显著为正。两类环境规制均会对周边区域的海洋经济增长产生溢出影响。命令控制型环境规制的溢出效应为正，市场激励型环境规制的溢出效应为负。周边地区海洋经济增长会通过空间溢出抑制本地区海洋经济增长，表现出较为明显的"核心—边缘"产业分工。

　　地方政府竞争水平的提升会进一步增强本地市场激励型环境规制的正向经济效应，并削减因周边地区市场激励型环境规制的强度提升造成的海洋经济损失。与此相反，地方政府竞争会扩大命令控制型环境规制造成的本地经济抑制效应，其对于溢出效应的调节作用则不显著。

第十章　环境规制与海洋经济增长
的匹配对策

第一节　研究结论和主要建议

一、主要实证结论

海洋经济作为我国沿海地区经济系统的重要组成部分，在全球化、市场化和地方化的经济转型期，支撑国民经济快速稳定增长。但长期高投入、高污染的粗放型发展模式也对海洋环境造成了较大威胁。虽然我国针对海洋污染问题不断完善环境规制体系，并将其作为保证海洋经济可持续发展的重要政策手段，但真实效果并未得到准确证实。因此，研究环境规制与海洋经济增长的关系成为具有现实意义的课题。目前关于环境规制与经济增长关系的研究主要集中于整体经济系统或某一工业领域，但关于生产关联性更大、环境依赖性更为复杂的海洋经济的研究相对较少。而且，现有研究多从静态角度分析环境规制与经济增长的数理关系，对于处于不断调整的环境规制而言，很难准确反映出二者的具体匹配程度。因此，本书以我国沿海 11 个省（市、自治区）的海洋经济作为研究对象，从梳理与环境规制和海洋经济增长有关的基础理论入手，通过总结相关文献，建立起涵盖多种视角的研究框架，从长期与短期、高强度与低强度、直接和间接、直接与溢出等方面动态研究二者关系，主要结论如下：

一是通过面板数据协整检验和面板 VAR 脉冲响应等方法研究发现，无论是命令控制型环境规制还是市场激励型环境规制，均能够与海洋经济增长保持稳定的长期协整关系。命令控制型环境规制对于海洋经济增长的长期贡献能力相对较少，甚至在短期内会对海洋经济增长造成抑制作用；市场激励型环境规制在长短期均能促进海洋经济增长，但提升能力相对较弱。同时，海洋经济的增长会带动市场激励型环境规制的提升，但这种作用在命令控制型环境规制中并不明显。市场激励型环境规制的变化对海洋经济增长的影响要大于命令控制型环境规制。与此同时，两类环境规制均具有一定的政策连贯性。在对海洋经济一个标准化冲击后，市场激励型环境规制的正向影响更为明显，命令控制型环境规制则会受到明显的负向影响。

二是通过构建动态面板数据模型和中介模型研究发现，两类环境规制对于海洋经济增长的影响差异较大。命令控制型环境规制与海洋经济增长呈现出"U"型关系，且关系较为稳定；市场激励型环境规制与海洋经济增长间存在单纯的正向线性关系，但控制变量对二者关系的影响较为明显，作用过程表现出较强的间接影响。除此之外，人力资本水平、技术创新水平和人口密度能够正向影响海洋经济增长，外资引入水平和产业结构水平则会反向抑制海洋经济增长。产业结构水平、技术创新水平和外资引入能力均构成了我国环境规制影响海洋经济增长的传导因素。命令控制型环境规制通过促进约束第二产业扩张、抑制技术创新以及阻碍外资进入来影响区域海洋经济增长；而市场激励型环境规制则通过促进第二产业发展、抑制技术创新以及阻碍外资进入影响海洋经济增长。

三是通过构架空间计量模型研究发现，海洋经济增速、市场激励型环境规制表现出负向空间自相关性，而命令控制型环境规制的相关系数显著为正。两类环境规制均会对周边区域的海洋经济增长产生溢出影响。命令控制型环境规制的溢出效应为正，市场激励型环境规制的溢出效应为负。周边地区海洋经济增长会通过空间溢出抑制本地区海洋经济增长，表现出较为明显的"核心—边缘"产业分工。地方政府竞争水平的提升会进一步增强市场激励型环境规制的本地正向经济效应，并削减因周边地区市场激励型环境规制的提升造成的海洋经济损失。但是，地方政府竞争会扩大因命令控制型环境规制造成的经济抑制效应，其对于溢出效应的调节作用则不显著。

通过以上研究可以总结，我国海洋经济增长仍未脱离"先污染，后治理"的传统路径。虽然全球经济危机以后经过不断优化环境管理模式，使得环境规制的综合经济效应向更加积极的方向转变，但受到区域海洋经济发展方式影响，不同类型的环境规制，在不同阶段、不同强度、不同途径以及不同制度层面均会形成较大效应差异，最终导致环境规制与海洋经济增长的动态不匹配现象。因此，只有在科学的区域经济目标引领下，通过建立科学的环境管理政策体系，并将环境规制强度限制在合理范围内，才能达到海洋环境保护与海洋经济增长相协调的目的。

二、主要政策建议

实证研究表明，虽然命令控制型和市场激励型环境规制都能对海洋经济增长产生影响，但在不同滞后期和不同强度下的作用方向和响应方式具有较大区别，二者的不匹配现象会进一步影响海洋经济的可持续路径。因此，应根据不同类型区域和不同经济增长阶段的响应特点合理配置环境规制组合体系，并结合研究时段内不同传导机制下两类环境规制的不足进行适当改进。与此同时，研究发现环境规制在外资引入、科技创新和产业结构等途径中对海洋经济增长的影响效果并不理想，以至于环境规制无法形成正向传导，一定程度上归因于现阶段海洋经济增长路径对于海洋环境的依赖方式较为低端，因此应该重点在创新支撑性、外资依赖性和产业主导性方面实现转型增长。实证研究还发现，地方政府关系也会进一步影响环境规制的经济效应，造成区域间出现"以邻为壑"现象。因此，要通过建立区域间环境治理的协调机制，消除环境规制的消极溢出影响。通过上述三点对策，可以更有针对性地提升环境规制与区域海洋经济增长的匹配关系。

（一）合理调整环境规制组合体系

针对命令控制型环境规制与市场激励型环境规制在不同阶段和不同强度下对海洋经济增长的影响差异，一方面，应以发挥两类环境规制在不同时段的比较优势为目标，因地制宜调整环境政策配置结构。另一方面，应结合环境规制传导模式，提高现有环境规制对于经济质量的提升绩效。实现海洋经济与海洋环境、短期海洋经济与长期海洋经济的协调发展，具体措施如下。

一是调整区域环境规制配置结构。研究发现，虽然我国不断制定和修订与海洋环境有关的政策法规，但整体仍以政府强制性管制措施为主导，致使环境规制体系对于海洋经济的现实效果不尽理想。因此，环境管理模式应与区域海洋产业发展阶段相适应。在海洋经济转型较快、环境管理较为成熟的核心地区，两类环境规制均能够实现较好的经济激励作用。因此，可以充分发挥两类环境规制的结构效应，进一步提高排污收费标准和海域开发市场门槛。而对于海洋经济质量较低的区域，命令控制型规制措施不仅不利于海洋经济增长，而且会抑制原有企业转型进程。因此要采用企业激励相容的管理办法，重点加大市场激励型环境规制的比重，以营造总量提升与结构升级的双赢局面。

二是提高命令控制型环境规制的执行效率。研究发现，虽然命令控制型环境规制在我国施行年限较长，但对于海洋经济增长的效果具有较大不确定性。命令控制型环境规制作为规制体系的重要组成部分，不能一味通过降低排污标准来助推海洋经济增长，这从过去的经验中已经得以验证。因此，需要结合激励相容政策，从效率层面降低因环境成本造成的负面约束：一方面，应将环境管理政策与转型激励政策有机结合，针对有创新和转型意愿的企业，通过一系列扶持和补贴手段，来降低因策略调整期较长造成的成本损失；另一方面，进一步梳理并明晰各行政主管部门的职责权限，完善对于职能部门的奖惩细则，对于污染企业寻租行为加大连带责任的惩处力度，避免因职责界定不清造成的监管和执法漏洞。

三是提升市场激励型环境规制贡献份额。本书根据动态研究市场激励型环境规制与海洋经济增长的关系发现，二者在不同角度均具有更为稳定的正向关系。虽然我国市场激励型环境规制强度不断提高，但主导性仍显不足。因此，可以进一步提升主要市场手段在海洋环境管理中的积极作用。一方面结合我国税费体制改革，制定更加健全的税费征收和分配体系，提高对于海洋增养殖、海洋油气、海洋化工及海洋装备等重点污染源的税收标准，并将环境税列为各级政府重要横向税种之一；另一方面，完善和推行排污交易许可证制度，不断建立和完善包括各种类型企业的市场交易规则，鼓励更多企业通过市场竞争手段获取排污许可证，继续发挥环境使用门槛对经济转型的推动作用。与此同时，要加强许可证交易保障法律法规，营造公平的竞争和交易秩序，进一步拓宽事后监管范围，对取得排污许可的企业和部门的排污行为进行严格监控。

（二）转变海洋经济的环境使用方式

通过研究环境规制的传导机制发现，环境规制在产业结构、科技创新水平和外资引入能力等不同传导机制下对于海洋经济增长的影响均不尽理想，主要归因于现阶段各海洋经济增长因素对海洋环境的使用绩效较低。因此，若想充分消除环境规制在不同路径下的不利影响，应先摆脱经济增长造成环境污染的单一思路，通过转变海洋经济发展模式以匹配环境可持续使用趋势。具体措施如下。

第一，加大海洋科技创新扶持力度。研究发现，不仅科技创新在海洋经济增长中的支撑性不足，而且环境规制在海洋科技创新中的作用仍以"成本假说"效应为主。因此，要发挥政府调控优势，多渠道刺激涉海企业加强科技创新投入，提高技术研发转化效率，引导发挥环境规制的"波特假说"效应。一方面要提高企业创新积极性。针对海洋企业科技创新投入规模较大、收益窗口期较长的困境，要多举措制定扶持策略。特别是针对海洋渔业养殖、海洋化工、海洋油气和海洋工程等对我国海域污染较强的行业，通过设立研发专项补贴、减免创新性收入赋税等方式减轻企业创新预期负担。鼓励金融机构创立创新专项贷款项目，减少环境约束对高端部门扩大再生产的影响。另一方面要提升创新人才比重。加大对海洋科技人才的培养力度，鼓励高校扩大海洋环境相关专业招生规模，并通过校企合作提升在岗人员的技术操作水平。鼓励企业面向高校在渔业培育、海洋装备、海洋能源开发、海洋生物医药等领域设立专项基金，帮助解决现实生产中的技术性难题，提高科研成果的转化能力。

第二，优化外资引入质量。针对外资投入在我国区域海洋经济中仍表现出较强的"污染天堂"目标，致使环境规制的负向效用被放大的问题。一是要在保证对外开放度稳定提高的基础上，进一步调整沿海区域，特别是开放度较高的区域对于外资和外贸的依赖方式，避免继续承接以初级产品加工、海工装备修造、船舶生产修建、原油矿产采集等牺牲环境和廉价资本为代价的污染密集型产业进入。二是通过优化区域整体海洋环境，增强对于优质外资的吸引能力。针对高技术、高资本、高效率的投资，通过设立进出口退（免）税通道，缩减项目审批周期等，在申请、审核、评估等环节提升投资便捷性。三是建立针对外资的海洋环境保证金制度，在精准核算行业排放标准的基础上，对进入项目征收环境保证押金，待投产后排放强度达到环境标准予以返还。

第三，转变海洋产业主导方式。通过分析发现，虽然现阶段海洋第三产业的经济主导性较强，但海洋第二产业仍是环境规制影响经济增长的主要作用媒介。因此，要通过优化第二产业效率与培育新兴第三产业部门并举的方式，提升海洋经济增长中的整体环境绩效。一方面通过购置补贴、技术推广等方式，推进第二产业中海洋化工、海洋油气、海洋工程建筑、海洋盐业等传统海洋产业的清洁技术革新，特别是对于第二产业比重较强、环保成效较低的重点污染区域，要提高海洋可再生能源、海洋精细化工、海水利用、海岸生物医药等新兴第二产业的比重，通过部门更新增强产业对环境的使用效率。另一方面，对于产业转型较快的区域，要加强对于海洋第三产业的规划引导，在保持海洋运输和滨海旅游稳定提升的基础上，重点发挥海洋公共服务业的经济效应，如提高信息技术在海洋环境监测与预报、海洋资源勘探与开发、海洋产业规划等领域的应用价值，增强海洋科研与管理服务业的受众面和普及率。

（三） 规避政府环境竞争的不利影响

市场激励型环境规制的直接效应和溢出效应存在较大差距，一定程度上归结于区域间管制强度和管制方式存在明显差别。在环境成本无法形成有效跨区补偿的情况下，不仅会提高"以邻为壑"的规制动机，也会导致区域间不协调的经济分工，因此应该在保证区域间环保策略有效衔接的基础上，明晰环保权责，规避污染溢出风险。政府竞争对市场激励型环境规制空间经济效应的影响较为积极，但对命令控制型环境规制的影响不尽合理，因此需要进一步对政府竞争手段和竞争要素进行约束。具体措施如下。

一是促进区域间海洋环境保护政策有效衔接。应在顶层设计和分区实施方面，进一步完善海洋环境治理的法规、制度及政策。应在充分尊重市场配置的基础上，建立涵盖海洋排污许可制度、信贷税收优惠政策、技术扶持政策等在内的政府干预措施，有效避免政府竞争造成的市场失灵和政府失灵。对实施成效较好的区域性法规政策应总结经验，并宣传推广至其他地区，以扭转其对于周边区域的负向溢出效应。

二是增强区域间海洋产业转移补偿机制。研究发现，核心区域海洋经济增长和转型过程会对周边区域产生负外部性影响。所以，统筹核算陆海污染物排放，对于入海河流和直排海等陆源污染源，要建立排污清算台账，避免因污染溢出造成的规制失效。应该通过转移支付、产业协同等方式分担海洋环境治理成本，同时建立激励与约束相协调的利益共享机制，在统筹传统行业转移的同时，引导人才、设备及技术形成跨区域协作，带动周边区域加快转型增长进程。

三是有效发挥分权体制在调节地方政府环境规制方面的重要作用。一方面，上级政府通过提高海洋环境相对绩效考核标准，引入标尺竞争来激励地方政府更加重视海洋经济转型发展。尤其是对于地方主导的强制性政策，应提高对于政策执行的监督水平，避免经济目标下的环境竞次动机。另一方面，应进一步明晰中央与地方环保事权划分。适当上收环境治理支出权限，排污强度、污染惩罚、技术补贴等强制性规制由生态环保部统一标定和执行。鼓励地方政府提升市场化政策运作比重，发挥地方政府在科技、教育、公众福利等方面的信息优势，通过放开区域间要素准入门槛，进一步激发市场对高端资本流动的配置权利，以环境高端功能提高地方政府实施市场性规制的积极性。

第二节　重要平台：海洋经济发展示范区建设

一、海洋经济发展示范区的建设意义

不管是环境规制类型的确定，还是海洋经济发展模式的选择，均是以保障海洋经济发展与海洋环境保护为主要目标，而如何在公平实现两项基本目标的前提下实现海洋环境效率的最大化，是各个地方努力的重点。为了消除因自上而下的环境规制出现"水土不服"问题，应以海洋经济发展示范区建设为契机，探索海洋环境与海洋经济协调发展的全新路径。

（一）海洋经济发展示范区建设的意义

我国海洋环境问题的根源是人类活动将经济效应凌驾于环境功能之上，因此重在转变海洋经济发展思路，解决好经济发展与环境保护之间的关系，海洋经济发展示范区因此应运而生。我国海洋经济发展示范区的建设最早于 2016 年 3 月，在国务院发布的《国民经济和社会发展第十三个五年规划纲要》中就有所提及。而在同年 12 月，国家发改委和原国家海洋局又联合发布《关于促进海洋经济发展示范区建设发展的指导意见》，提出要在全国范围内遴选出 10—20 个有条件的地区建设示范区。在此背景下，沿海各地区积极投身于示范区的申报和培育工作，最终山东的威海、日照，江苏的连云港，天津的临港等 10 个市与 4 个产业园区脱颖而出，被确定为首批国家级海洋经济发展示范区。值得注意的是，此次成立的示范区包含了市级和园区级两类载体，更加贴合建设实际。

海洋经济示范区作为统筹海洋经济与海洋环境的示范载体，其建设意义巨大：一是通过搭建能够容纳海洋产业和要素集聚的平台，实现资源与产业整合的规模效应，提高海洋经济的发展效率与竞争力；二是通过政策引导，先行先试培育新型产业发展所需的各项前沿技术，并通过高端资源集聚提升现代海洋服务业等新兴海洋产业的比率，推进在海洋领域供给侧机构性改革方面先行先试，引领海洋经济结构提升；三是通过整合上下游产业服务能力，延伸创新、金融、服务等在产业合作中的参与能力，以此推动创新链、产业链、资金链和政策链"四链融合"，实现资源环境更有效配置于各个生产环节，从而带动整体海洋经济的抗风险能力和对海洋资源环境的可持续开发能力。

（二）海洋经济发展示范区建设的特色

我国现有 14 个海洋经济发展示范区特色鲜明且任务突出，其根本任务均是在坚持"质量第一、效益优先"的基础上，同步推动海洋经济高质量发展与海洋环境高质量保护，主要原则为"坚持陆海统筹、立足比较优势、突出区域特点、明确发展方向、发挥引领作用"。

在建设过程中，海洋经济发展示范区肩负着一系列规范和任务：

深入实施创新驱动发展战略；通过创新体制机制，最大限度调动、引导和整合各生产部门的积极性、主动性和创造性，尽快形成一系列在全国范围内可复制与可推广的经验；突出对各类风险的防范意识，坚持守好政府财政能力与投资能力等硬性约束，结合自身实际和特点合理调整目标和任务；坚决守卫海洋环境保护地线，坚持海洋生态保护毫不动摇，通过制定开发和保护并重的措施，实现蓝色经济健康发展；更加合理有效的开发海洋资源，除国家重大战略项目外，对于围填海活动实施严格控制，全面停止新增围填海项目审批，坚持保护与修复并举，通过建立滨海湿地和海岛保护的生态保护区，实现海洋生态环境功能逐步提升，构建蓝色生态屏障。

由于各地区在海洋经济与海洋环境间的矛盾不尽相同，同等手段的海洋环境规制在不同地区也可能造成差异化经济影响，因此在海洋经济发展示范区遴选和建设过程中，我国充分考虑了发展现状和特色，并赋予 14 个海洋经济发展示范区不同的发展任务。

山东威海海洋经济发展示范区的建设重点是发展远洋渔业和海洋牧场，实现对传统海洋渔业的转型升级，以及探索传统产业与海洋医药和生物制品业等新兴产业的融合集聚发展模式创新。

山东日照海洋经济发展示范区的建设重点是推进国际物流与航运服务的创新发展，并在海洋生态文明建设方面提供示范效应。

江苏连云港重点是推动国际海陆物流一体化深度合作的创新，并提高蓝色海湾综合整治能力。

江苏盐城重点是创新滩涂与海洋资源综合利用的新模式，探索改革海洋生态保护管理中的协调机制。

浙江宁波重点是探索优化海洋资源要素的市场化配置机制，推动海洋科技研发的产业化模式，实现海洋产业绿色化发展。

浙江温州重点是探索民营经济参与海洋经济发展改革创新，深化海峡两岸海洋经济合作。

福建福州是探索海产品跨境交易模式，开展涉海金融服务模式创新。

福建厦门是推动海洋新兴产业链延伸和产业发展配套能力提升，创新海洋生态环境治理与保护管理模式。

广东深圳是加大海洋科技创新力度，引领海洋高技术产业和服务业发展。

广西北海是创新海洋特色全域旅游发展模式，开展海洋生态文明建设示范。

天津临港是发展海水淡化与综合利用技术，推动海水淡化产业规模化应用创新示范。

上海崇明是开展海工装备产业发展模式创新，探索海洋经济投融资体制改革。

广东湛江是创新临港钢铁和临港石化循环经济发展模式，探索产学研用一体化体制机制创新。

海南陵水是开展海洋旅游业国际化高端化发展示范，探索"海洋旅游＋"产业融合发展模式创新。

二、浙江省海洋经济发展示范区建设

在 14 个海洋经济发展示范区批复之前，各地已经结合自身实际纷纷制定了相应的建设路径，如山东半岛蓝色经济区、浙江海洋经济发展示范区、广东海洋经济综合试验区等，虽然在具体做法和建设目标上具有一定差异，但均是在探索通过高质量海洋经济发展来提高对海洋环境的保护和治理能力。

以浙江海洋经济发展示范区为例，国务院早在 2011 年便正式批复了《浙江海洋经济发展示范区规划》，包含了浙江沿海的杭州、绍兴、宁波、舟山、台州、温州等城市、沿海的海岛以及海域，此类区域在资源禀赋、区位条件、产业特色、体制机制和科教能力等方面优势突出。在多年探索中，通过优化海洋经济发展布局、打造现代海洋产业体系、提高海洋科技创新能力、完善沿海基础设施网络、加强海洋生态文明建设、创新海洋综合开发体制等途径，浙江省在海洋经济实力和生态环境质量方面取得了一些亮点，也为同类或相近地区提供了诸多发展经验。

（一）　海洋资源市场化改革取得新进展

通过探索海洋资源产权界定和交易的创新体制，充分激活了资源配置效率，使海域和无居民海岛能够更加高效的参与地区经济发展；通过出台《招标拍卖挂牌出让海域使用权管理办法》，为海域使用权转让和使用提供了政策保障；通过探索设立海洋资源管理中心和港口岸线使用权交易中心，组建新的省海港委和海港集团，提高了政府对于海陆资源的统筹力度，实现了集中力量办大事的制度优越性。

（二）　海洋科教研发能力迈上新台阶

重点扩展行业高校的办学空间，提高海洋科教对于资源的优先配置权利，实现科技创新对于海洋产业转型和海洋环境保护的贡献能力，整合专业院校在涉海专业的优势资源，保障舟山群岛等重点示范区对于科研与教育的需求；通过扶持政策和资金倾斜，鼓励涉海高校和科研院所组建与海洋水产、海洋生物医药、海洋化工、海洋装备、远洋航运以及能源利用等相关的专业公关团队，掌握新兴产业的技术话语权，以此提升区域海洋经济的竞争优势。

（三）　海洋生态文明建设加快新举措

在国家一系列海洋生态文明思想的指引下，建立科学严格的海洋生态保护红线，与陆地生态红线构成完整的国土开发约束体系，落实海洋环境保护问责机制，实现生态环境监测网络全覆盖，在生态功能脆弱和环境问题突出的区域建立国家级海洋自然保护区、特别保护区和水产种质资源保护区；启动建设海岸带生态修复的规划体系，实现经济转型中的生态功能同步提升。

第三节　研究展望

虽然本书的研究对于中国海洋环境规制的制定和海洋经济增长具有一定的理论意义和实践意义，但是由于诸多主观原因和客观数据资料缺失的影响，研究的深度和广度有待进一步提升。第一，虽然本书从动态影响的角度研究了环境规制与海洋经济增长的动态关系，但是重点仍集中于从环境规制动态影响海洋经济增长的角度，分析二者的匹配程度，其匹配关系也是基于环境规制是否有利于海洋经济可持续增长进行判定，并未将二者纳入经典经济增长模型中研究二者的平衡关系。第二，虽然在部分研究方法中考虑了海洋经济增长对于环境规制的反向作用，并尽量避免因因果关系导致的内生性问题，但并未在实际模型中解释因海洋经济变动导致的环境规制策略转变的影响。这两点都是进一步研究的方向。

由于数据有限，无法准确获取不同地区的详细污染排放情况。在区域间不同的发展模式下，相同的环境规制也会造成地区间海洋经济差异化发展。本书从整体层面研究区域间共性问题，但在涉及样本个性方面的研究较少。这将会在以后的研究中进一步进行详细分类和分析。

参考文献

［1］陈可文. 中国海洋经济学［M］. 北京：海洋出版社，2003.

［2］高铁梅. 计量经济分析方法与建模——Eviews 应用及实例［M］. 北京：清华大学出版社，2009.

［3］蒋中一. 动态最优化基础［M］. 北京：中国人民大学出报社，2015.

［4］薄文广，徐玮，王军锋. 地方政府竞争与环境规制异质性：逐底竞争还是逐顶竞争？［J］. 中国软科学，2018（11）：76 - 93.

［5］蔡昉，都阳，王美艳. 经济发展方式转变与节能减排内在动力［J］. 经济研究，2008（6）：4 - 11，36.

［6］蔡昉，都阳. 中国地区经济增长的趋同与差异——对西部开发战略的启示［J］. 经济研究，2000（10）：30 - 37，80.

［7］曹志斌. 生态经济系统平衡再造的重要手段——生物工程［J］. 宁夏大学学报（自然科学版），1989（2）：64 - 68.

［8］曾贤刚. 环境规制、外商直接投资与"污染避难所"假说——基于中国 30 个省份面板数据的实证研究［J］. 经济理论与经济管理，2010（11）：65 - 71.

［9］陈南岳，乔杰. 产业结构升级、环境规制强度与经济增长的互动关联研究［J］. 南华大学学报（社会科学版），2019，20（5）：43 - 50.

［10］程钰，任建兰，陈廷斌等. 中国环境规制效率空间格局动态演化及其驱动机制［J］. 地理研究，2016，35（1）：123 - 136.

[11] 单豪杰. 中国资本存量 K 的再估计：1952—2006 年 [J]. 数量经济技术经济研究，2008，25（10）：17-31.

[12] 狄乾斌，韩雨汐. 熵视角下的中国海洋生态系统可持续发展能力分析 [J]. 地理科学，2014（6）：664-671.

[13] 狄乾斌，吕东晖. 我国海域承载力与海洋经济效益测度及其响应关系探讨 [J]. 生态经济，2019，35（12）：126-133，169.

[14] 杜军，寇佳丽，赵培阳. 海洋环境规制、海洋科技创新与海洋经济绿色全要素生产率——基于 DEA-Malmquist 指数与 PVAR 模型分析 [J]. 生态经济，2020，36（1）：144-153，197.

[15] 段欣荣，张淑敏，崔伯豪等. 中国沿海地区省域经济发展与海洋环境污染关系的 EKC 模型检验 [J]. 海洋经济，2020（1）：13-21.

[16] 范金. 可持续发展下的最优经济增长 [M]. 北京：经济管理出版社，2002：12-14.

[17] 范庆泉，周县华，刘净然. 碳强度的双重红利：环境质量改善与经济持续增长 [J]. 中国人口·资源与环境，2015，25（6）：62-71.

[18] 高乐华，高强. 海洋生态经济系统界定与构成研究 [J]. 生态经济，2012（02）：62-66.

[19] 高乐华，高强. 中国沿海地区生态经济系统能值分析及可持续评价 [J]. 环境污染与防治，2012（8）：86-93.

[20] 高强，高乐华. 海洋生态经济协调发展研究综述 [J]. 海洋环境科学，2012（02）：289-294.

[21] 高苇，成金华，张均. 异质性环境规制对矿业绿色发展的影响 [J]. 中国人口资源与环境，2018，28（11）：130-161.

[22] 苟露峰，杨思维. 海洋科技进步、产业结构调整与海洋经济增长 [J]. 海洋环境科学，2019，38（5）：690-695.

[23] 郭国锋，郑召峰. 基于 DEA 模型的环境治理效率评价——

以河南为例 [J]. 经济问题, 2009 (1): 48-51.

[24] 郭嘉良, 王洪礼, 李怀宇, 冯剑丰. 海洋生态经济健康评价系统研究 [J]. 海洋技术, 2007 (2): 28-30.

[25] 郭进. 环境规制对绿色技术创新的影响——"波特效应"的中国证据 [J]. 财贸经济, 2019, 40 (3): 147-160.

[26] 韩增林, 狄乾斌, 刘锴. 辽宁省海洋产业结构分析 [J]. 辽宁师范大学学报 (自然科学版), 2007 (1): 107-111.

[27] 黄杰. FDI 对中国碳排放强度影响的门槛效应检验 [J]. 统计与决策, 2017 (21): 108-222.

[28] 黄志基, 贺灿飞, 杨帆, 等. 中国环境规制、地理区位与企业生产率增长 [J]. 地理学报, 2015, 70 (10): 1581-1591.

[29] 霍永伟, 罗建美, 韩晓庆. 海洋经济增长对海域使用影响关系实证研究 [J]. 海洋通报, 2019, 38 (6): 620-631.

[30] 霍增辉, 张玫. 基于熵值法的浙江省海洋产业竞争力评价研究 [J]. 华东经济管理, 2013, 27 (12): 113.

[31] 姜秉国, 韩立民. 海洋战略性新兴产业的概念内涵与发展趋势分析 [J]. 太平洋学报, 2011, 19 (5): 76-82.

[32] 姜旭朝, 赵玉杰. 环境规制与海洋经济增长空间效应实证分析 [J]. 中国渔业经济, 2017, 35 (5): 68-75.

[33] 金刚, 沈坤荣. 以邻为壑还是以邻为伴?——环境规制执行互动与城市生产率增长 [J]. 管理世界, 2018, 34 (12): 43-55.

[34] 李斌, 彭星. 环境规制工具的空间异质效应研究——基于政府职能转变视角的空间计量分析 [J]. 产业经济研究, 2013 (6): 38-47.

[35] 李博, 田闯, 史钊源, 等. 辽宁沿海地区海洋经济增长质量空间特征及影响要素 [J]. 地域研究与开发, 2019, 38 (7): 1080-1092.

[36] 李春米，魏玮. 中国西北地区环境规制对全要素生产率影响的实证研究 [J]. 干旱区资源与环境，2014，28（2）：14－19.

[37] 李国平，杨佩刚，宋文飞，等. 环境规制、FDI 与 "污染避难所" 效应——中国工业行业异质性视角的经验分析 [J]. 科学学与科学技术管理，2013，34（10）：122－129.

[38] 李佳薪，谭春兰. 海洋产业结构调整对海洋经济影响的实证分析 [J]. 海洋开发与管理，2019，36（3）：81－87.

[39] 李坤厦. 海洋经济，释放蓝色潜力 [J]. 产城，2019（10）：72－75.

[40] 李乐，宁凌. 创新要素对广东省海洋经济发展的驱动研究 [J]. 海洋开发与管理，2017，34（7）：107－111.

[41] 李强，聂锐. 环境规制与区域技术创新——基于中国省际面板数据的实证分析 [J]. 中南财经政法大学学报，2009（4）：18－23，143.

[42] 李胜兰，初善冰，申晨. 地反政府竞争、环境规制与区域生态效率 [J] 世界经济，2014，37（4）：88－110.

[43] 李涛，刘会. 财政—环境联邦主义与雾霾污染管制——基于固定效应与门槛效应的实证分析 [J]. 现代经济探索，2018（3）：34－43.

[44] 李宜良，王震. 海洋产业结构优化升级政策研究 [J]. 海洋开发与管理，2009（6）：86.

[45] 林秀梅，关帅. 环境规制对制造业升级的空间效应分析——基于空间杜宾模型的实证研究 [J]. 经济问题探索，2020（2）：114－122.

[46] 刘大安. 论我国海洋渔业生态经济系统的良性循环 [J]. 农业经济问题，1984（08）：12－15.

[47] 刘桂春，史庆斌，王泽宇，等. 中国海洋经济增长驱动要素的时空分异 [J]. 经济地理，2019，39（2）：132－138.

[48] 刘明. 中国沿海地区海洋经济综合竞争力的评价 [J]. 统计与决策，2017（15）：120-124.

[49] 刘铁芳，刘彦兵，黄珊珊. 产业结构与水资源消耗结构的关联关系研究 [J]. 数量经济技术经济研究，2012，29（4）：19-32.

[50] 卢秀容. 海洋渔业全要素生产率的变动轨迹及其收敛性分析 [J]. 广东海洋大学学报，2017，37（2）：29-34.

[51] 鹿叔锌. 捕捞生产可持续发展的制约因素与对策研究 [J]. 海洋渔业，1998（1）：5-7.

[52] 罗能生，王玉泽. 财政分权环境规制与区域生态效率——基于动态空间杜宾模型的实证研究 [J]. 中国人口、资源与环境，2017，27（4）：110-118.

[53] 罗奕君，陈璇. 我国东部沿海地区海洋环境绩效评价研究 [J]. 海洋开发与管理，2016（8）：41-44.

[54] 宁凌，胡婷，滕达. 中国海洋产业结构演变趋势及升级对策研究 [J]. 经济问题探索，2013（7）：67-75.

[55] 秦炳涛，葛力铭. 相对环境规制、高污染产业转移与污染集聚 [J]. 中国人口·资源与环境，2018，28（12）：52-62.

[56] 邵桂兰，刘冰，李晨. 海洋经济发展驱动因素筛选模型创新研究——基于我国11个沿海省市面板数据 [J]. 中国渔业经济，2018，36（5）：91-99.

[57] 申晨，李胜兰，黄亮雄. 异质性环境规制对中国工业绿色转型的影响机理研究——基于中介效应的实证分析 [J]. 南开经济研究，2018（5）：95-114.

[58] 沈金生，张杰. 中国海洋油气产业发展要素的贡献测度 [J]. 统计与决策，2014（8）：119-123.

[59] 时乐乐，赵军. 环境规制、技术创新与产业结构升级 [J]. 科研管理，2014，39（1）：119-125.

[60] 宋德勇，赵菲菲．环境规制对城市生产率的影响——兼论城市规模的门槛效应 [J]．城市问题，2018（12）：72－79．

[61] 宋马林，王舒鸿．环境规制、技术进步与经济增长 [J]．经济研究，2013，48（3）：122－134．

[62] 宋爽．不同环境规制工具影响污染产业投资的区域差异研究——基于省级工业面板数据对我国四大区域的实证分析 [J]．西部论坛，2017，27（2）：90－99．

[63] 孙红梅，雷喻捷．长三角城市群产业发展与环境规制的耦合关系：微观数据实证 [J]．城市发展研究，2019，26（11）：19－26．

[64] 孙吉亭，赵玉杰．我国海洋经济发展中的海陆统筹机制 [J]．广东社会科学，2011（05）：41－47．

[65] 孙康，付敏，刘峻峰．环境规制视角下中国海洋产业转型研究 [J]．资源开发与市场，2018，34（9）：1290－1295．

[66] 孙鹏，宋琳芳．基于非期望超效率-Malmquist 面板模型中国海洋环境效率测算 [J]．中国人口资源与环境，2019，29（2）：43－51．

[67] 唐啸，胡鞍钢．创新绿色现代化：隧穿环境库兹涅兹曲线 [J]．中国人口.资源与环境，2018，28（5）：1－7．

[68] 陶静，胡雪萍．环境规制对中国经济增长质量的影响研究 [J]．中国人口资源与环境，2019，29（6）：85－96．

[69] 王兵，吴延瑞，颜鹏飞．中国区域环境效率与环境全要素生产率增长 [J]．经济研究，2010（5）：95－109．

[70] 王波，韩立民．中国海洋产业结构变动对海洋经济增长的影响——基于沿海 11 省市的面板门槛效应回归分析 [J]．资源科学，2017，39（6）：1182－1193．

[71] 王风云．京津冀人口集聚对能源消费的影响 [J]．人口与经济，2020（2）：12－25．

［72］王娟茹，张渝．环境规制、绿色技术创新意愿与绿色技术创新行为［J］．科学学研究，2018，36（2）：352－360.

［73］王丽，张岩，高国伦．环境规制、技术创新与碳生产率［J］．干旱区资源与环境，2020，34（3）：1－6.

［74］王腾，严良，何建华，等．环境规制影响全要素能源效率的实证研究——基于波特假说的分解验证［J］．中国环境科学，2017，37（4）：1571－1578.

［75］王泽宇，崔正丹，孙才志，等．中国海洋经济转型成效时空格局演变研究［J］．地理研究，2015，34（12）：2295－2308.

［76］王泽宇，孙然，韩增林．我国沿海地区海洋产业结构优化水平综合评价［J］．海洋开发与管理，2014，31（2）：99－106.

［77］吴玮林．中国海洋环境规制绩效的实证分析［D］．杭州：浙江大学，2017.

［78］伍格致，游达明．财政分权视角下环境规制对技术引进的影响机制［J］．经济地理，2018，38（8）：37－46.

［79］武京军，刘晓雯．中国海洋产业结构分析及分区优化［J］．中国人口·资源与环境，2010，20（S1）：21－25.

［80］肖忠东，曹全垚，郎庆喜，等．环境规制下的地方政府与工业共生链上下游企业间三方演化博弈和实证分析［J］．系统工程，2020，38（1）：1－13.

［81］谢荣辉．环境规制、引致创新与中国工业绿色生产率提升［J］．产业经济研究，2017（2）：38－49.

［82］谢众，张先锋，卢丹．自然资源禀赋、环境规制与区域经济增长［J］．江淮论坛，2013（6）：61－67.

［83］徐成龙，任建兰，程钰．山东省环境规制效率时空格局演化及影响因素［J］．经济地理，2014，34（12）：35－40.

［84］徐敏燕，左和平．集聚效应下环境规制与产业竞争力关系研究——基于"波特假说"的再检验［J］．中国工业经济，2013

（3）：72－84.

[85] 徐彦坤，祁毓. 环境规制对企业生产率影响再评估及机制检验 [J]. 财贸经济，2017，38（6）：147－161.

[86] 徐长新，胡丽媛. 环境规制、技术创新与经济增长——基于 2008—2015 年中国省际面板数据的实证分析 [J]. 资源开发与市场，2019，35（1）：1－6.

[87] 许广月，宋德勇. 中国碳排放环境库兹涅茨曲线的实证研究——基于省域面板数据 [J]. 中国工业经济，2010（5）：37－47.

[88] 许志伟，李阳. 环境规制与企业产能利用率——基于纵向产业链视角的研究 [J]. 政府管制评论，2018（2）：41－48.

[89] 鄢波，杜军，冯瑞敏. 沿海省份海洋科技投入产出效率及其影响因素实证研究 [J]，生态经济，2018，34（1）：112－117.

[90] 杨竞萌，王立国. 我国环境保护投资效率问题研究 [J]. 当代财经，2009（9）：20－25.

[91] 杨骞，刘华军. 环境技术效率、规制成本与环境规制模式 [J]. 当代财经，2013（10）：16－25.

[92] 叶琴，曾刚，戴劭勚，等. 不同环境规制工具对中国节能减排技术创新的影响——基于 285 个地级市面板数据 [J]. 中国人口资源与环境，2018，28（2）：115－122.

[93] 于梦璇，安平. 海洋产业结构调整与海洋经济增长——生产要素投入贡献率的再测算 [J]. 太平洋学报，2016，24（5）：86－93.

[94] 余伟，陈强，陈华. 环境规制/技术创新与经营绩效——基于 37 个工业行业的实证分析 [J]. 科研管理，2017，38（2）：18－25.

[95] 原毅军，谢荣辉. 环境规制的产业结构调整效应研究——基于中国省际面板数据的实证检验 [J]. 中国工业经济，2014（8）：57－69.

[96] 张爱华. 环境规制对经济增长影响的区域差异研究 [D].

兰州大学，2014.

［97］张彩云，陈岑．地方政府竞争对环境规制影响的动态研究——基于中国式分权视角［J］．南开经济研究，2018（4）：137－157.

［98］张成．环境规制影响了中国工业的生产率吗？——基于DEA与协整分析的实证检验［J］．经济理论与经济管理，2010（3）：11－17.

［99］张华．"绿色悖论"之谜：地方政府竞争视角的解读［J］。财经研究，2014（12）：114－127.

［100］张娟，耿弘，徐功文，等．环境规制对绿色技术创新的影响研究［J］．中国人口·资源与环境，2019，29（1）：168－176.

［101］张克中，王娟，崔小勇．财政分权与环境污染：碳排放的视角［J］．中国工业经济，2011（10）：65－75.

［102］张文彬，张理芃，张可云．中国环境规制强度省级竞争形态及其演变——基于两区制空间Durbin固定效应模型的分析［J］．管理世界，2010（12）：34－44.

［103］张旭，王宇．环境规制与研发投入对绿色技术创新的影响效应［J］．科技进步与对策，2017，34（17）：111－119.

［104］张中元，赵国庆．FDI、环境规制与技术进步——基于中国省级数据的实证分析［J］．数量经济技术经济研究，2012，29（4）：19－32.

［105］赵红．美国环境规制的影响分析与借鉴［J］．经济纵横，2006（1）：55－57.

［106］赵向飞．防治海洋工程环境损害的政策研究［D］．青岛：中国海洋大学，2009.

［107］赵玉杰．环境规制对海洋经济技术效率的影响——基于动态空间面板模型的实证分析［J］．中国渔业经济，2020，38（1）：56－63.

［108］赵玉杰．环境规制对海洋科技创新引致效应研究［J］．

生态经济，2019，35（10）：143－153.

［109］赵玉民，朱方明，贺立龙. 环境规制的界定、分类和演进研究［J］. 中国人口资源与环境，2009，19（6）：85－90.

［110］郑加梅. 环境规制产业结构调整效应与作用机制分析［J］. 财贸研究，2018，29（3）：21－29.

［111］周晖杰，李南，毛小燕. 企业环境行为的三方动态博弈研究［J］. 宁波大学学报（理工版），2019，32（2）：108－113.

［112］周杰琦，梁文光，张莹，等. 外商直接投资、环境规制与雾霾污染——理论分析与来自中国的经验［J］. 北京理工大学学报（社会科学版），2019，21（1）：37－49.

［113］周秋麟，周通. 国外还昂经济研究进展［J］. 海洋经济，2011，1（1）：43－52.

［114］周长富，杜宇玮，彭安平. 环境规制是否影响了我国FDI的区位选择？——基于成本视角的实证研究［J］. 世界经济研究，2016（1）：110－120，137.

［115］朱金鹤，王雅莉. 创新补偿抑或遵循成本？污染光环抑或污染天堂？——绿色全要素生产率视角下双假说的门槛效应与空间溢出效应检验［J］. 科技进步与对策，2018，35（20）：46－54.

［116］朱军，许志伟. 财政分权、地区间竞争与中国经济波动［J］. 经济研究，2018，53（1）：21－34

［117］祝敏. 海洋环境规制对我国海洋产业竞争力的影响研究［D］. 杭州：浙江大学，2019.

［118］CLIFF A D，ORD J K. Spatial Processes Models and Application［M］. London：pion，1981.

［119］AKAI N. SAKATA M. Fiscal Decentralization Contributes to Economic Growth：Evidence from State－Level Cross-Section Data for the United States［J］. Journal of Urban Economics. 2002，52：93－108.

［120］AMYAZ A. MOLEDINA，JAY S，et al. Dynamic Environmental Policy with Strategic Firms: Prices Versus Quantities [J]. Journal of Environmental Economics and Management, 2003, 45 (2): 92 – 107.

[121] ASLAKSIN S. Oil and Democracy: More Than a Cross-country Correlation? [J]. Journal of Peace Research, 2010, 47 (4): 421 – 431.

[122] AZEVEDO D, MARTINIANO A M, PEREIRA, et al. Environmental Regulation and Innovation in High-pollution Industries: A Case Study in a Brazilian Refinery [J]. International Journal of Technology Management & Sustainable Development, 2010, 9 (9): 133 – 148.

[123] BARBERA A J, MCCONELL V D. The Impact of Environmental Regulations on Industry Productivity: Direct and Indirect Effects [J]. Journal of Environmental Economics and Management, 1990, 18 (1): 50 – 65.

[124] BARRET S. Strategic environmental policy and international trade [J]. Journal of Public Economics, 1994 (3): 325 – 338.

[125] BECKERMAN W. Economic Growth and the Environment: Whose Growth? Whose Environment? [J]. World Development, 1992, 20 (4): 481 – 496.

[126] BOYD G A, MCCLELLAND J D. The Impact of Environmental Constraints on Productivity Improvement in Integrated Paper Plants [J]. Journal of Environmental Economics & Management, 38 (2): 121 – 142.

[127] BROCK W A, EVANS D S. The Economics of Small Business: Their Role and Regulation in the U. S. Economy [J]. Holmes and Meier, 1986 (2): 14 – 23.

[128] BRUNNERMEIER S B, COHEN M A, Determinants of Environmental Innovation in U. S. Manufacturing Industries [J]. Journal of Environmental Economics and Management, 2003, 45 (2): 278 – 293.

[129] CAO Q, SUN C Z, ZHAO L S, et al. Marine resource congestion in China: Identifying, Measuring. And Assessing Its Impact on Sustainable Development of The Marine Economy [J]. PloS one, 2020 (1): 211 – 227.

[130] CAO Y, WAN N N, ZHANG H Y, et al. Linking Environmental Regulation and Economic Growth Through Technological Innovation and Resource Consumption: Analysis of Spatial Interaction Patterns of Urban Agglomerations [J]. Ecological Indicators, 2020, 112 (6): 60 – 62.

[131] CASSOU S P, HAMILTON S F. The Transition From Dirty to Clean Industries: Optimal Fiscal Policy and the Environmental Kuznets Curve [J]. Journal of Environmental Economics & Management, 2004, 48 (3): 1063 – 1077.

[132] CATHERINE L K, ZHAO J H. On the Long-run Efficiency of Auctioned VS. Free Permits [J]. Economics Letters, 2000, 69 (2): 235 – 238.

[133] CHAKRABORTY K, KAR T K. Economic Perspective of Marine Reserves in Fisheries: A Bioeconomic Model [J]. Mathematical Biosciences, 2012 (8): 12 – 22.

[134] CHEN C, DAVID L C, BARBARA L E W. A Framework to Assess the Vulnerability of California Commercial Sea Urchin Fishermen to the Impact of MPAs under Climate Change [J]. Geography Journal, 2014, 79 (6): 755 – 773.

[135] CHEN X, CHEN Y E, CHANG CH P. The Effects of Environmental Regulation and Industrial Structure on Carbon Dioxide Emission: A Non-linear Investigation [J]. Environmental Science and Pollution Research, 2019, 26 (1): 100 – 109.

[136] COLGAN C S. The Ocean Economy of the United States:

Measurement, Distribution, & Trends [J]. Ocean & Coastal Management, 2013, 71: 334 – 343.

[137] CUI J B. MOSCHINI G C. Firm Internal Network, Environmental Regulation, and Plant Death [J]. SSRN Electronic Journal, 2018, 101 (12): 1 – 39.

[138] DANIEL O, DAWN D, JONO R W. Market and Design Solutions to the Short-term Economic Impacts of Marine Reserves [J]. Fish and fisheries, 2016, 17 (4): 939 – 954.

[139] DENG H H, ZHENG X Y, HUANG N, et al. Strategic Interaction in Spending on Environmental Protection: Spatial Evidence from Chinese Cities [J]. China & World Economy, 2012, 20 (5): 103 – 120.

[140] DENISON E F. Accounting for Slower Economic Growth: the United States in the 1970s [J]. Southern Economic Journal, 1981, 47 (4): 1191 – 1193.

[141] DOLOREUX D, MELANCON Y. Innovation-support Organizations in The Marine Science and Technology Industry: The Case of Quuebee's Coastal Region in Canada [J]. Marine Policy, 2009 (33): 90 – 100.

[142] FREDNKSSON P G, MILLIMET D L. Strategic interaction and the determination of Environmental Policy across U. S. States [J]. Journal of Urban Economics, 2002 (1): 101 – 122.

[143] GROSSMAN G M, KRUEGER A B. Environmental Impacts of a North American Free Trade Agreement [J]. Social Science Electronic Publishing, 1992, 8 (2): 223 – 250.

[144] HABER S. MENALDO V. Do Natural Resources Fuel Authoritarianism? A Reappraisal of the Resource Curse [J]. American Political Science Review, 2011, 105 (1): 1 – 26.

[145] HAMAMOTO M. Environmental Regulation and the Productivity of Japanese Manufacturing Industries [J]. Resource & Energy Economics, 2006, 28 (4): 299 –312.

[146] HING L CH. Economic Impacts of Papahanaumokuakea Marine National Monument Expansion on the Hawaii Longline Fishery [J]. Marine Policy, 2020, 117 (2): 103 –124.

[147] JACOBSEN G D, KOTCHEN M J, VAN D. The Behavioral Response to Voluntary Provence of An Environmental Public Good: Evidence from Residential Electricity Demand [J]. European Economic Review, 2012, 56 (5): 946 –960.

[148] JALIL A, FERIDUM M. The Impact of Growth, Energy and Financial Development on the Environment in China: A Co integration Analysis [J]. Energy economics, 2011, 33 (2): 284 –291.

[149] JOHNSON D, ERCOLANI M, MACKIE P. Econometric Analysis of The Link Between Public Transport Accessibility and Employment [J]. Transport Policy, 2017, 60 (8): 1 –9.

[150] JONES L E, MANUELLI R E. Endogenous Policy Choice: The Case of Pollution and Growth [J]. Review of Economic Dynamics, 2001, 4 (2): 369 –405.

[151] JORGENSON D W, WILCOXEN P J. Environmental Regulation and U. S. Economic Growth [J]. The Rand Journal of Economics, 1990, 21 (2): 314 –340.

[152] JOSEPH K, SEUL Y L, SEUNG H Y. Measuring the Economic Benefits of Designating Baegnyeong Island in Korea as A Marine Protected Area [J]. International Journal of Sustainable Development & World Ecology, 2017, 24 (3): 205 –213.

[153] JOSHUA L, KRISTEN M C. The Roles of Energy Markets and Environmental Regulation in Reducing Coal-fired Plant Profits and

Electricity Sector Emissions [J]. The RAND Journal of Economics, 2019, 50 (4): 733 – 767.

[154] JUDITH M D, MARY E L, WANG H. Are Foreign Investors Arracted to Weak Environmental Regulations? Evaluating the Evidence form China [J]. Journal of Development Economics, 2009, 90 (1): 1 – 13.

[155] KONISKY D M, WOODS N D. Environmental Policy, Federalism, and the Obama Presidency [J]. Publius: the journal of federalism, 2016, 46 (3): 366 – 391.

[156] KRUGMAN P, SMITH A. Trade and Industrial Policy for A "Declining" Industry: The Case of the U. S. Steel Industry [M]. Chicago: University of Chicago and NBER, 1994.

[157] LANOIE P, LAURENT-L J, JOHNSTONE N, et al. Environmental Policy, Innovation and Performance: New Insights on the Porter Hypothesis [J]. Journal of Economics & Management Strategy, 2011, 20 (3): 803 – 842.

[158] LEE J, VELOSO F M, HOUNSHELL D A. Linking Induced Technological Change, and Environmental Regulation: Evidence from Patenting in the U. S. Auto Industry [J]. Research Policy, 2011, 40 (9): 1240 – 1252.

[159] LEVINSON A, TAYLOR M S. Unmasking the Pollution Haven Effect [J]. International Economic Review, 2008, 49 (1): 223 – 254.

[160] LEYRE G-A. Assessing the Social and Economic Impact of Small Scale Fisheries Management Measures in A Marine Protected Area with Limited Data [J]. Marine Policy, 2019, 101 (4): 246 – 256.

[161] LIN W N, WANG N, SONG N Q, et al. Centralization and Decentralization: Evaluation of Marine and Coastal Management Models

and Performance in the Northwest Pacific Region [J]. Ocean and Coastal Management, 2016, 12 (5): 30 – 42.

[162] MA D G, JUAN C, SURIS R, et al. Using Input-output Methods to Assess the Effects of Fishing and Aquaculture on A Regional Economy: The Case of Galicia, Spain [J]. Marine policy, 2017, 8 (3): 48 – 53.

[163] MILLINET D. Assessing the Empirical Impact of Environmental Federalism [J]. Journal of Regional Science, 2003, 43 (4): 711 – 733.

[164] MORSE J L, MARCELO A, EMILY S, et al. Greenhouse Gas Fluxes in Southeastern U. S. Coastal Plain Wetlands under Contrasting Land Uses [J]. European Journal of Soil Science, 2010, 61 (5): 671 – 682.

[165] NICOLAI L, FRANK N. Internationalization as A Strategy to Overcome Industry Barriers-An Assessment of The Marine Energy Industry [J]. Energy Policy, 2011, 39 (3): 1093 – 1100.

[166] PAKALNIETE K, AIGARS J, CZAJKOWSKI M, et al. Understanding the Distribution of Economic Benefits From Improving Coastal and Marine Ecosystems [J]. The Science of the Total Environment, 2017 (1): 29 – 40.

[167] PALMER K, OATES W E, PORTNEY P R. Tightening Environmental Standards: the Benefit-cost or the No-cost Paradigm? [J]. Journal of Economic Perspectives, 1995, 9 (4): 119 – 132.

[168] PANATYOTOU T D. The Environment Kuznets Curve: Turning A lack Box into a Policy Tool. Special Issue on Environmental Kuznets Curves [J]. Environment Development Economics, 1997, 2 (4): 465 – 484.

[169] PANDE J C. Environmental Regulation and U. S. States' Tech-

nical Inefficiency [J]. Economics Letters, 2008 (100): 363 - 365.

[170] PASHIGAN B P. The Effects of Environmental Regulation on Optimal Plant Size and Factor Shares [J]. Journal of Law and Economics, 1984 (57): 1 - 17.

[171] PENG J Y, XIE R, MA CH, et al. Market-based Environmental Regulation and Total Factor Productivity: Evidence from Chinese Enterprises [J]. Economic Modelling, 2020 (3): 132 - 139.

[172] PHILIPPE B, DERGIO P. Sulphur Emissions and Productivity Growth in Industrial Countries [J]. Anal of Public & Cooperative Economics, 2005, 76 (2): 275 - 300.

[173] PORTER M E, CLAAS V D L. Toward a New Conception of the Environment-Competitiveness Relationship [J]. Journal of Economic Perspectives, 1995, 9 (4): 97 - 118.

[174] QIAN W Q, CHENG X Y, LU G Y, et al. Fiscal Decentralization, Local Competitions and Sustainability of Medical Insurance Funds: Evidence from China [J]. sustainability, 2019, 11 (8): 24 - 37.

[175] RUBASHKINA Y, GALEOTTI M, VERDOLINI E. Environmental Regulation and Competitiveness: Empirical Evidence on the Porter Hypothesis from European Manufacturing Sectors [J]. Energy Policy, 2015, 83 (8): 288 - 300.

[176] SHADBEGIAN R J, GRAY W B. Pollution Abatement Expenditures and Plant-Level Productivity: A Production Function Approach [J]. Ecological Economics, 2005, 54 (2 - 3): 196 - 208.

[177] SHAFIK N. Economic Development and Environmental Quality: An Econometric Analysis [J]. Oxford Economic Papers, 1994, 46 (10): 757 - 773.

[178] SIGMAN H. Decentralization and Environmental Quality: An International Analysis of Water Pollution Levels and Variation [J]. Land

Economics, 2014, 90: 114 – 130.

[179] STOKEY N L. Are There Limits to Growth? [J]. International Economic Review, 1998, 39 (1): 1 – 31.

[180] SUNTEIN C R. Problems with Rules [J]. California Law Review, 1995, 83 (4): 935 – 1026.

[181] TEST F. IRALDO F, FREY M. The Effect of Environmental Regulation on Firms' Competitive Performance: The Case of The Building & Construction Sector in Some EU Regions [J]. Journal of Environmental Management, 2011, 92 (9): 2136 – 2144.

[182] TULCHINSKY T H, VARAVIKOVA E A. Chapter 10-Organization of Public Health Systems [J]. New Public Health, 2014, 18 (3): 535 – 573.

[183] URPELAINEN J. FRONTRUNNERS and Laggards: The Strategy of Environmental Regulation under Uncertainty [J]. Environmental & Resource Economics, 2011, 50 (3): 325.

[184] WAGNER M. On The Relationship Between Environmental Management, Environmental Innovation and Patenting: Evidence from German Manufacturing Firms [J]. Research Policy, 2007, 36 (10): 1587 – 1602.

[185] WALTER I, UGELOW J L. Environmental Policies in Developing Countries [J]. AMBIO A Journal of The Human Environment, 1979, 8 (2): 102 – 109.

[186] WANG S H, XING L, CHEN H X. Impect of Marine Industrial Structure on Environmental Efficiency [J]. Management of Environmental Quality, 2020 (1): 111 – 129.

[187] XEPADEAS A, DE Z. Environmental Policy and Competitiveness: the Porter Hypothesis and the Composition of Capital [J]. Journal of Environmental Economics and Management, 1999, 37 (2): 165 – 182.

［188］XIE B J, ZHANG R. , SUN S. Impacts of Marine Industrial Structure Changes on Marine Economic Growth in China ［J］. Journal of Coastal Research, 2019, 98 （12）: 314 – 319.

［189］ZHAI H Y, LIU D T, CHAN K C. The Impact of Environmental Regulation on Firm Export: Evidence from China's Ecological Protection Red Line Policy? ［J］. Sustainability, 2019, 11 （19）: 5493.

［190］ZHANG J X, KANG L, LI H, et al. The Impact of Environmental Regulations on Urban Green Innovation Efficiency: The Case of Xi'an ［J］. Sustainable Cities and Society, 2020, 57 （10）: 102 – 123.

［191］ZHANG M, SUN X R, WANG W W. Study on the Effect of Environmental Regulations and Industrial Structure on Haze Pollution in China from the Dual Perspective of Independence and Linkage ［J］. Journal of cleaner production, 2020, 37 （2）: 113 – 125.

后 记

在我国经济社会发展进入新常态背景下，各行各业都在深入践行"绿水青山就是金山银山"发展理念。即便如此，部分地区仍在传统路径依赖下，出现海洋环境治理和海洋经济转型滞后现象。如何在保证基本盘稳定的前提下，实现环境与经济协同改善的目标，是各级政府和各领域学者面临的重大历史问题。本书在写作之初曾希冀制定出一套顺应中国国情、符合大国海洋特征的环境协同治理体系，然而能力有限，最后稍显虎头蛇尾之感，有所遗憾。但这也是鞭策我们继续前行的动力。

在本书的写作过程中，宁波大学钟昌标教授和宁波工程学院朱占峰教授提供了很多有价值的思路和难能可贵的评论意见。浙江万里学院的任国岩教授和郑蕾娜教授、宁波大学的叶劲松副教授和黄远浙副教授、宁波城市职业技术学院的张瀚文老师均以不同的方式对本书的编写工作给予了多方面的支持，宁波大学商学院的博士研究生胡大猛和硕士研究生万榕、北京师范大学－香港浸会大学联合国际学院的葛欣然在资料采集方面也给予了很多帮助，笔者在此一并向他们表示感谢。

本书的完成还要感谢浙江省哲学社会科学规划课题（编号：23NDJC255YB）、浙江省软科学研究计划项目（立项编号2021C35087）和浙江万里学院学术著作出版资助项目的支持。

作 者

2022 年 7 月